21 世纪高等职业教育规划教材

高职高专机械类专业通用技术平台精品课程教材

公差与技术测量

（第三版）

主　编　徐志慧

副主编　周勤芳

主　审　单嵩麟

上海交通大学出版社

内 容 提 要

本书是为适应现代生产和科学技术发展的需要、深化教学改革内容而编写的一本教材。本书编写人员在广泛吸取兄弟院校教改经验的基础上,对教材内容进行了改革,并按照 60 余所高职院校共同讨论确定的教学大纲组织编写。本书采用国家最新标准。

本书力求遵循简明扼要、打好基础、学以致用、精选内容、利于教学、便于自学的原则。本书共有 10 章,内容包括公差与技术测量的概念、原理与应用,每章末有小结、习题和思考题。书末附有最新常用基础标准目录供参考。

本书可作为高职高专机械、机电类、精密仪器、仪表类各专业的试用教材,也可供高等工程大学机电类专业师生、有关工程技术与管理人员使用、参考,并可作为培训教材。

图书在版编目(CIP)数据

公差与技术测量/徐志慧主编. —3 版. —上海:上海交通大学出版社,2013

ISBN 978-7-313-02618-7

Ⅰ. 公… Ⅱ. 徐… Ⅲ. ①公差—高等职业教育—教材 ②技术测量—高等职业教育—教材 Ⅳ. TG801

中国版本图书馆 CIP 数据核字(2013)第 142460 号

公差与技术测量

(第三版)

徐志慧 主编

上海交通大学出版社出版发行

(上海市番禺路 951 号 邮政编码 200030)

电话:64071208 出版人:韩建民

上海颛辉印刷厂 印刷 全国新华书店经销

开本:787mm×1092mm 1/16 印张:15.25 字数:369 千字

2001 年 3 月第 1 版 2013 年 7 月第 3 版 2013 年 7 月第 12 次印刷

印数:2 030

ISBN 978-7-313-02618-7/TG 定价:32.00 元

前　言

　　《公差与技术测量》是机械类、机电类和仪器仪表类各专业的一门重要的技术基础课。它既是联系设计类和工艺类课程的纽带，又是从技术基础课程教学过渡到技术实践课程教学的桥梁。为了适应机械工业发展的新形势，迎接高职高专面向 21 世纪的教学改革，为四化建设培养越来越多的实用型人才，我们在华东地区六省一市 60 余所高职院校共同讨论制定的教学大纲的基础上，结合多年的教学实践经验，组织编写了这本书。

　　本书具有以下几个特点：

　　1. 遵照"以应用为目的，以必需、够用为度，以讲清概念，强化应用为教学重点"的原则，精选教学内容。本书概念阐述清楚，内容安排紧凑，每章末有小结，各章均酌量配置了习题与思考题和解题所需的公差表格，以配合教学的需要。

　　2. 采用全新国家标准。本书所用的标准全部为最新的国家标准，标准内容齐全完整。

　　3. 在应用方面作了加强。本书在讲清基础理论的同时，加强了实际应用及工程实例的介绍，注重理论联系实际和应用能力的培养与工程素质教育。

　　4. 适应面广。本书既适用于机械、机电类各专业，也适用于精密仪器仪表各专业；既可用于重型机械设备的大尺寸，也可用于精密仪器的小尺寸；既可作为高职高专各有关专业教材，也可供从事机械设计、制造工艺、标准化、计量等工作的工矿企业有关工程技术人员和管理人员参考。

　　本书由泰州职业技术学院单嵩麟副教授主编，同济大学过馨葆教授主审。本书在编写过程中还得到了一些同行专家的指点，他们对本书的初稿提出了许多宝贵的意见，在此一并表示由衷的感谢。参加本书编写的有：单嵩麟、同济大学周勤芳（副主编）、江阴职业技术学院徐志慧（副主编）。

　　由于我们的水平所限，书中谬误和不当之处，恳望大家批评指正。

编　者

2001 年 2 月

再 版 前 言

　　《公差与技术测量》这门课是各机械类专业的一门重要的技术基础课,也是从技术基础课程过渡到技术专业课程教学的桥梁和纽带。

　　自本教材出版以来,公差与配合国家标准不断更新,近几年有了很大变化。经过几年的使用,本次再版是在保持原书的体系和特点的基础上,根据多年的教学经验以及兄弟院校同行们提出的宝贵意见,依据最新国家标准进行的修改和补充。例如位置公差基准符号的表示、粗糙度的标注等都按最新标准进行了修改。使其更适应当前教学改革的需要。

　　在修订过程中,根据高职高专教育培养应用性人才的总目标,本着"掌握概念、强化应用、培养技能"为重点和"必须、够用为度"的原则,力求做到从培养技术应用型人才的知识能力出发,选择处理教材内容。本教材具有以下特点:概念阐述清楚、内容安排紧凑,每章均酌量配置了习题和思考题,以配合教学的需要;采用标准均为最新国家标准;注重理论联系实际和应用能力的培养与工程素质教育。力求使学生通过本课程的学习,初步掌握国家标准的构成原理,为以后在后续课程的学习、课程设计、毕业设计以及走上工作岗位后能应用好国家标准打下一定的基础。

　　本书由江阴职业技术学院徐志慧副教授主编,泰州职业技术学院单嵩麟教授主审。参加本书第三版编写工作的有徐志慧(第4、5、8章)、单嵩麟(第1、2、9章)、同济大学周勤芳(副主编)(第3、6、7、10章)。

　　在本次修订过程中得到一些兄弟院校同行专家的指点,他们对本书提出了许多宝贵的意见,在此一并表示感谢。

　　本书可以作为高职高专、民办高校及本科院校中的二级学院机械类及近机械类专业的教材,也可供从事机械设计、制造工艺、标准化、计量等工作的工矿企业有关工程技术人员和管理人员学习参考。

　　由于编者水平有限,书中的缺点和错误之处,恳请广大读者批评指正。

编　者

2013 年 1 月

目　　录

1　互换性与标准化的基本概念

1.1　互换性的基本概念

1.1.1　互换性的意义

在人们的日常生活中,有大量的现象涉及到互换性。例如,灯泡坏了,可以换个新的。自行车、手表、缝纫机、汽车、拖拉机中某个零件坏了,都可以迅速换上一个新的,并且在更换与装配后,能很好地满足使用要求。其所以这样方便,是因为这些零件都具有互换性。

什么叫互换性呢? 在机械工业生产中,零部件的互换性是指机器或仪器中同一规格的一批合格零件或部件,在装配前,任取其中一件,不需作任何挑选;装配时,不需进行修配和调整;装配后,能满足机器或仪器的使用性能要求。换句话说,零部件的互换性就是同一规格的零部件按规定要求制造,能够彼此相互替换且能保证使用要求的一种特性。

1.1.2　互换性的分类

机械制造中的互换性,可分为几何参数互换性与功能互换性。几何参数互换性是指机器的零部件只在几何参数,如尺寸、形状、位置和表面粗糙度方面充分近似所达到的互换性,所以又称狭义互换性,即通常所讲的互换性;有时也局限于指保证零件尺寸配合要求的互换性。功能互换性是指机器的零件在各种性能方面都达到了互换性的要求。如几何参数的精度、强度、刚度、硬度、使用寿命、抗腐蚀性、电导性等都能满足机器的功能要求,所以又称广义互换性,往往着重于保证除尺寸配合要求以外的其他功能要求。由于本课程的内容所限,只研究几何参数方面的互换性。

互换性按其程度可分为完全互换(绝对互换)与不完全互换(有限互换)。

若零件在装配或更换时,不仅不需选择,而且不需辅助加工与修配,则其互换性为完全互换性。当装配精度要求较高时,采用完全互换将使零件制造公差很小,加工困难,成本很高,甚至无法加工。这时,可将零件的制造公差适当地放大,使之便于加工,而在零件完工后,再用测量器具将零件按实际尺寸的大小分为若干组,使每组零件间实际尺寸的差别减小,装配时按相应组进行(例如,大孔与大轴相配,小孔与小轴相配)。这样,既可保证装配精度和使用要求,又能解决加工困难,降低成本。此时,仅组内零件可以互换,组与组之间不可互换,故称为不完全互换性。

对标准部件或机构来说,互换性又可分为外互换与内互换。

外互换是指部件或机构与其相配件间的互换性。例如,滚动轴承内圈内径与轴的配合;外圈外径与轴承孔的配合。

内互换是指部件或机构内部组成零件间的互换性。例如,液动轴承内、外圈滚道直径与滚珠(滚柱)直径的装配。

为使用方便起见,滚动轴承的外互换采用完全互换;而其内互换则因其组成零件的精度要求高,加工困难,故采用分组装配,为不完全互换。一般说来,对于厂际协作,应采用完全互换。至于厂内生产的零部件的装配,可以采用不完全互换。

究竟采用完全互换还是不完全互换,或者部分地采用修配调整,要由产品的精度要求与复杂程度、产量大小(生产规模)、生产设备、技术水平等一系列因素决定。

1.1.3 互换性在机械制造中的作用

互换性在产品设计、制造、使用和维修等方面有着极其重要的作用。

在设计方面,零部件具有互换性,就可以最大限度地采用标准件、通用件和标准部件,大大简化制图和计算等工作,缩短设计周期,并有利于用计算机进行辅助设计。这对发展系列产品,促进产品结构、性能的不断改进,都有重大作用。

在制造方面,互换性有利于组织专业化生产,有利于采用先进工艺和高效率的设备,以至用计算机辅助制造,有利于实现加工过程和装配过程的机械化、自动化,从而提高劳动生产率,提高产品质量,降低生产成本。

在使用维修方面,零部件具有互换性,可以方便地及时更换那些已经磨损或损坏了的零部件,因此可以减少机器的维修时间和费用,保证机器能连续而持久地正常运转,从而提高机器的使用寿命和使用价值。

综上所述,在机械制造中,遵循互换性原则,不仅能大大提高劳动生产率,而且能有效保证产品质量和降低成本。所以,互换性原则已成为现代机械制造业中一个普遍遵守的重要的技术经济原则。互换性生产对我国社会主义现代化建设具有十分重要的意义。但是,应当指出,互换性原则不是在任何情况下都适用的。有时零件只有采用单配才能制成或才符合经济原则,这时,就不宜盲目地要求互换性。

1.2 加工误差和公差

具有互换性的零件,其几何参数是否必须制成绝对准确呢?事实上这不但不可能,而且也不必要。

零件在加工过程中,由于种种因素的影响,不可能做得绝对准确,其制得零件的几何参数总是不可避免地会产生误差,这样的误差称为几何量误差。几何量误差可分为:

(1) 尺寸误差。工件加工后的实际尺寸与理想尺寸之差。

(2) 几何形状误差(见图1.1)。工件加工后除有尺寸误差外,还会有几何形状误差。一般可分为以下三种:

① 宏观几何形状误差,即通常所指的形状误差。它是指工件整个表面范围内的形状误差,一般由机床、夹具、刀具、工件所组成的工艺系统的误差所造成。例如,孔、轴横截面的形状应是正圆形,如加工后实际形状为椭圆形,这就是形状误差。

② 微观几何形状误差,通常称为表面粗糙度。它是加工后,刀具在工件表面上留下的大量的很微小的高低不平的波形,其波峰和波长都很小。

③ 表面波度。它是介于宏观和微观几何形状误差之间的一种表面形状误差。一般由加工过程中的振动所引起,表面形成明显的周期性波形,它的波峰和波长比表面粗糙度要大得

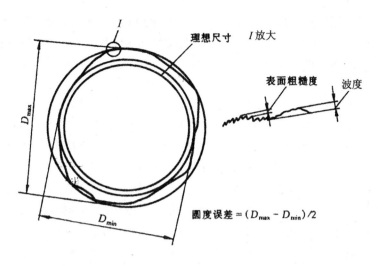

图 1.1 尺寸和形状误差

多。这种误差不是所有加工表面一定都有的。目前这种误差尚无标准。

（3）相互位置精度。工件加工后，各表面或中心线之间的实际相互位置与理想位置的差值。如两个表面之间的平行度、垂直度，阶梯轴的同轴度等。

虽然零件上的几何量误差可能会影响零件的使用功能和互换性，但实践证明，只要将这些误差控制在一定的范围内，即将零件几何量实际值的变动限制在一定范围内，保证同一规格的零件彼此充分近似，则零件的使用性能和互换性都能得到保证。所以零件应按规定的极限，即"公差"来制造。公差是允许工件尺寸、几何形状和相互位置变动的范围，用以限制误差。

工件的误差在公差范围内，为合格件；超出了公差范围，为不合格件。公差是允许实际参数值的最大变动量，也可以说是允许的最大误差。误差是在加工过程中产生的，而公差则是由设计人员给定的。设计者的任务就在于正确地规定公差，并把它在图样上明确表示出来。显然，在满足功能要求的前提下，公差应尽量规定得大些，以方便制造和获得最佳的技术经济效益。

1.3 标准化与几何量测量

1.3.1 标准化

现代工业生产的特点是规模大、分工细、协作单位多、互换性要求高。为了适应生产中各部门的协调和各生产环节的衔接，必须有一种手段，使分散的、局部的生产部门和生产环节保持必要的技术统一，成为一个有机的整体，以实现互换性生产。标准和标准化正是联系这种关系的主要途径和手段。在机械制造中，标准化是广泛实现互换性生产的前提。

所谓标准是指对需要协调统一的重复性事物（如产品、零部件）和概念（如术语、规则、方法、代号、量值）所做的统一规定。它以生产实践、科学试验及可靠经验为基础，由有关方面协调制订，经一定程序批准后，以特定形式发布，作为共同遵守的准则和依据。

所谓标准化是指在经济、技术、科学及管理等社会实践中，对重复性事物和概念通过制订、发布和实施标准，达到统一，以获得最佳秩序和社会效益。标准化包括制订标准和贯彻标准的全部活动过程。这个过程是从探索标准化对象开始,经调查、实验、分析,进而起草、制订和贯彻标准,而后修订标准。因此,标准化是一个不断循环而又不断提高其水平的过程。

标准化是以标准的形式来体现的。从内容上讲,标准化的范围极其广泛,几乎涉及人类生活的各个方面。因此,标准种类繁多。

按照标准化对象的特性,标准分为基础标准、产品标准、方法标准、卫生标准、安全与环境保护标准等。以标准化共性要求和前提条件为对象的标准称为基础标准。如计量单位、术语、符号、优先数系、机械制图、极限与配合、零件结构要素等。本课程主要涉及的是基础标准。

按照标准的级别,我国将标准分为国家标准、专业标准(部标准)和企业标准三级。国家标准是指由国家标准化主管机构批准、发布,在全国范围内统一的标准。专业标准是指由专业标准化主管机构或专业标准化组织批准、发布,在某专业范围内统一的标准。部标准是指由各主管部、委(局)批准、发布,在该部门范围内统一的标准。部标准已逐步向专业标准过渡。企业标准是指由企(事)业或其上级有关机构批准发布的标准。专业标准(部标准)和企业标准不得与国家标准相抵触,企业标准不得与专业标准(部标准)相抵触。此外,从国际范围看,还有国际标准与区域性标准。

从学科属性讲,标准化是一个系统工程,其任务就是设计、组织和建立标准体系,以促进人类物质文明及生活水平的提高。标准化也是一门重要的综合性学科,它与许多学科交叉渗透,是技术与管理兼而有之的学科,是介于自然科学与社会科学之间的边缘学科。

从作用上讲,标准化的影响是多方面的。世界各国的经济发展过程表明,标准化是组织现代化大生产的重要手段,是实现专业化协作生产的必要前提,是科学管理的重要组成部分。标准化同时是联系科研、设计、生产和使用等方面的纽带,是使整个社会经济合理化的技术基础。标准化也是发展贸易,提高产品在国际市场上竞争能力的技术保证。现代化的程度越高,对标准化的要求也越高。搞好标准化,对于加速发展国民经济,提高产品和工程建设质量,提高劳动生产率,搞好环境保护和安全卫生以及改善人民生活等都有着重要作用。

我国政府十分重视标准化工作,从 1958 年发布第一批 120 个国家标准起,至今已制定 1万多个国家标准。自 1978 年我国恢复为国际标准化组织(ISO)成员国以来,陆续地修订了我国的标准,并以国际标准为基础制订新的公差标准,向 ISO 靠拢。可以预料,在我国现代化建设过程中,我国标准化的水平和公差标准的水平将大大提高,并对国民经济的发展作出更大的贡献。

1.3.2 几何量测量

实践证明,有了先进的公差标准,对机械产品各零部件的几何量分别规定了合理的公差,还要有相应的技术测量措施,零件的使用功能和互换性才能得到保证。

几何量测量在我国具有悠久的历史。早在秦朝,我国已统一了度量衡制度。到了西汉,已制成铜质的卡尺。但由于我国历史上长期的封建统治,科学技术未能得到发展,测量技术和计量器具处于落后的状态,直到解放后才扭转了这种局面。1955 年我国成立了国家计量局,以加强全国计量工作的领导。1959 年国务院发布了《关于统一计量制度的命令》,正式确定采用国际米制作为我国的基本长度计量单位。1977 年国务院发布了《中华人民共和国计量管理条例》,健全了各级计量机构和长度量值传递系统,保证了全国计量单位的统一。1984 年发布了《关于在我国统一实行法定计量单位的命令》,在全国范围内统一实行以国际单位制为基础的法定计量单位。1985年颁布了我国计量法。这样,在国家、省市、企业各级计量机构管理下,我国的长度计量单位已基本得到统一,尺寸的准确传递也已得到实现。

与此同时,我国的计量器具也有了较大的发展。我国长度计量仪器的精度已由0.01mm级提高到0.001mm级,甚至达到0.0001mm级。测量的空间已由二维空间发展到三维空间。测量的尺寸小至微米级,大至米级。测量的自动化程度已从人工读数测量发展到自动定位测量、计算机数据处理、自动显示和打印结果。

我国目前已能生产许多品种的量仪,如万能工具显微镜、万能渐开线检查仪、半自动齿轮齿距检查仪、电动轮廓仪、圆度仪等。此外,还研制成一些达到世界先进水平的量仪,如激光光波干涉比长仪、激光丝杠动态检查仪、光栅式齿轮整体误差测量仪、碘稳频612nm激光器等,以满足我国工业生产日益增长的需要。

1.4 优先数和优先数系

工程上各种技术参数的协调、简化和统一,是标准化的重要内容。

在生产中,当选定一个数值作为某种产品的参数指标后,这个数值就会按照一定的规律向一切相关的制品、材料等的有关参数指标传播扩散。例如,动力机械的功率和转速值确定后,不仅会传播到有关机器的相应参数上,而且必然会传播到其本身的轴、轴承、键、齿轮、联轴节等一整套零部件的尺寸和材料特性参数上,并将进而传播到加工和检验这些零部件的刀具、量具、夹具及机床等的相应参数上。这种技术参数的传播,在生产实际中是极为普遍的现象,并且跨越行业和部门的界限。工程技术上的参数数值,即使只有很小的差别,经过反复传播以后,也会造成尺寸规格的繁多杂乱,以致给组织生产、协作配套及使用、维修等带来很大的困难。因此,对于各种技术参数,必须从全局出发,加以协调。

优先数和优先数系就是对各种技术参数的数值进行协调、简化和统一的一种科学的数值制度。

工程技术上通常采用的优先数系,是一种十进几何级数。即级数的各项数值中,包括1,10,100,$\cdots$,10^N 和0.1,0.01,$\cdots$,$1/10^N$ 这些数,其中的指数 N 是整数。

对每个十进段再进行细分。设计、使用时必须选择优先数系列中的某一项值。

几何级数的数系是按一定的公比 q 来排列每一项数值的,其中每一项数值就称为优先数。优先数系的基本系列有以下四种公比的数列:

$$R_5: \quad q_5 = \sqrt[5]{10} = 1.5849 \approx 1.6$$
$$R_{10}: \quad q_{10} = \sqrt[10]{10} = 1.2589 \approx 1.26$$
$$R_{20}: \quad q_{20} = \sqrt[20]{10} = 1.1220 \approx 1.12$$
$$R_{40}: \quad q_{40} = \sqrt[40]{10} = 1.0593 \approx 1.06$$

另有补充系列

$$R_{80}: \quad q_{80} = \sqrt[80]{10} = 1.02936 \approx 1.03$$

优先数系列在各项公差标准中得到了广泛的应用,公差标准中的许多值,都是按照优先数系列选定的。例如,《极限与配合》国家标准中公差值就是按 R_5 优先数系列确定的,即每后一个数是前一个数的1.6倍。

范围 1 到 10 的优先数系如表1.1所示,所有大于 10 的优先数均可按表列数乘以 10,100,…求得;所有小于 1 的优先数,均可按表列数乘以 0.1,0.01,…求得。

表 1.1　优先数基本系列

基 本 系 数 （常用值）				计 算 值
R_5	R_{10}	R_{20}	R_{40}	
1.00	1.00	1.00	1.00	1.0000
			1.06	1.0593
		1.12	1.12	1.1220
			1.18	1.1885
	1.25	1.25	1.25	1.2589
			1.32	1.3335
		1.40	1.40	1.4125
			1.50	1.4962
1.60	1.60	1.60	1.60	1.5849
			1.70	1.6788
		1.80	1.80	1.7783
			1.90	1.8836
	2.00	2.00	2.00	1.9953
			2.12	2.1135
		2.24	2.24	2.2387
			2.36	2.3714
2.50	2.50	2.50	2.50	2.5119
			2.65	2.6607
		2.80	2.80	2.8184
			3.00	2.9854
	3.15	3.15	3.15	3.1623
			3.35	3.3497
		3.55	3.55	3.5481
			3.75	3.7584
4.00	4.00	4.00	4.00	3.9811
			4.25	4.2170
		4.50	4.50	4.4668
			4.75	4.7315
	5.00	5.00	5.00	5.0119
			5.30	5.3088
		5.60	5.60	5.6234
			6.00	5.9566
6.30	6.30	6.30	6.30	6.3096
			6.70	6.6834
		7.10	7.10	7.0795
			7.50	7.4989
	8.00	8.00	8.00	7.9433
			8.50	8.4140
		9.00	9.00	8.9125
			9.50	9.4406
10.00	10.00	10.00	10.00	10.0000

有时在工程上还采用 $R_{10/3}$ 的系列,其公比为 $q=(\sqrt[10]{10})^3=1.2589^3\approx2$,此即倍数系列,即在 R_{10} 系列中,每隔三个数选一个,此时所有的数都是成倍地增加的。

优先数的主要优点是:

(1) 相邻两项的相对差均匀,疏密适中,而且运算方便,简单易记;

(2) 在同一系列中优先数(理论值)的积、商、整数(正或负)的乘方等仍为优先数;

(3) 优先数可以向两端延伸。

因此,优先数系得到了广泛的应用,并成为国际上统一的数值制。

小结

机器零部件的互换性必须同时满足三个条件,即①装配前不需挑选;②装配时不需修配和调整;③装配后能满足使用要求。

本门学科所研究的互换性,主要是围绕几何量参数而进行的,随着科学技术的日新月异,互换性已不只仅限于大量生产。在柔性生产线上,多品种、小批量,甚至单件生产都需要互换性。

根据不同对象、不同部门、不同的技术要求,可采用完全互换、不完全互换、内互换和外互换等。

互换性在设计、制造、使用、维修等方面都起着很大的作用。

几何量误差可分为尺寸误差、几何形状误差(包括宏观几何形状误差、微观几何形状误差和表面波度)、相互位置误差。误差的产生是不可避免的,但必须控制在公差所规定的范围内。

互换性是现代化生产的重要原则,但互换性只有通过标准化来实现。制订和贯彻公差标准,采用相应的技术测量措施,是实现互换性的必要条件。近年来,我国在标准化和计量工作上有了很大的发展,各种公差制都积极地向 ISO 靠拢,长度计量单位也基本统一,测量技术和计量器具有了较大的发展。

标准化是一门科学,涉及面很广。在互换性学科方面最直接应用的是标准化了的优先数系,在今后各章中均会用到。掌握好优先数系的实质和概念,对今后的技术工作是有益的。

习题与思考题

1. 什么叫互换性?在机械制造中按互换性原则组织生产有哪些优越性?

2. 完全互换和不完全互换有何区别?各适用于何种场合?

3. 什么是加工误差和公差?加工误差分为哪几种?

4. 什么是标准和标准化?标准化与互换性有何关系?我国技术标准分哪几级?各级之间是怎样的关系?

5. 为何要采用优先数系?R_5,R_{10},R_{20},R_{40} 系列各代表什么?

2 光滑圆柱体结合的极限与配合

2.1 概述

光滑圆柱体结合通常指孔与轴的结合,是机器中应用最广泛的一种结合形式。适用于光滑圆柱体的《极限与配合》标准也是最早建立的、应用最广泛的基础标准。它以圆柱体内、外表面的结合为重点,但也适用于广泛意义上的孔与轴,即其他结合中由单一尺寸组成的部分。如键结合中的键与键槽的结合等。

在机器制造业中,"极限"用于协调机器零件的使用要求和制造经济性之间的矛盾;而"配合"则反映零件组合时相互之间的关系。经标准化的极限与配合制度,有利于机器的设计、制造、使用和维修,有利于保证产品精度、使用性能和寿命等各项使用要求,也有利于刀具、量具、夹具和机床等工艺装备的标准化。国际标准化组织(ISO)和世界各主要工业国家对"极限与配合"的标准化都给予了高度的重视。

1979 年我国颁布的"公差与配合"的国家标准包括五个标准:GB1800－1979《公差与配合总论 标准公差与基本偏差》;GB1801－1979《公差与配合 尺寸至 500mm 孔、轴公差带与配合》;GB1802－1979《公差与配合 尺寸大于 500 至 3150mm 常用孔、轴公差带》;GB1803－1979《公差与配合 尺寸至 18mm 孔、轴公差带》;GB1804－1979《公差与配合 未注公差尺寸的极限偏差》。现在以上标准已经合并或更新为:GB/T1800.1－2009《产品几何技术规范(GPS)极限与配合 第一部分:公差、偏差和配合的基础》;GB/T1800.2－2009《产品几何技术规范(GPS)极限与配合 第二部分:标准公差等级和孔、轴极限偏差》;GB/T1801－2009《产品几何技术规范(GPS)极限与配合 公差带和配合的选择》;GB/T1804－2000《一般公差 未注公差的线性和角度尺寸的公差》。

本章仅就以上国家标准的主要内容作一简要介绍,主要阐述极限与配合国家标准的组成规律、特点及基本内容,并分析极限与配合选用的原则和方法。

2.2 极限与配合的基本术语及定义

为了正确掌握极限与配合标准及其应用,统一设计、工艺、检验等人员对极限与配合标准的理解,必须明确规定有关极限与配合的基本概念、术语及定义。术语及定义的统一是所有极限制的重要内容之一。

2.2.1 孔和轴

在极限与配合标准中,孔与轴这两个术语有其特定的含义,它关系到标准的应用范围(见图2.1)。

2.2.1.1 孔

通常指工件的圆柱形内表面，也包括非圆柱形内表面（两平行平面或切面形成的包容面）。

2.2.1.2 轴

通常指工件的圆柱形外表面，也包括非圆柱形外表面（两平行平面或切面形成的被包容面）。

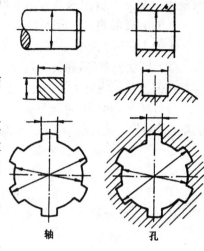

从装配关系看，孔是包容面，轴是被包容面。从加工过程看，随着余量的切削，孔的尺寸由小变大，轴的尺寸由大变小。此外，孔、轴在测量上也有所不同。例如，测孔用内卡尺；测轴用外卡尺。

极限与配合标准中的孔、轴都是由单一的主要尺寸构成。例如，圆柱体的直径，键与键槽的宽度等。

根据上述定义，在图2.1中左半部均为轴，右半部均为孔。

图 2.1　轴与孔

2.2.2 尺寸

（1）尺寸的定义：以特定单位表示线性尺寸值的数值，称为尺寸。如直径、半径、长度、宽度、高度、深度等都是尺寸。在机械制造中，一般常用毫米（mm）作为特定单位。在图样上标注尺寸时，均可只写数字，不写单位。

（2）公称尺寸：是由设计给定的尺寸，孔用 D 表示，轴用 d 表示。它是设计者经过计算或根据经验而确定的，一般应符合标准尺寸系列，以减少定值刀具、量具的种类。

由于有制造误差，而且在不同场合对孔与轴的配合有不同的松紧要求，因此工件加工完成后所得的实际尺寸一般不等于其公称尺寸。从某种意义来说，公称尺寸是用以计算其他尺寸的一个依据。

（3）实际尺寸：是通过测量所得的尺寸。由于存在测量误差，实际尺寸并非被测尺寸的真值。例如，轴的尺寸为 $\phi25.987$mm，测量误差在 ±0.001mm 以内，则实际尺寸的真值将在 $\phi25.988\sim\phi25.986$mm 之间。真值是客观存在的，但又是不知道的，因此只能以测得的尺寸作为实际尺寸。

此外，由于工件存在着形状误差，所以同一个表面不同部位的实际尺寸也不完全相同。

（4）极限尺寸：允许尺寸变化的两个界限值称为极限尺寸。它以公称尺寸为基数来确定。两个界限值中较大的一个称为上极限尺寸，较小的一个称为下极限尺寸。孔和轴的上、下极限尺寸分别用 D_{max}、d_{max} 和 D_{min}、d_{min} 表示。极限尺寸是用来限制实际尺寸的。

2.2.3 偏差和公差

（1）尺寸偏差（简称偏差）：某一尺寸减去其公称尺寸所得的代数差称为偏差。

偏差包括实际偏差与极限偏差，而极限偏差又分为上极限偏差和下极限偏差。

实际尺寸减去其公称尺寸所得的代数差称为实际偏差。上极限尺寸减去其公称尺寸所得

— 9 —

的代数差称为上极限偏差。孔的上极限偏差用 ES 表示；轴的上极限偏差用 es 表示。下极限尺寸减去其公称尺寸所得的代数差称为下极限偏差。孔的下极限偏差用 EI 表示；轴的下极限偏差用 ei 表示。极限偏差可用下列公式表示：

孔的上极限偏差　$ES=D_{max}-D$　下极限偏差　$EI=D_{min}-D$

轴的上极限偏差　$es=d_{max}-d$　下极限偏差　$ei=d_{min}-d$

（2）尺寸公差（简称公差）：允许尺寸的变动量称为公差。公差是用以限制误差的，工件的误差在公差范围内即为合格；反之，则不合格。

公差等于上极限尺寸与下极限尺寸之代数差的绝对值，也等于上极限偏差与下极限偏差之代数差的绝对值。孔公差用 T_D 表示；轴公差用 T_d 表示。公差、极限尺寸和极限偏差的关系如下：

$$\left.\begin{array}{ll}\text{孔公差}&T_D=|D_{max}-D_{min}|=|ES-EI|\\\text{轴公差}&T_d=|d_{max}-d_{min}|=|es-ei|\end{array}\right\} \quad (2.1)$$

图2.2是公差与配合的一个示意图，它表明了两个相互结合的孔和轴的公称尺寸、极限尺寸、极限偏差与公差的相互关系。

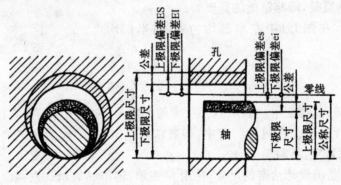

图2.2　公差与配合示意图

公差与偏差的比较：

① 偏差可以为正值、负值或零，而公差则一定是正值。

② 极限偏差用于限制实际偏差，而公差用于限制误差。

③ 对单个零件只能测出尺寸的"实际偏差"，而对数量足够的一批零件，才能确定尺寸误差。

④ 偏差取决于加工机床的调整（如车削时进刀的位置），不反映加工难易，而公差表示制造精度，反映加工难易程度。

⑤ 极限偏差主要反映公差带位置，影响配合松紧程度，而公差代表公差带大小，影响配合精度。

2.2.4　零线与公差带图

由于公差及偏差的数值与尺寸数值相比，差别甚大，不便用同一比例表示，故采用公差与配合图解（简称公差带图解），如图2.3所示。

零线：在公差带图中，确定偏差的一条基准直线，即零偏差线。通常，零线表示公称尺寸。

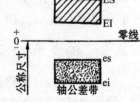

图2.3　公差带图

尺寸公差带(简称公差带):在公差带图中,由代表上、下偏差的两条直线所限定的一个区域。

例 2.1 公称尺寸 $D=50$mm,孔的极限尺寸 $D_{max}=50.025$mm,$D_{min}=50$mm;轴的极限尺寸 $d_{max}=49.950$mm,$d_{min}=49.934$mm。现测得孔、轴的实际尺寸分别为 $D_实=50.010$mm,$d_实=49.946$mm。求孔、轴的极限偏差、实际偏差及公差,并画出公差带图。

解:孔的极限偏差

$$ES=D_{max}-D=50.025-50=+0.025\text{mm}$$
$$EI=D_{min}-D=50-50=0$$

轴的极限偏差

$$es=d_{max}-D=49.950-50=-0.050\text{mm}$$
$$ei=d_{min}-D=49.934-50=-0.066\text{mm}$$

孔的实际偏差

$$D_实-D=50.010-50=+0.010\text{mm}$$

轴的实际偏差

$$d_实-D=49.946-50=-0.054\text{mm}$$

孔的公差

$$T_D=D_{max}-D_{min}=50.025-50=0.025\text{mm}$$

轴的公差

$$T_d=d_{max}-d_{min}=49.950-49.934=0.016\text{mm}$$

公差带图如图2.4所示。

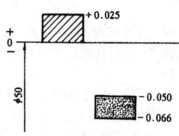

图 2.4 公差带图

2.2.5 配合

2.2.5.1 配合

配合是指公称尺寸相同的相互结合的孔和轴公差带之间的关系。由于配合是指一批孔、轴的装配关系,而不是指单个孔和轴的相配关系,所以用公差带关系来反映配合就比较确切。

2.2.5.2 间隙或过盈

间隙或过盈是指孔的尺寸减去相配合的轴的尺寸所得的代数差。此差值为正时叫做间隙,用 X 表示;为负时叫做过盈,用 Y 表示(见图2.5)。

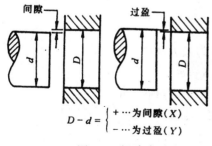

图 2.5 间隙或过盈

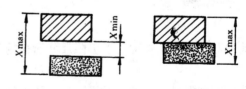

图 2.6 间隙配合

2.2.5.3 配合的种类

根据孔和轴公差带之间关系的不同,配合可分为三大类。

(1) 间隙配合:具有间隙(包括最小间隙等于零)的配合,此时孔的公差带在轴的公差带之上(见图2.6)。

孔的上极限尺寸减轴的下极限尺寸所得的代数差称为最大间隙,用 X_{max} 表示,即

$$X_{max} = D_{max} - d_{min} = ES - ei \tag{2.2}$$

孔的下极限尺寸减轴的上极限尺寸所得的代数差称为最小间隙,用 X_{min} 表示,即

$$X_{min} = D_{min} - d_{max} = EI - es \tag{2.3}$$

孔和轴都为平均尺寸 D_{av} 和 d_{av} 时,形成的间隙称为平均间隙,用 X_{av} 表示,即

$$X_{av} = D_{av} - d_{av} = \frac{X_{max} + X_{min}}{2} \tag{2.4}$$

(2) 过盈配合:具有过盈(包括最小过盈等于零)的配合,此时孔的公差带在轴的公差带之下(见图2.7)。

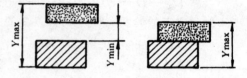

图 2.7　过盈配合

孔的下极限尺寸减轴的上极限尺寸所得的代数差称为最大过盈,用 Y_{max} 表示,即

$$Y_{max} = D_{min} - d_{max} = EI - es \tag{2.5}$$

孔的上极限尺寸减轴的下极限尺寸所得的代数差称为最小过盈,用 Y_{min} 表示,即

$$Y_{min} = D_{max} - d_{min} = ES - ei \tag{2.6}$$

孔和轴都为平均尺寸时,形成的过盈称为平均过盈,用 Y_{av} 表示,即

$$Y_{av} = D_{av} - d_{av} = \frac{Y_{max} + Y_{min}}{2} \tag{2.7}$$

(3) 过渡配合:可能具有间隙或过盈的配合,此时孔的公差带与轴的公差带相互交叠(见图2.8)。

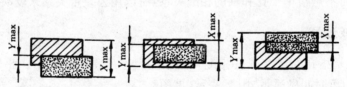

图 2.8　过渡配合

孔的上极限尺寸减轴的下极限尺寸所得的代数差称为最大间隙,即

$$X_{max} = D_{max} - d_{min} = ES - ei$$

孔的下极限尺寸减轴的上极限尺寸所得的代数差称为最大过盈,即

$$Y_{max} = D_{min} - d_{max} = EI - es$$

孔和轴都为平均尺寸时,形成平均间隙或平均过盈,即

$$X_{av}(或)Y_{av} = D_{av} - d_{av} = \frac{X_{max} + Y_{max}}{2} \tag{2.8}$$

按上式计算所得的值为正时是平均间隙,为负时是平均过盈。

2.2.5.4 配合公差

配合公差是指允许间隙或过盈的变动量,用 T_f 表示。

对间隙配合,配合公差等于最大间隙与最小间隙之代数差的绝对值;对过盈配合,配合公差等于最小过盈与最大过盈之代数差的绝对值;对过渡配合,配合公差等于最大间隙与最大过盈之代数差的绝对值。取绝对值表示配合公差不存在负值,在实际计算时常省略绝对值符号。

不论对间隙配合、过盈配合或过渡配合,配合公差都等于孔公差与轴公差之和,即

$$T_f = T_D + T_d \tag{2.9}$$

式(2.9)说明配合精度(配合公差)决定于相互配合的孔和轴的尺寸精度(尺寸公差)。设计时,可根据配合公差来确定孔和轴的尺寸公差。

配合公差反映配合精度,配合种类反映配合性质。

为了直观地表示相互结合的孔和轴的配合精度和配合性质,可以用图2.9的配合公差带图表示。图中,纵坐标值表示极限间隙或极限过盈的数值。横坐标以上的纵坐标值为正值,表示间隙;以下的纵坐标值为负值,表示过盈。两个极限值之间区域的宽度为配合公差。配合公差完全在零线之上为间隙配合;完全在零线之下为过盈配合;跨在零线上、下两侧为过渡配合。

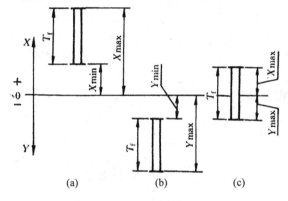

图 2.9　配合公差带图

(a) 间隙配合;(b) 过盈配合;(c) 过渡配合

例 2.2 求下列三种孔、轴配合的最大、最小间隙或过盈,平均间隙或过盈及配合公差,并画出配合公差带图。

(1) 孔 $\phi 25^{+0.021}_{0}$ mm 与轴 $\phi 25^{-0.020}_{-0.033}$ mm 相配合。

(2) 孔 $\phi 25^{+0.021}_{0}$ mm 与轴 $\phi 25^{+0.041}_{+0.028}$ mm 相配合。

(3) 孔 $\phi 25^{+0.021}_{0}$ mm 与轴 $\phi 25^{+0.015}_{+0.002}$ mm 相配合。

解: (1) 最大间隙　$X_{max} = D_{min} - d_{min}$

$$= 25.021 - 24.967 = +0.054 \text{mm}$$

最小间隙　$X_{min} = D_{min} - d_{max} = 25.000 - 24.980 = +0.020 \text{mm}$

平均间隙　$X_{av} = \dfrac{X_{max} + X_{min}}{2}$

$$= \dfrac{(+0.054) + (+0.020)}{2} = +0.037 \text{mm}$$

配合公差　$T_f = X_{max} - X_{min}$

$\qquad = 0.054 - 0.020 = +0.034mm$

(2) 最大过盈　$Y_{max} = D_{min} - d_{max}$

$\qquad = 25.000 - 25.041 = -0.041mm$

最小过盈　$Y_{min} = D_{max} - d_{min}$

$\qquad = 25.021 - 25.028 = -0.007mm$

平均过盈　$Y_{av} = \dfrac{Y_{max} + Y_{min}}{2}$

$\qquad = \dfrac{(-0.041) + (-0.007)}{2} = -0.024mm$

配合公差　$T_f = Y_{min} - Y_{max}$

$\qquad = -0.007 - (-0.041) = +0.034mm$

(3) 最大间隙　$X_{max} = D_{max} - d_{min}$

$\qquad = 25.021 - 25.002 = +0.019mm$

最大过盈　$Y_{max} = D_{min} - d_{max}$

$\qquad = 25.000 - 25.015 = -0.015mm$

平均间隙或平均过盈　$\dfrac{X_{max} + Y_{max}}{2}$

$\qquad = \dfrac{(+0.019) + (-0.015)}{2} = +0.002mm（平均间隙）$

（平均间隙）

配合公差　$T_f = X_{max} - Y_{max}$

$\qquad = +0.019 - (-0.015) = +0.034mm$

配合公差带图如图 2.10、图 2.11 所示。

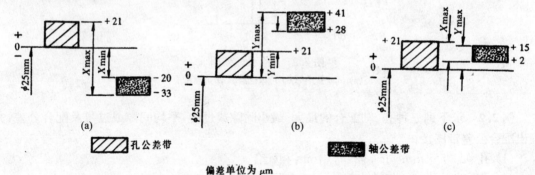

偏差单位为 μm

图 2.10　公差配合图解

(a) 间隙配合；(b) 过盈配合；(c) 过渡配合

对上述三种孔、轴配合，孔、轴结合的松紧程度是不同的，但结合松紧的变动程度相同，即配合的精确程度相同。

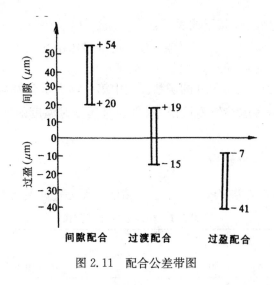

图 2.11　配合公差带图

2.3　常用尺寸段的极限与配合

在机械产品中,公称尺寸小于或等于 500mm 的零件应用最广,因此这一尺寸段称为常用尺寸段。

从上述基本术语及定义可知,各种配合是由孔和轴公差带之间的关系决定的,而孔、轴公差带又是由它的大小和位置决定的。标准公差决定公差带的大小;基本偏差决定公差带的位置。为了使极限与配合实现标准化,GB/T1800.3 规定了两个基本系列,即标准公差系列和基本偏差系列。

2.3.1　标准公差系列

2.3.1.1　公差等级

在 GB/T1800.3 中,标准公差用 IT 表示,共分为 20 个等级,用 IT 和阿拉伯数字表示为 IT01,IT0,IT1,IT2,…IT17,IT18。其中 IT01 等级最高,依次降低,IT18 为最低级。标准公差的大小,即公差等级的高低,决定了孔、轴的尺寸精度和配合精度。在确定孔、轴公差时,应按标准公差等级取值,以满足标准化和互换性的要求。

2.3.1.2　标准公差因子

标准公差因子是计算标准公差的基本单位,也是制定标准公差数值系列的基础。

生产实践表明,在相同的加工条件下,公称尺寸不同的孔或轴加工后产生的加工误差也不同,利用统计法可以发现加工误差与基本尺寸呈立方抛物线的关系,如图 2.12 所示。

公差是用来控制加工误差的。由于加工误差与公称尺寸有一定的关系,借用这一关系便可制订出公差来。公差与公称尺

图 2.12　加工误差 ω 与基本尺寸 D 的关系

寸的关系可用标准公差因子 i 按下式表示:

$$i = 0.45\sqrt[3]{D} + 0.001D(\mu m) \tag{2.10}$$

式中:D 为公称尺寸,单位为 mm。

上式表明,公差因子是公称尺寸的函数。式中第一项表示公差与公称尺寸符合立方抛物线关系($\sqrt[3]{D}$);第二项是考虑补偿测量误差(主要是测量时温度的变化)的影响,呈线性关系($0.001D$)。

2.3.1.3 标准公差的计算及规律

GB/T1800.3 中各个公差等级的标准公差值的计算公式见表 2.1。

表 2.1 标准公差计算公式

公差等级	计算公式		公差等级	计算公式	
	尺寸至 500mm	大于 500 至 3150mm		尺寸至 500mm	大于 500 至 3150mm
IT01	$0.3+0.008D$	$1I$	IT9	$40I$	$40i$
IT0	$0.5+0.012D$	$\sqrt{2}I$	IT10	$64I$	$64i$
IT1	$0.8+0.020D$	$2I$	IT11	$100i$	$100I$
IT2	$(IT1)\left(\frac{IT5}{IT1}\right)^{1/4}$	$(IT1)\left(\frac{IT5}{IT1}\right)^{1/4}$	IT12	$160i$	$160I$
IT3	$(IT1)\left(\frac{IT5}{IT1}\right)^{1/2}$	$(IT1)\left(\frac{IT5}{IT1}\right)^{1/2}$	IT13	$250i$	$250I$
IT4	$(IT1)\left(\frac{IT5}{IT1}\right)^{3/4}$	$(IT1)\left(\frac{IT5}{IT1}\right)^{3/4}$	IT14	$400i$	$400I$
IT5	$7i$	$7I$	IT15	$640i$	$640I$
IT6	$10i$	$10I$	IT16	$1000i$	$1000I$
IT7	$16i$	$16I$	IT17	$1600i$	$1600I$
IT8	$25i$	$25I$	IT18	$2500i$	$2500I$

对于 IT5~IT18,标准公式按下式确定:

$$IT = ai \tag{2.11}$$

式中,a 是公差等级系数,等级越低,a 值越大。从 IT5 至 IT18 该系数采用 R_5 优先数系,即公比 $q=\sqrt[5]{10}\approx1.6$ 的等比数列。从 IT6 开始,每隔 5 级,公差数值增加到 10 倍。

对高精度 IT01,IT0,IT1 主要考虑测量误差,所以标准公差与公称尺寸呈线性关系,且三个公差等级之间的常数和系数均采用优先数系的派生系列 R10/2。

IT2~IT4 是在 IT1 与 IT5 之间插入三级,使 IT1,IT2,IT3,IT4,IT5 成一等比数列,设公比为 q,则 IT2=IT1·q,IT3=IT2·q=IT1·q^2,IT4=IT3·q=IT1·q^3,IT5=IT4·q=IT1·q^4,因此 $q=(IT5/IT1)^{1/4}$。将 q 代入上述 IT2,IT3,IT4 的计算式中,即得出表 2.1 所列的计算公式。

2.3.1.4 尺寸分段

设计时,为方便起见,标准公差数值往往不直接用公式计算,而是从公差表格中查取。公差表格可根据表2.1给出的标准公差计算公式求出。但是按公式计算标准公差数值,对于每一个公差等级,有一个公称尺寸,就要计算出一个公差值,这样编制的公差表格将非常庞大,甚至不可能。而且实践证明,公差等级相同而公称尺寸相近的公差数值差别不大。因此,国标将基本尺寸分成若干段。

尺寸分段后,对同一尺寸段内的所有公称尺寸,在相同的公差等级的情况下,规定相同的标准公差。计算公差单位的 D 是尺寸段首尾两个尺寸的几何平均值。例如,30～50mm 尺寸段内,$D=\sqrt{30\times50}\approx38.73$mm。凡属于这一尺寸段的任一公称尺寸,其标准公差和基本偏差(稍后介绍)均以 $D=38.73$mm 进行计算。经实践证明,这样计算的公差值差别不大,对生产影响较小,但对公差数值的标准化有利。

在小于等于 500mm 的尺寸中共分成 13 个尺寸段,但考虑到某些配合(如过盈配合)对尺寸变化很敏感,故在一个尺寸段中再细分成 2～3 段,以供确定基本偏差时使用。对于小于 180mm 的尺寸分段采用不均匀递增数列。对于大于 180mm 的尺寸分段,主段落按 R_{10} 优先数系分段;中间段落按 R_{20} 优先数系分段。基本尺寸小于等于 500mm 的尺寸分段见表2.2。

表 2.2 公称尺寸小于等于 500mm 的尺寸分段

主段落		中间段落		主段落		中间段落		主段落		中间段落	
大于	至	大于	至	大于	至	大于	至	大于	至	大于	至
—	3			30	50	30	40	180	250	180	200
						40	50			200	225
3	6									225	250
				50	80	50	65	250	315	250	280
6	10					65	80			280	315
				80	120	80	100	315	400	315	355
10	18	10	14			100	120			355	400
		14	18	120	180	120	140	400	500	400	450
18	30	18	24			140	160			450	500
		24	30			160	180				

例2.3 公称尺寸为 20mm,求 IT6,IT7 的标准公差数值。

解:公称尺寸为 20mm,属于 18～30mm 尺寸段,

几何平均尺寸 $D=\sqrt{18\times30}\approx23.24$mm

公差因子 $i=0.45\sqrt[3]{D}+0.001D$

$\qquad\qquad =0.45\sqrt[3]{23.24}+0.001\times23.24=1.31\mu m$

由表 2.1 查得:IT6$=10i$,IT7$=16i$

即 IT6$=10i=10\times1.31=13.1\approx13\mu m$

$\quad$ IT7$=16i=16\times1.31=20.96\approx21\mu m$。

根据以上办法分别按尺寸段及公差等级计算出标准公差值,最后构成标准公差数值表2.3以供查用。

表 2.3　标准公差数值

公差等级 基本尺寸 （mm）	IT01	IT0	IT1	IT2	IT3	IT4	IT5	IT6	IT7	IT8	IT9	IT10	IT11	IT12	IT13	IT14	IT15	IT16	IT17	IT18
							（μm）										（mm）			
≤3	0.3	0.5	0.8	1.2	2	3	4	6	10	14	25	40	60	0.10	0.14	0.25	0.40	0.60	1.0	1.4
>3～6	0.4	0.6	1	1.5	2.5	4	5	8	12	18	30	48	75	0.12	0.18	0.30	0.48	0.75	1.2	1.8
>6～10	0.4	0.6	1	1.5	2.5	4	6	9	15	22	36	58	90	0.15	0.22	0.36	0.58	0.90	1.5	2.2
>10～18	0.5	0.8	1.2	2	3	5	8	11	18	27	43	70	110	0.18	0.27	0.43	0.70	1.10	1.8	2.7
>18～30	0.6	1	1.5	2.5	4	6	9	13	21	33	52	84	130	0.21	0.33	0.52	0.84	1.30	2.1	3.3
>30～50	0.6	1	1.5	2.5	4	7	11	16	25	39	62	100	160	0.25	0.39	0.62	1.00	1.60	2.5	3.9
>50～80	0.8	1.2	2	3	5	8	13	19	30	46	74	120	190	0.30	0.46	0.74	1.20	1.90	3.0	4.6
>80～120	1	1.5	2.5	4	6	10	15	22	35	54	87	140	220	0.35	0.54	0.87	1.40	2.20	3.5	5.4
>120～180	1.2	2	3.5	5	8	12	18	25	40	63	100	160	250	0.40	0.63	1.00	1.60	2.50	4.0	6.3
>180～250	2	3	4.5	7	10	14	20	29	46	72	115	185	290	0.46	0.72	1.15	1.85	2.90	4.6	7.2
>250～315	2.5	4	6	8	12	16	23	32	52	81	130	210	320	0.52	0.81	1.30	2.10	3.20	5.2	8.1
>315～400	3	5	7	9	13	18	25	36	57	89	140	230	360	0.57	0.89	1.40	2.30	3.60	5.7	8.9
>400～500	4	6	8	10	15	20	27	40	63	97	155	250	400	0.63	0.97	1.55	2.50	4.00	6.3	9.7

注：公称尺寸小于 1mm 时，无 IT14 至 IT18。

2.3.2　基本偏差系列

　　一个公称尺寸的公差带是由公差带大小和公差带位置两部分构成，大小由标准公差决定，而位置则由基本偏差确定。为满足机器中各种不同性质和不同松紧程度的配合，需要有一系列不同的公差带位置以组成各种不同的配合。

2.3.2.1　基本偏差及其代号

　　基本偏差是指两个极限偏差中靠近零线或位于零线的那个偏差。因此公差带在零线之上的，以下极限偏差为基本偏差；公差带在零线之下的，以上极限偏差为基本偏差。如图 2.13 所示，孔的基本偏差为下极限偏差（EI），轴的基本偏差为上极限偏差（es）。

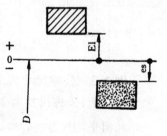

图 2.13　基本偏差

　　为了满足各种不同配合的需要，国标对孔和轴分别规定了 28 种基本偏差，它们用拉丁字母表示。大写字母表示孔；小写字母表示轴。26 个字母中除去 5 个容易与其他含义混淆的字母：I，L，O，Q，W（i，l，o，q，w），剩下的 21 个字母加上 7 个双写的字母 CD，EF，FG，JS，ZA，ZB，ZC（cd，ef，fg，js，za，zb，zc），共 28 种，作为基本偏差的代号。这 28 种基本偏差构成基本偏差系列，如图 2.14 所示。

　　从图 2.14 可以看出：基本偏差系列中的 H(h) 其基本偏差为零。

　　JS(js) 与零线对称；上极限偏差 ES(es)＝＋$\dfrac{\mathrm{IT}}{2}$，下极限偏差 EI(ei)＝－$\dfrac{\mathrm{IT}}{2}$，上、下极限偏差均可作为基本偏差。

　　在孔的基本偏差系列中，A～H 的基本偏差为下极限偏差 EI；J～ZC 的基本偏差为上极限偏差 ES。

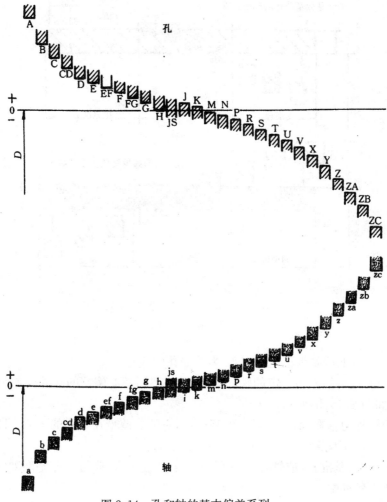

图 2.14　孔和轴的基本偏差系列

在轴的基本偏差系列中,a～h 的基本偏差为上极限偏差 es;j～zc 的基本偏差为下极限偏差 ei。

从 A～H(a～h)其基本偏差的绝对值逐渐减小;从 J～ZC(j～zc)其基本偏差的绝对值一般为逐渐增大。

在图 2.14 中,各公差带只画出基本偏差一端,另一端未画出,因为它取决于标准公差值的大小。

2.3.2.2　基准制

公称尺寸相同的孔和轴相配合,孔和轴的公差带位置可有各种不同的方案,均可达到相同的配合要求。为了简化和有利于标准化,国标对配合的组成规定了两种基准制,即基孔制和基轴制。

(1) 基孔制:基本偏差为一定的孔的公差带,与不同基本偏差的轴的公差带形成各种配合的一种制度,如图 2.15(a)所示。

基孔制的孔称为基准孔,是配合中的基准件,它的公差带在零线的上方,且基本偏差(下偏

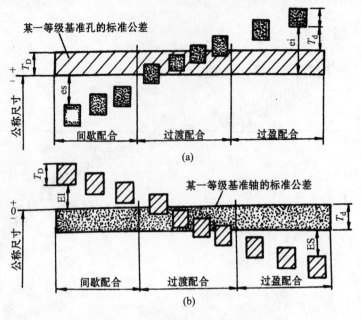

图 2.15 基孔制与基轴制公差带
(a) 基孔制；(b) 基轴制

差)为零,即 EI=0,上偏差为正值。以 H 为基准孔的代号。

(2) 基轴制:基本偏差为一定的轴的公差带,与不同基本偏差的孔的公差带形成各种配合的一种制度,如图 2.15(b)所示。

基轴制的轴称为基准轴,是配合中的基准件,它的公差带在零线的下方,且基本偏差(上偏差)为零,即 es=0,下偏差为负值。以 h 为基准轴的代号。

基准制确定后,基准孔(或轴)的公差带位置就相应确定,则可用非基准轴(或孔)公差带的不同位置来建立各种配合。

2.3.2.3 轴的基本偏差的确定

轴的各种基本偏差的数值应根据与基准孔 H 不同的配合要求来制订。轴的各种基本偏差的计算公式是经过实验和统计分析得到的,见表 2.4。

表 2.4 轴的基本偏差计算公式($D \leqslant 500\text{mm}$)

偏差代号	适用范围	基本偏差为上极限偏差(es)	偏差代号	适用范围	基本偏差为下极限偏差(ei)
a	$D \leqslant 120\text{mm}$	$-(265+1.3D)$	j	IT5 至 IT8	经验数据
	$D > 120\text{mm}$	$-3.5D$	k	$\leqslant$IT3 及 $\geqslant$IT8	0
b	$D \leqslant 160\text{mm}$	$-(140+0.85D)$	k	IT4 至 IT7	$+0.6\sqrt[3]{D}$
	$D > 160\text{mm}$	$-1.8D$	m		$+(\text{IT7}-\text{IT6})$
c	$D \leqslant 40\text{mm}$	$-52D^{0.2}$	n		$+5D^{0.34}$
	$D > 40\text{mm}$	$-(95+0.8D)$	p		$+\text{IT7}+(0 \text{ 至 } 5)$
cd		$-\sqrt{c \cdot d}$	r		$+\sqrt{p \cdot s}$

偏差代号	适用范围	基本偏差为上极限偏差(es)	偏差代号	适用范围	基本偏差为下极限偏差(ei)
d		$-16D^{0.44}$	s	$D\leqslant 50\text{mm}$ $D>50\text{mm}$	$+\text{IT8}+(1\ \text{至}\ 4)$ $+\text{IT7}+0.4D$
e		$-11D^{0.41}$	t		$+\text{IT7}+0.63D$
ef		$-\sqrt{c\cdot f}$	u		$+\text{IT7}+D$
f		$-5.5D^{0.41}$	v		$+\text{IT7}+1.25D$
fg		$-\sqrt{f\cdot g}$	x		$+\text{IT7}+1.6D$
g		$-2.5D^{0.34}$	y		$+\text{IT7}+2D$
h		0	z		$+\text{IT7}+2.5D$
			za		$+\text{IT8}+3.15D$
			zb		$+\text{IT9}+4D$
			zc		$+\text{IT10}+5D$
		$\text{js}=\pm\dfrac{\text{IT}}{2}$			

利用轴的基本偏差计算公式,以尺寸分段的几何平均值代入这些公式求得数值后,再经尾数圆整,就编制出轴的基本偏差数值表,见表 2.5。

轴的基本偏差确定后,在已知公差等级的情况下,可确定轴的另一个极限偏差。

当轴的基本偏差为上偏差 es、标准公差为 IT 时,由式(2.1)得出另一极限偏差(下偏差)为 ei=es-IT。

当轴的基本偏差为下偏差 ei、标准公差为 IT 时,另一极限偏差(上偏差)为 es=ei+IT。

把孔、轴基本偏差代号和公差等级代号组合,就组成它们的公差带代号,例如,孔公差带代号 H7,F8,M6,V5,轴的公差带代号 h7,f8,m6,v5。

把孔和轴公差带代号组合,就组成配合代号,用分数形式表示,分子代表孔,分母代表轴,例如,H8/f8,H7/m6,F8/h8,M7/h6 等。

例 2.4 用标准公差数值表和轴的基本偏差数值表,确定 ϕ40t6 的极限偏差。

解:从表 2.5 按 t 查得轴的基本偏差为下偏差 ei=+48μm。

从表 2.3 查得轴的标准公差 IT6=16μm,因此轴的另一极限偏差 es=ei+IT6=+48+16=+64μm。

2.3.2.4 孔的基本偏差的确定

孔的基本偏差可以由同名的轴的基本偏差换算得到。换算原则为:同名配合的配合性质不变,即基孔制的配合(如 ϕ30H8/f8)变成同名基轴制的配合(如 ϕ30F8/h8)时,其配合性质(极限间隙或极限过盈)不变。

根据上述原则,孔的基本偏差按以下两种规则换算:

(1) 通用规则。参看图 2.16,通用规则为用同一字母表示的孔和轴基本偏差的绝对值相等,而符号相反,即

$$\text{EI}=-\text{es}\quad\text{或}\quad\text{ES}=-\text{ei} \tag{2.12}$$

通用规则的应用范围如下:

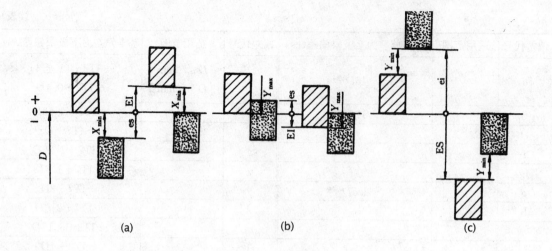

(a)　　　　　　　　(b)　　　　　　　　(c)

图 2.16　通用规则
(a) 间隙配合；(b) 过渡配合；(c) 过盈配合

　　从 A 到 H(图 2.16(a))，不论孔和轴的公差等级是否相同，均采用通用规则，因为 a 到 h 的基本偏差为 es，所以 A 到 H 的基本偏差为 EI＝－es。

　　从 K 到 ZC(图 2.16(b)和(c))，当孔和轴公差等级相同时，按通用规则换算，因为 k 到 zc 的基本偏差为 ei，所以 K 到 ZC 的基本偏差为 ES＝－ei。

　　(2) 特殊规则。特殊规则为用同一字母表示的孔和轴基本偏差的符号相反，而它们的绝对值相差一个 Δ 值。

　　由图 2.17 中可看出：

　　基孔制中，$Y_{\min}＝ES－ei＝IT_n－ei$

　　基轴制中，$Y_{\min}＝ES－ei＝ES－(－IT_{n-1})＝ES+IT_{n-1}$

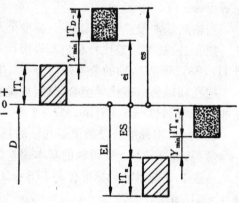

图 2.17　特殊规则

　　为了满足换算原则，基孔制的 $Y_{\min}$ 应等于基轴制的 $Y_{\min}$，因此

$$IT_n－ei ＝ ES+IT_{n-1}$$

$$ES ＝－ei+IT_n－IT_{n-1} ＝－ei+\Delta$$

即
$$\left.\begin{array}{l} ES ＝－ei+\Delta \text{ 或 } EI ＝－e+\Delta \\ \Delta ＝ IT_n－IT_{n-1} \end{array}\right\} \quad (2.13)$$

式中：IT_n 为孔的标准公差值；IT_{n-1} 为轴的标准公差值。

　　特殊规则的应用范围如下：

　　J，K，M，N 的公差等级为 8 级或高于 8 级(标准公差≤IT8)时，采用特殊规则；

　　P 至 ZC 的公差等级为 7 级或高于 7 级(标准公差≤IT7)时，采用特殊规则。

　　按上述两个规则，可计算并编制出孔的基本偏差数值表，见表 2.6。

　　例 2.5　用标准公差数值表和轴的基本偏差数值表，按 $\phi45H7/s6$ 确定 $\phi45S7/h6$ 中的孔的基本偏差数值。

解:由表 2.3 查得:IT6＝16μm,IT7＝25μm。

由表 2.5 查得:s 的基本偏差数值为 ei＝＋43μm。

因 S7 应按特殊规则换算,S 的基本偏差为 ES＝－ei＋Δ,而 Δ＝IT7－IT6＝25－16＝9μm。因此 S7 的基本偏差数值为

$$ES = -ei + \Delta = -(+43) + 9 = -34\mu m。$$

例 2.6 试用查表法确定 $\phi45H7/r6$ 和 $\phi45R7/h6$ 的孔和轴的极限偏差,计算极限过盈并画出公差带图及配合公差带图。

解:由表 2.3 查得:IT6＝16μm,IT7＝25μm。

由表 2.5 查得:r 的基本偏差 ei＝＋34μm,则 $\phi45H7$:

$$ES = +25\mu m, EI = 0。$$

$$\phi45r6: ei = +34\mu m,$$

$$es = ei + IT6 = +34 + 16 = +50\mu m。$$

由表 2.6 查得:R 的基本偏差 ES＝－25μm,则

$$\phi45R7: ES = -25\mu m,$$

$$EI = ES - IT7 = (-25) - 25 = -50\mu m。$$

$$\phi45h6: es = 0, ei = -16\mu m。$$

计算极限过盈:

$\phi45H7/r6$:

$$Y_{max} = EI - es = 0 - (+50) = -50\mu m$$

$$Y_{min} = ES - ei = (+25) - (+34) = -9\mu m$$

$\phi45R7/h6$:

$$Y_{max} = EI - es = (-50) - 0 = -50\mu m$$

$$Y_{min} = ES - ei = (-25) - (-16) = -9\mu m$$

公差带图及配合公差带图如图 2.18 所示。

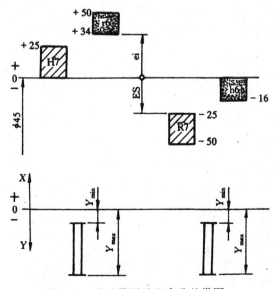

图 2.18 公差带图及配合公差带图

表 2.5 尺寸小于等于 500mm 的轴的基本偏差数值

单位：μm

公称尺寸 (mm)	上极限偏差 es（所有公差等级） a	b	c	cd	d	e	ef	f	fg	g	h	js	下极限偏差 ei（所有公差等级） j 5~6	j 7	j 8	k 4~7	k ≤3 >7	m	n	p	r	s	t	u	v	x	y	z	za	zb	zc
≤3	−270	−140	−60	−34	−20	−14	−10	−6	−4	−2	0	偏差等于 ±IT/2	−2	−4	−6	0	0	+2	+4	+6	+10	+14	—	+18	—	+20	—	+26	+32	+40	+60
>3~6	−270	−140	−70	−46	−30	−20	−14	−10	−6	−4	0	±IT/2	−2	−4	—	+1	0	+4	+8	+12	+15	+19	—	+23	—	+28	—	+35	+42	+50	+80
>6~10	−280	−150	−80	−56	−40	−25	−18	−13	−8	−5	0	±IT/2	−2	−5	—	+1	0	+6	+10	+15	+19	+23	—	+28	—	+34	—	+42	+52	+67	+97
>10~14	−290	−150	−95	—	−50	−32	—	−16	—	−6	0	±IT/2	−3	−6	—	+1	0	+7	+12	+18	+23	+28	—	+33	—	+40	—	+50	+64	+90	+130
>14~18	−290	−150	−95	—	−50	−32	—	−16	—	−6	0	±IT/2	−3	−6	—	+1	0	+7	+12	+18	+23	+28	—	+33	+39	+45	—	+60	+77	+108	+150
>18~24	−300	−160	−110	—	−65	−40	—	−20	—	−7	0	±IT/2	−4	−8	—	+2	0	+8	+15	+22	+28	+35	—	+41	+47	+54	+63	+73	+98	+136	+188
>24~30	−300	−160	−110	—	−65	−40	—	−20	—	−7	0	±IT/2	−4	−8	—	+2	0	+8	+15	+22	+28	+35	+41	+48	+55	+64	+75	+88	+118	+160	+218
>30~40	−310	−170	−120	—	−80	−50	—	−25	—	−9	0	±IT/2	−5	−10	—	+2	0	+9	+17	+26	+34	+43	+48	+60	+68	+80	+94	+112	+148	+200	+274
>40~50	−320	−180	−130	—	−80	−50	—	−25	—	−9	0	±IT/2	−5	−10	—	+2	0	+9	+17	+26	+34	+43	+54	+70	+81	+97	+114	+136	+180	+242	+325
>50~65	−340	−190	−140	—	−100	−60	—	−30	—	−10	0	±IT/2	−7	−12	—	+2	0	+11	+20	+32	+41	+53	+66	+87	+102	+122	+144	+172	+226	+300	+405
>65~80	−360	−200	−150	—	−100	−60	—	−30	—	−10	0	±IT/2	−7	−12	—	+2	0	+11	+20	+32	+43	+59	+75	+102	+120	+146	+174	+210	+274	+360	+480
>80~100	−380	−220	−170	—	−120	−72	—	−36	—	−12	0	±IT/2	−9	−15	—	+3	0	+13	+23	+37	+51	+71	+91	+124	+146	+178	+214	+258	+335	+445	+585
>100~120	−410	−240	−180	—	−120	−72	—	−36	—	−12	0	±IT/2	−9	−15	—	+3	0	+13	+23	+37	+54	+79	+104	+144	+172	+210	+256	+310	+400	+525	+690
>120~140	−460	−260	−200	—	−145	−85	—	−43	—	−14	0	±IT/2	−11	−18	—	+3	0	+15	+27	+43	+63	+92	+122	+170	+202	+248	+300	+365	+470	+620	+800
>140~160	−520	−280	−210	—	−145	−85	—	−43	—	−14	0	±IT/2	−11	−18	—	+3	0	+15	+27	+43	+65	+100	+134	+190	+228	+280	+340	+415	+535	+700	+900
>160~180	−580	−310	−230	—	−145	−85	—	−43	—	−14	0	±IT/2	−11	−18	—	+3	0	+15	+27	+43	+68	+108	+146	+210	+252	+310	+380	+465	+600	+780	+1000
>180~200	−660	−340	−240	—	−170	−100	—	−50	—	−15	0	±IT/2	−13	−21	—	+4	0	+17	+31	+50	+77	+122	+166	+236	+284	+350	+425	+520	+670	+880	+1150
>200~225	−740	−380	−260	—	−170	−100	—	−50	—	−15	0	±IT/2	−13	−21	—	+4	0	+17	+31	+50	+80	+130	+180	+258	+310	+385	+470	+575	+740	+960	+1250
>225~250	−820	−420	−280	—	−170	−100	—	−50	—	−15	0	±IT/2	−13	−21	—	+4	0	+17	+31	+50	+84	+140	+196	+284	+340	+425	+520	+640	+820	+1050	+1350
>250~280	−920	−480	−300	—	−190	−110	—	−56	—	−17	0	±IT/2	−16	−26	—	+4	0	+20	+34	+56	+94	+158	+218	+315	+385	+475	+580	+710	+920	+1200	+1550
>280~315	−1050	−540	−330	—	−190	−110	—	−56	—	−17	0	±IT/2	−16	−26	—	+4	0	+20	+34	+56	+98	+170	+240	+350	+425	+525	+650	+790	+1000	+1300	+1700
>315~355	−1200	−600	−360	—	−210	−125	—	−62	—	−18	0	±IT/2	−18	−28	—	+4	0	+21	+37	+62	+108	+190	+268	+390	+475	+590	+730	+900	+1150	+1500	+1900
>355~400	−1350	−680	−400	—	−210	−125	—	−62	—	−18	0	±IT/2	−18	−28	—	+4	0	+21	+37	+62	+114	+208	+294	+435	+530	+660	+820	+1000	+1300	+1650	+2100
>400~450	−1500	−760	−440	—	−230	−135	—	−68	—	−20	0	±IT/2	−20	−32	—	+5	0	+23	+40	+68	+126	+232	+330	+490	+595	+740	+920	+1100	+1450	+1850	+2400
>450~500	−1650	−840	−480	—	−230	−135	—	−68	—	−20	0	±IT/2	−20	−32	—	+5	0	+23	+40	+68	+132	+252	+360	+540	+660	+820	+1000	+1250	+1600	+2100	+2600

注：①公称尺寸小于 1mm 时，各级的 a 和 b 均不采用。

②js 的数值：对 IT7~IT11，若 IT 的数值(μm)为奇数，则取 js=$\pm\dfrac{IT-1}{2}$。

表2.6 尺寸小于等于500mm的孔的基本偏差数值

基本偏差（μm）：下极限偏差 EI（A～H，所有等级）；JS（偏差等于 ±IT/2）；上极限偏差 ES（J～ZC）。K、M、N 的 "≤8" 与 ">8" 指公差等级；P～ZC 中 "≤7" 直接取值，">7" 在相应数值上增加一个 Δ 值。

公称尺寸(mm)	A	B	C	CD	D	E	EF	F	FG	G	H	JS	J6	J7	J8	K≤8	K>8	M≤8	M>8	N≤8	N>8	P	R	S	T	U	V	X	Y	Z	ZA	ZB	ZC	Δ3	Δ4	Δ5	Δ6	Δ7	Δ8
≤3	+270	+140	+60	+34	+20	+14	+10	+6	+4	+2	0	±IT/2	+2	+4	+6	0	0	-2	-2	-4	-4	-6	-10	-14	—	-18	—	-20	—	-26	-32	-40	-60	0	0	0	0	0	0
>3~6	+270	+140	+70	+46	+30	+20	+14	+10	+6	+4	0	±IT/2	+5	+6	+10	-1+Δ	0	-4+Δ	-4	-8+Δ	0	-12	-15	-19	—	-23	—	-28	—	-35	-42	-50	-80	1	1.5	1	3	4	6
>6~10	+280	+150	+80	+56	+40	+25	+18	+13	+8	+5	0	±IT/2	+5	+8	+12	-1+Δ	0	-6+Δ	-6	-10+Δ	0	-15	-19	-23	—	-28	—	-34	—	-42	-52	-67	-97	1	1.5	2	3	6	7
>10~14	+290	+150	+95	—	+50	+32	—	+16	—	+6	0	±IT/2	+6	+10	+15	-1+Δ	0	-7+Δ	-7	-12+Δ	0	-18	-23	-28	—	-33	—	-40	—	-50	-64	-90	-130	1	2	3	3	7	9
>14~18	+290	+150	+95	—	+50	+32	—	+16	—	+6	0	±IT/2	+6	+10	+15	-1+Δ	0	-7+Δ	-7	-12+Δ	0	-18	-23	-28	—	-33	-39	-45	—	-60	-77	-108	-150	1	2	3	3	7	9
>18~24	+300	+160	+110	—	+65	+40	—	+20	—	+7	0	±IT/2	+8	+12	+20	-2+Δ	0	-8+Δ	-8	-15+Δ	0	-22	-28	-35	—	-41	-47	-54	-63	-73	-98	-136	-188	1.5	2	3	4	8	12
>24~30	+300	+160	+110	—	+65	+40	—	+20	—	+7	0	±IT/2	+8	+12	+20	-2+Δ	0	-8+Δ	-8	-15+Δ	0	-22	-28	-35	-41	-48	-55	-64	-75	-88	-118	-160	-218	1.5	2	3	4	8	12
>30~40	+310	+170	+120	—	+80	+50	—	+25	—	+9	0	±IT/2	+10	+14	+24	-2+Δ	0	-9+Δ	-9	-17+Δ	0	-26	-34	-43	-48	-60	-68	-80	-94	-112	-148	-200	-274	1.5	3	4	5	9	14
>40~50	+320	+180	+130	—	+80	+50	—	+25	—	+9	0	±IT/2	+10	+14	+24	-2+Δ	0	-9+Δ	-9	-17+Δ	0	-26	-34	-43	-54	-70	-81	-97	-114	-136	-180	-242	-325	1.5	3	4	5	9	14
>50~65	+340	+190	+140	—	+100	+60	—	+30	—	+10	0	±IT/2	+13	+18	+28	-2+Δ	0	-11+Δ	-11	-20+Δ	0	-32	-41	-53	-66	-87	-102	-122	-144	-172	-226	-300	-405	2	3	5	6	11	16
>65~80	+360	+200	+150	—	+100	+60	—	+30	—	+10	0	±IT/2	+13	+18	+28	-2+Δ	0	-11+Δ	-11	-20+Δ	0	-32	-43	-59	-75	-102	-120	-146	-174	-210	-274	-360	-480	2	3	5	6	11	16
>80~100	+380	+220	+170	—	+120	+72	—	+36	—	+12	0	±IT/2	+16	+22	+34	-3+Δ	0	-13+Δ	-13	-23+Δ	0	-37	-51	-71	-91	-124	-146	-178	-214	-258	-335	-445	-585	2	4	5	7	13	19
>100~120	+410	+240	+180	—	+120	+72	—	+36	—	+12	0	±IT/2	+16	+22	+34	-3+Δ	0	-13+Δ	-13	-23+Δ	0	-37	-54	-79	-104	-144	-172	-210	-254	-310	-400	-525	-690	2	4	5	7	13	19
>120~140	+460	+260	+200	—	+145	+85	—	+43	—	+14	0	±IT/2	+18	+26	+41	-3+Δ	0	-15+Δ	-15	-27+Δ	0	-43	-63	-92	-122	-170	-202	-248	-300	-365	-470	-620	-800	3	4	6	7	15	23
>140~160	+520	+280	+210	—	+145	+85	—	+43	—	+14	0	±IT/2	+18	+26	+41	-3+Δ	0	-15+Δ	-15	-27+Δ	0	-43	-65	-100	-134	-190	-228	-280	-340	-415	-535	-700	-900	3	4	6	7	15	23
>160~180	+580	+310	+230	—	+145	+85	—	+43	—	+14	0	±IT/2	+18	+26	+41	-3+Δ	0	-15+Δ	-15	-27+Δ	0	-43	-68	-108	-146	-210	-252	-310	-380	-465	-600	-780	-1000	3	4	6	7	15	23
>180~200	+660	+340	+240	—	+170	+100	—	+50	—	+15	0	±IT/2	+22	+30	+47	-4+Δ	0	-17+Δ	-17	-31+Δ	0	-50	-77	-122	-166	-236	-284	-350	-425	-520	-670	-880	-1150	3	4	6	9	17	26
>200~225	+740	+380	+260	—	+170	+100	—	+50	—	+15	0	±IT/2	+22	+30	+47	-4+Δ	0	-17+Δ	-17	-31+Δ	0	-50	-80	-130	-180	-258	-310	-385	-470	-575	-740	-960	-1250	3	4	6	9	17	26
>225~250	+820	+420	+280	—	+170	+100	—	+50	—	+15	0	±IT/2	+22	+30	+47	-4+Δ	0	-17+Δ	-17	-31+Δ	0	-50	-84	-140	-196	-284	-340	-425	-520	-640	-820	-1050	-1350	3	4	6	9	17	26
>250~280	+920	+480	+300	—	+190	+110	—	+56	—	+17	0	±IT/2	+25	+36	+55	-4+Δ	0	-20+Δ	-20	-34+Δ	0	-56	-94	-158	-218	-315	-385	-475	-580	-710	-920	-1200	-1550	4	4	7	9	20	29
>280~315	+1050	+540	+330	—	+190	+110	—	+56	—	+17	0	±IT/2	+25	+36	+55	-4+Δ	0	-20+Δ	-20	-34+Δ	0	-56	-98	-170	-240	-350	-425	-525	-650	-790	-1000	-1300	-1700	4	4	7	9	20	29
>315~355	+1200	+600	+360	—	+210	+125	—	+62	—	+18	0	±IT/2	+29	+39	+60	-4+Δ	0	-21+Δ	-21	-37+Δ	0	-62	-108	-190	-268	-390	-475	-590	-730	-900	-1150	-1500	-1900	4	5	7	11	21	32
>355~400	+1350	+680	+400	—	+210	+125	—	+62	—	+18	0	±IT/2	+29	+39	+60	-4+Δ	0	-21+Δ	-21	-37+Δ	0	-62	-114	-208	-294	-435	-530	-660	-820	-1000	-1300	-1650	-2100	4	5	7	11	21	32
>400~450	+1500	+760	+440	—	+230	+135	—	+68	—	+20	0	±IT/2	+33	+43	+66	-5+Δ	0	-23+Δ	-23	-40+Δ	0	-68	-126	-232	-330	-490	-595	-740	-920	-1100	-1450	-1850	-2400	5	5	7	13	23	34
>450~500	+1650	+840	+480	—	+230	+135	—	+68	—	+20	0	±IT/2	+33	+43	+66	-5+Δ	0	-23+Δ	-23	-40+Δ	0	-68	-132	-252	-360	-540	-660	-820	-1000	-1250	-1600	-2100	-2600	5	5	7	13	23	34

注：
① 公称尺寸小于1mm时，各级的A和B及大于8级的N均不采用。
② JS的数值：对IT7～IT11，若IT的数值（μm）为奇数，则取 JS = ±(IT-1)/2。
③ 特殊情况：当公称尺寸大于250～315mm时，M6的ES等于-9（不等于-11）。
④ 对小于或等于IT8的K，M，N和小于或等于IT7的P至ZC，所需Δ值从表内右侧栏选取。例如，大于6～10mm的P6，Δ=3，所以 ES = -15+3 = -12μm。

2.3.3 公差与配合在图样上的标注

孔与轴的公差带在零件图上主要标注上下极限偏差数值,也可附注基本偏差代号和公差等级,如图 2.19 所示。

在装配图上,主要标注配合代号,即标注孔、轴的基本偏差代号及公差等级,也可附注上下偏差数值,如图 2.20 所示。

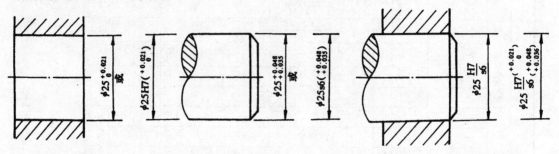

图 2.19 孔、轴公差带在零件图上的标注   图 2.20 装配图上的标注

2.3.4 常用和优先的公差带与配合

2.3.4.1 孔、轴公差带的确定

根据国标 GB/T1800.3 提供的标准公差和基本偏差,可以组成大量的、不同大小与位置的孔、轴公差带(孔有 543 种,轴有 544 种)。由不同的孔、轴公差带又可以组合成多种多样的配合。如果如此多的公差与配合全部投入使用,显然是不经济的。为了尽量减少零件、定值刀具、量具和工艺装备的品种及规格,对公差带和配合的选择应加以限制。因此,国标对孔、轴规定了一般公差带、常用公差带和优先公差带。

国标规定了一般、常用和优先轴用公差带共 119 种,如表 2.7 所示。其中方框内的 59 种为常用公差带,圆圈内的 13 种为优先公差带。

表 2.7 一般、常用和优先的轴公差带(尺寸≤500mm)

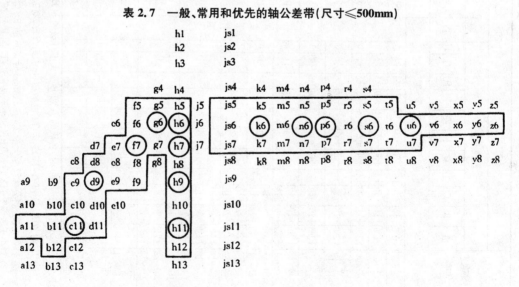

国标规定了一般、常用和优先孔公差带共 105 种,如表 2.8 所示。其中方框内的 44 种为常用公差带,圆圈内的 13 种为优先公差带。

表 2.8　一般、常用和优先的孔公差带(尺寸≤500mm)

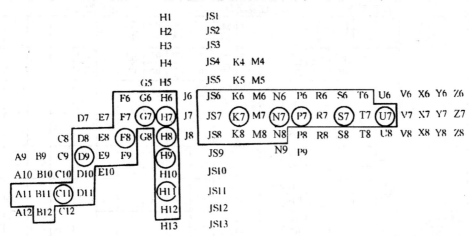

选用公差带时,应按优先、常用、一般公差带的顺序选取。若一般公差带中也没有满足要求的公差带,则可按国标规定的标准公差和基本偏差组成的公差带来选取,还可考虑用延伸和插入的方法来确定新的公差带。

2.3.4.2　优先和常用配合

国标在规定孔、轴公差带选用的基础上,还规定了孔、轴公差带的组合。

基孔制常用配合 59 种,优先配合 13 种,如表 2.9 所示。基轴制常用配合 47 种,优先配合 13 种,如表 2.10 所示。

表 2.9　基孔制优先、常用配合

基准孔	轴																				
	a	b	c	d	e	f	g	h	js	k	m	n	p	r	s	t	u	v	x	y	z
	间隙配合								过渡配合				过盈配合								
H6						$\frac{H6}{f5}$	$\frac{H6}{g5}$	$\frac{H6}{h5}$	$\frac{H6}{js5}$	$\frac{H6}{k5}$	$\frac{H6}{m5}$	$\frac{H6}{n5}$	$\frac{H6}{p5}$	$\frac{H6}{r5}$	$\frac{H6}{s5}$	$\frac{H6}{t5}$					
H7						$\frac{H7}{f6}$	$\frac{H7}{g6}$	$\frac{H7}{h6}$	$\frac{H7}{js6}$	$\frac{H7}{k6}$	$\frac{H7}{m6}$	$\frac{H7}{n6}$	$\frac{H7}{p6}$	$\frac{H7}{r6}$	$\frac{H7}{s6}$	$\frac{H7}{t6}$	$\frac{H7}{u6}$	$\frac{H7}{v6}$	$\frac{H7}{x6}$	$\frac{H7}{y6}$	$\frac{H7}{z6}$
H8				$\frac{H8}{e7}$	$\frac{H8}{f7}$	$\frac{H8}{g7}$		$\frac{H8}{h7}$	$\frac{H8}{js7}$	$\frac{H8}{k7}$	$\frac{H8}{m7}$	$\frac{H8}{n7}$	$\frac{H8}{p7}$	$\frac{H8}{r7}$	$\frac{H8}{s7}$	$\frac{H8}{t7}$	$\frac{H8}{u7}$				
				$\frac{H8}{d8}$	$\frac{H8}{e8}$	$\frac{H8}{f8}$		$\frac{H8}{h8}$													
H9			$\frac{H9}{c9}$	$\frac{H9}{d9}$	$\frac{H9}{e9}$	$\frac{H9}{f9}$		$\frac{H9}{h9}$													
H10			$\frac{H10}{c10}$	$\frac{H10}{d10}$				$\frac{H10}{h10}$													
H11	$\frac{H11}{a11}$	$\frac{H11}{b11}$	$\frac{H11}{c11}$	$\frac{H11}{d11}$				$\frac{H11}{h11}$													
H12		$\frac{H12}{b12}$						$\frac{H12}{h12}$													

注:① $\frac{H6}{h5}$、$\frac{H7}{p6}$ 在基本尺寸≤3mm 和 $\frac{H8}{r7}$≤100mm 时,为过渡配合。

②标注▶ 的配合为优先配合。

表 2.10 基轴制优先、常用配合

基准孔	孔																				
	A	B	C	D	E	F	G	H	JS	K	M	N	P	R	S	T	U	V	X	Y	Z
	间隙配合								过渡配合				过盈配合								
h5						F6/h5	G6/h5	H6/h5	js6/h5	K6/h5	M6/h5	N6	P6/h5	R6/h5	S6/h5	T6/h5					
h6						F7/h6	G7/h6	H7/h6	js7/h6	K7/h6	M7/h6	N7/h6	P7/h6	R7/h6	S7/h6	T7/h6	U7/h6				
h7					E8/e7	F8/f7		H8/h7	js8/h7	K8/h7	M8/h7	N8/h7									
h8				D8/h8	E8/h8	F8/h8		H8/h8													
h9				D9/h9	E9/h9	F9/h9		H9/h9													
h10				D10/h10				H10/h10													
h11	A11/h11	B11/h11	C11/h11	D11/h11				H11/h11													
h12		B12/h12						H12/h12													

注:标注 ▼ 的配合为优先配合。

在表 2.9 中,当轴的标准公差等级小于或等于 IT7 级时,是与低一级的基准孔相配合;大于或等于 IT8 级时,与同级基准孔相配合。

在表 2.10 中,当孔的标准公差等级小于 IT8 级或少数等于 IT8 级时,是与高一级的基准轴相配合,其余是与同级基准轴相配合。基孔制与基轴制优先配合公差带图分别如图 2.21 和图 2.22 所示。

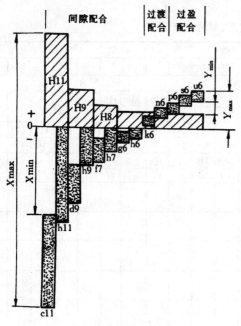

图 2.21 基孔制优先配合公差带图

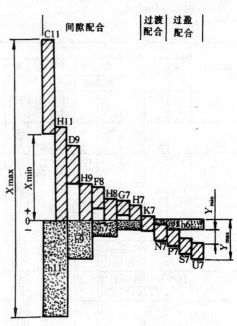

图 2.22 基轴制优先配合公差带图

2.3.5 温度条件

国家标准规定的数值均以基准温度 20℃为准,当温度偏离基准温度时,应进行修正。

2.4 常用尺寸段极限与配合的选择

极限与配合的选择是机械设计和制造中非常重要的一环,是一项既重要又困难的工作。合理地选择,不但有利于产品质量的提高,而且还有利于生产成本的降低。在设计工作中,极限与配合的选择主要包括基准制、公差等级和配合的选择。选择原则是既要保证机械产品的性能优良,同时又要兼顾制造上经济可行。

应该指出,正确地选择极限与配合,不仅要深入地掌握极限与配合国家标准,同时要对产品的技术要求、工作条件以及生产制造条件进行全面分析,还要通过生产实践和科学试验不断累积经验,才能逐步加强这方面的实际工作能力,单靠本课程的知识是不够用的。这里仅对极限与配合的选择提出一些基本原则。

2.4.1 基准制的选择

基准制包括基孔制和基轴制两种,选择基准制时应从结构、工艺和经济等方面综合考虑。

(1) 基孔制。一般情况下,应优先选用基孔制。通常加工孔比加工轴要困难些,采用基孔制可以减少定值刀具、量具的规格和数量,有利于刀具、量具的标准化、系列化,因而经济合理,使用方便。

(2) 基轴制。在下列情况下采用基轴制较为经济合理。

① 当配合的公差等级要求不高时,可直接采用冷拉钢材(这种钢材是按基轴制的轴制造的)直接做轴,而不需要进行机械加工,因此采用基轴制较为经济合理,对于细小直径的轴尤为明显。

② 在同一公称尺寸的轴上需要装配几个具有不同配合的零件时,要求采用基轴制。如图 2.23(a)所示活塞连杆机构中,活塞销同时与连杆孔和支承孔相配合,连杆要转动,故采用间隙配合(H6/h5),而与支承孔的配合要求紧些,故采用过渡配合(M6/h5)。如采用基孔制,则如

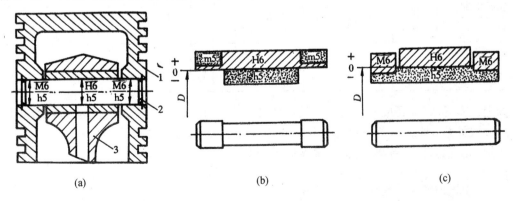

图 2.23 活塞连杆机构

(a)活塞连杆机构;(b)基孔制配合;(c)基轴制配合

图 2.23(b)所示,活塞销需做成中间小,两头大的阶梯形,这种形状的活塞销加工不方便,同时装配也困难,易拉毛连杆孔。反之,采用基轴制如图 2.23(c)所示,则活塞销可尺寸不变,制成光轴,而连杆孔、支承孔分别按不同要求加工,较为经济合理且便于装配。

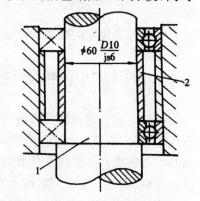

③ 与标准件(或标准部件)配合时,基准制的选择要依据标准件而定。例如与滚动轴承内圈相配合的轴应选用基孔制,而与滚动轴承外圈相配合的壳体孔则应选用基轴制。

(3) 任意孔、轴公差带组成的配合。有时,为了满足配合的特殊要求,允许采用任意孔、轴公差带组成的配合。如图 2.24 所示,为某车床主轴箱的一部分,由于轴径 1 与两轴承孔相配合,已选定为 $\phi60js6$,隔套 2 只起间隔两个轴承,作轴向定位用。为了装拆方便,只要松套在齿轮轴颈上即可,公差等级要求不高,因而选用 $\phi60D10$ 与轴径 1 相配。

图 2.24　一轴与多孔的配合选用

2.4.2　公差等级的选择

选择公差等级时,要正确处理使用要求、制造工艺和成本之间的关系。因此选择公差等级的基本原则是,在满足使用要求的前提下,尽量选取较低的公差等级,这样做可以取得较好的综合经济效益。

生产中,经常用类比法来确定公差等级。即参考经过实践证明为合理的类似产品上相应尺寸的公差,来确定孔和轴的公差等级。

表 2.11 列出了 20 个公差等级的大致应用范围,可供用类比法选择公差等级时参考。

表 2.11　公差等级的应用

应用	公差等级 IT																			
	01	0	1	2	3	4	5	6	7	8	9	10	11	12	13	14	15	16	17	18
高精度量块	√	√	√																	
量规			√	√	√	√	√	√	√											
特别精密的配合				√	√	√	√													
配合尺寸							√	√	√	√	√	√	√	√	√					
非配合尺寸													√	√	√	√	√	√	√	√
原材料尺寸										√	√	√	√	√	√	√				

确定公差等级时,还应考虑工艺上的可能性。表 2.12 是在正常条件下,公差等级和加工方法的大致关系,表 2.13 为各公差等级的应用条件及举例,可供参考。

用类比法选择公差等级时,还应考虑以下问题:

2.4.2.1　孔和轴的工艺等价

即孔、轴加工难易程度应相同。对间隙配合和过渡配合,孔的标准公差高于或等于 IT8 时,孔的公差等级应比轴低一级,而孔的标准公差低于 IT8 时,孔和轴的公差等级应取同一级。对过盈配合,孔的标准公差高于或等于 IT7 时,孔的公差等级应比轴低一级,而孔的标准公差低于 IT7 时,孔和轴的公差等级应取同一级。

表 2.12　各种加工方法的合理加工精度

加工方法	公差等级 IT																			
	01	0	1	2	3	4	5	6	7	8	9	10	11	12	13	14	15	16	17	18
研磨	√	√	√	√	√	√	√													
珩磨						√	√	√	√											
圆磨							√	√	√	√										
平磨							√	√	√	√										
金刚石车							√	√	√											
金刚石镗							√	√	√	√										
拉削							√	√	√											
铰孔								√	√	√	√	√								
车									√	√	√	√	√							
镗									√	√	√	√	√							
铣										√	√	√	√							
刨、插												√	√							
钻孔												√	√	√	√					
滚压、挤压												√	√							
冲压												√	√	√	√	√				
压铸													√	√	√	√				
粉末冶金成型								√	√	√										
粉末冶金烧结									√	√	√	√								
砂型铸造、气割																		√	√	√
锻造																	√	√		

表 2.13　公差等级的选用

公差等级	应　用　条　件	应　用　举　例
IT01	用于特别精密的尺寸传递基准	特别精密的标准量块
IT0	用于特别精密的尺寸传递基准及宇航中特别重要的极个别精密配合尺寸	特别精密的标准量块、个别特别重要和精密的机械零件尺寸
IT1	用于精密的尺寸传递基准,高精密测量工具,特别重要的极个别精密配合尺寸	高精密标准量规;校对检验 IT6～IT7 级轴用量规的校对量规;个别特别重要和精密的机械零件尺寸
IT2	用于高精密测量工具,特别重要的精密配合尺寸	检验 IT6～IT7 孔用塞规的尺寸制造公差,校对检验 IT8～IT12 级轴用量规的校对塞规,个别特别重要和精密机械零件尺寸

公差等级	应 用 条 件	应 用 举 例
IT3	用于精密测量工具、高精度的精密配合和C级、D级滚动轴承配合的轴径和外壳孔径	检验IT6~IT7轴用量规及IT8~IT10级孔用塞规；校对检验IT13~IT16级轴用量规的校对量规；与特别精密的C级滚动轴承内环孔（直径至100mm）相配的机床、主轴、精密机械和高速机械的轴径；与C级向心球轴承外环外径相配合的外壳孔径；航空工业及航海工业中导航仪器上特殊精密的特小尺寸零件的精密配合
IT4	用于精密测量工具、高精度的精密配合和C级、D级滚动轴承配合的轴径和外壳孔径	检验IT8~IT10级轴用量规，检验IT11~IT12级孔用塞规和C级轴承孔（孔径大于100mm）及与D级轴承孔相配的机床主轴，精密机械和高速机械的轴径；与C级轴承相配的机床外壳孔；柴油机活塞销及活塞销座孔径；高精度齿轮的基准孔或轴径；航空及航海工业用仪器中特殊精密的孔径
IT5	用于机床、发动机和仪表中特别重要的配合，在配合公差要求很小，形状精度要求很高的条件下，这类公差等级能使配合性质比较稳定，相当于旧国标中最高精度（1级精度轴），故它对加工要求较高，一般机械制造中较少应用	检验IT11~IT12级孔用塞规和轴用量规；与D级滚动轴承相配的机床箱体孔；与E级滚动轴承孔相配的机床主轴，精密机械及高速机械的轴径；机床尾架套筒，高精度分度盘轴颈；分度头主轴、精密丝杆基准颈；高精度镗套的外径等；发动机中主轴的外径，活塞销外径与活塞的配合；精密仪器中轴与各种传动件轴承的配合；5级精度齿轮的基准孔及5级、6级精度齿轮的基准轴
IT6	广泛用于机械制造中的重要配合，配合表面有较高均匀性的要求；能保证相当高的配合性质，使用可靠。相当于旧国标中2级精度轴和1级精度孔的公差	检验IT13~IT16级孔用塞规；与E级滚动轴承相配的外壳孔及与滚子轴承相配的机床主轴轴颈；机床制造中，装配式青铜涡轮轮壳外径，安装齿轮、蜗轮、联轴器、皮带轮、凸轮的轴颈；机床丝杆支承轴颈，矩形花键的定心直径，摇臂钻床的立柱等。机床夹具的导向件的外径尺寸；精密仪器，光学仪器，计量仪器中的精密轴；发动机中的汽缸套外径，曲轴主轴颈，活塞销、连杆、衬套、连杆和轴瓦外径等；6级精度齿轮的基准孔和7级、8级精度齿轮的基准轴径，以及特别精密（1级、2级）齿轮的顶圆直径
IT7	应用条件与IT6相类似，但它要求的精度可比IT6稍低一点，在一般机械制造业中应用相当普遍，相当于旧国标中3级精度轴或2级精度孔的公差	检验IT13~IT16级孔用塞规和轴用量规；机床制造中装配或青铜涡轮轮缘孔径；联轴器、皮带轮、凸轮等的孔径、机床卡盘座孔、摇臂钻床的摇臂孔、车床丝杆的轴承孔等；机床夹头导向件的内孔（如固定钻套、可换钻套、衬套、镗套）；发动机中的连杆孔、活塞孔、铰制螺栓定位孔等；精密仪器光学仪器中精密配合的内孔；自动化仪表中的重要内孔；7级、8级精度齿轮的基准孔和9级、10级精度齿轮的基准轴

公差等级	应 用 条 件	应 用 举 例
IT8	用于机械制造中属中等精度；在仪器、钟表制造及仪表中，由于基本尺寸较小，所以属较高精度范畴；在配合确定性要求不太高时，可应用较多的一个等级。尤其是在农业机械、纺织机械、印染机械、自行车、缝纫机、医疗器械中应用最广	轴承座衬套沿宽度方向的尺寸配合；手表中跨齿轴，棘爪拨针轮等夹板的配合；无线电仪表工业中的一般配合；电子仪器仪表中较重要的内孔；计算机中变数齿轮孔和轴的配合。医疗器械中牙科车头的钻头套的孔与车针柄部的配合；导航仪器中主罗经粗刻度盘孔月牙形支架与微电机汇电环孔等；电机制造中铁芯与机座的配合；发动机活塞油环槽宽、连杆轴瓦内径、低精度（9～12级精度）齿轮的基准孔和11～12级精度齿轮和基准轴，6～8级精度齿轮的顶圆
IT9	应用条件与IT8相类似，但要求精度低于IT8时用。比旧国标4级精度公差值要大	机床制造中轴套外径与孔、操纵件与轴，空转皮带轮与轴、操纵系统的轴与轴承等的配合，纺织机械、印染机械中的一般配合零件；发动机中机油泵体内孔、气门导管内孔、飞轮套、圈衬套、混合气预热阀轴、汽缸盖孔径、活塞槽环的配合等；光学仪器，自动化仪表中的一般配合；手表中要求较高零件的未注公差尺寸的配合；单键连接中键宽配合尺寸；打字机中的运动件配合等
IT10	应用条件与IT9相类似，但要求精度低于IT9时用。相当于旧国标的5级精度公差	电子仪器仪表中支架中的配合；导航仪器中绝缘衬套孔与汇电环衬套轴；打字机中铆合件的配合尺寸；闹钟机构中的中心管与前夹板，轴套与轴，手表中尺寸小于18mm时要求一般的未注公差尺寸及大于18mm要求较高的未注公差尺寸；发动机中油封挡圈孔与曲轴皮带轮毂
IT11	用于配合精度要求较粗糙，装配后可能有较大的间隙。特别适用于要求间隙大，且有显著变动而不会引起危险的场合，相当于旧国标6级精度公差	机床上法兰盘止口与孔、滑块与滑轮，齿轮、凹槽等，农业机械、机车车厢部件及冲压加工的配合零件；钟表制造中不重要的零件，手表制造用的工具及设备中的未注公差尺寸；纺织机械中较粗糙的活动配合；印染机械中较低的配合；医疗器械中手术刀片的配合；磨床制造中螺纹制造及粗糙的动联结；不作测量基准用的齿轮顶圆直径公差
IT12	配合精度要求很粗糙，装配后有很大的间隙，适用于基本上没有什么配合要求的场合；要求较高未注公差尺寸的极限偏差；比旧国标的7级精度公差值稍小	非配合尺寸及工序间尺寸；发动机分离杆；手表制造中工艺装备的未注公差尺寸；计算机行业切削加工中未注公差的极限偏差；医疗器械中手术刀柄的配合；机床制造中扳手孔与扳手座的联结
IT13	应用条件与IT12相类似，但比旧国标7级精度公差稍大	非配合尺寸及工序间尺寸；计算机、打字机中切削加工零件及圆片孔、两孔中心距的未注公差尺寸
IT14	用于非配合尺寸及不包括在尺寸链中尺寸。相当于旧国标的8级精度公差	在机床、汽车、拖拉机、冶金、矿山、石油、化工、电机、电器、仪器、仪表、造船、航空、医疗器械、钟表、自行车、缝纫机、造纸与纺织机械等工业中对切削加工零件未注公差尺寸的极限偏差，广泛应用此等级

公差等级	应 用 条 件	应 用 举 例
IT15	用于非配合尺寸及不包括在尺寸链中的尺寸。相当于旧国标的 8 级精度公差	冲压件、木模铸造零件、重型机床制造,当尺寸大于 3150mm 时未注公差尺寸
IT16	用于非配合尺寸及不包括在尺寸链中的尺寸。相当于旧国标的 10 级精度公差	打字机中浇铸件尺寸;无线电制造中箱体外形尺寸;手术器械中的一般外形尺寸公差;压弯延伸加工用尺寸;纺织机械中木件尺寸公差;塑料零件尺寸公差;木模制造和自由锻造时用
IT17	用于非配合尺寸及不包括在尺寸链中的尺寸。相当于旧国标的 11 级精度	塑料尺寸公差;手术器械中的一般外形尺寸公差
IT18	用于非配合尺寸及不包括在尺寸链中的尺寸。相当于旧国标的 12 级精度	冷作焊接尺寸用公差

2.4.2.2　相关件和相配件的精度要求

　　例如,与齿轮孔配合的轴的公差等级,应与齿轮的精度等级相当;与滚动轴承配合的轴颈和壳体孔的公差等级,应与滚动轴承的精度相当。

2.4.2.3　加工成本

　　随着公差等级的提高,加工误差减小,加工成本也随之提高,根据统计资料,加工误差与生产成本之间的关系如图 2.25 所示。在低精度区,精度提高,成本增加不多;在高精度区,精度稍提高,成本急剧增加,故高公差等级的选用应特别慎重。

　　在能够根据使用要求确定其配合间隙或过盈的允许变动范围时,也可用计算法确定公差等级。

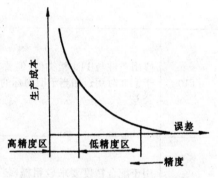

图 2.25　公差与生产成本的关系

2.4.3　配合的选择

　　选择配合主要是为了解决结合零件孔与轴在工作时的相互关系,即根据使用要求确定允许的间隙或过盈的变化范围,并由此确定孔和轴的公差带,以保证机器正常工作。

　　基准制和公差等级的选择,确定了基准孔或基准轴的公差带,以及相应的非基准轴或非基准孔公差带的大小,因此选择配合种类就是确定非基准轴或非基准孔公差带的位置,也就是选择非基准轴或非基准孔的基本偏差代号。

　　在设计中,根据使用要求,应尽可能地选用国标推荐的优先配合和常用配合。如果优先配合和常用配合不能满足要求时,则可选标准中推荐的一般用途的孔、轴公差带按需要组成配合。若仍不能满足使用要求,则可从国标所提供的孔、轴公差带中选取合适的公差带,组成所需要的配合。

　　选择配合时,确定间隙或过盈的方法有计算法、试验法和类比法三种。

　　计算法是根据一定的理论和公式,计算出所需的间隙或过盈,然后对照国标选择适当配合的方法。由于影响配合间隙或过盈的因素较多,孔与轴结合的实际情况较复杂,一般来说,理论的计算是近似 的,只能作为重要的参考依据,应用时还要根据实际工作条件进行必要的修正,或经反复试验来确定。

　　试验法是根据多次试验的结果,寻求最合理的间隙或过盈,从而确定配合的一种方法。对产品性能影响很大的一些配合,往往需要用试验法来确定使机器工作性能最佳的间隙或过盈。例如采煤用的风镐锤体与镐筒配合的间隙量对风镐的工作性能有很大的影响,一般采用试验法比较可靠。这种方法要进行大量试验,故时间长、费用大。

　　类比法是参考现有同类机器或类似结构中经生产实践验证过的配合情况,与所设计零件的使用条件相比较,经修正后确定配合的一种方法。

　　在生产实践中,常用类比法选择配合种类。要掌握这种方法,首先必须掌握各种配合的特征,并了解各种配合的应用实例。然后,根据具体要求来选择配合种类。

2.4.3.1　各种配合的特征及应用实例

　　各种配合的特征分析如下:

　　(1) 间隙配合:a～h(或 A～H)11 种基本偏差与基准孔(或基准轴)形成间隙配合,其中由a(或 A)形成的配合的间隙最大,间隙依次减小,由 h(或 H)形成的间隙最小,该配合的最小间隙为零。

　　(2) 过渡配合:js、j、k、m、n(或 JS、J、K、M、N)5 种基本偏差与基准孔(或基准轴)形成过渡配合,其中由 js(或 JS)形成的配合较松,一般具有平均间隙。此后,配合依次变紧,由 n(或 N)形成的配合一般具有平均过盈,而有些公差等级的 n(或)N 则形成过盈配合(如 n5 和 N6)。

　　(3) 过盈配合:p～zc(或 P～ZC)12 种基本偏差与基准孔(或基准轴)形成过盈配合,其中由 p(或 P)形成的配合的过盈最小,而有些公差等级的 p 则形成过渡配合(如 H8/p7)。此后,过盈依次增大,由 zc 或(ZC)形成的配合的过盈最大。

　　各种基本偏差在具体选用时参考表 2.14,并尽量按表 2.15 所推荐的优先配合选用。

表 2.14　各种基本偏差的应用实例

配合	基本偏差	特 点 及 应 用 实 例
间隙配合	a(A) b(B)	可得到特别大的间隙,应用很少。主要用于工作时温度高,热变形大的零件的配合,如发动机中活塞与缸套的配合为 H9/a9
	c(C)	可得到很大的间隙,一般用于工作条件较差(如农业机械),工作时受力变形大及装配工艺性不好的零件的配合,也适用于高温工作的动配合,如内燃机排气阀杆与导管的配合为 H8/c7
	d(D)	与 IT7～IT11 对应,适用于较松的间隙配合(如滑轮、空转皮带轮与轴的配合),以及大尺寸滑动轴承与轴的配合(如涡轮机、球磨机等的滑动轴承)。活塞环与活塞槽的配合可用 H9/d9
	e(E)	与 IT6～IT9 对应,具有明显的间隙,用于大跨距及多支点的转轴与轴承的配合,以及高速、重载的大尺寸轴与轴承的配合,如大型电机、内燃机的主要轴承处的配合为 H8/e7
	f(F)	多与 IT6～IT8 对应,用于一般转动的配合,受温度影响不大,采用普通润滑油的轴与滑动轴承的配合,如齿轮箱、小电机、泵等的转轴与滑动轴承的配合为 H7/f6

配合	基本偏差	特 点 及 应 用 实 例
间隙配合	g(G)	多与IT5,IT6,IT7对应,形成配合的间隙较小,用于轻载精密装置中的转动配合,用于插销的定位配合,滑阀、连杆销等处的配合,钻套孔多用G
	h(H)	多与IT4~IT11对应,广泛用于相对转动的配合,一般的定位配合,若没有温度、变形的影响,也可用于精密滑动轴承,如车床尾座孔与滑动套筒的配合为H6/h5
过渡配合	js(JS)	多用于IT4~IT7具有平均间隙的过渡配合,用于略有过盈的定位配合,如联轴节,齿圈与轮毂的配合,滚动轴承外圈与外壳孔的配合多用JS7。一般用手或木槌装配
	k(K)	多用于IT4~IT7平均间隙接近零的配合,用于定位配合,如滚动轴承的内、外圈分别与轴颈、外壳孔的配合,用木槌装配
	m(M)	多用于IT4~IT7平均过盈较小的配合,用于精密定位的配合,如涡轮的青铜轮缘与轮毂的配合为H7/m6
	n(N)	多用于IT4~IT7平均过盈较大的配合,很少形成间隙,用于加键传递较大扭矩的配合,如冲床上齿轮与轴的配合,用槌子或压力机装配
过盈配合	p(P)	用于小过盈配合,与H6或H7的孔形成过盈配合,而与H8的孔形成过渡配合,碳钢和铸铁制零件形成的配合为标准压入配合,如卷扬机的绳轮与齿圈的配合为H7/p6,合金钢制零件的配合需要小过盈时可用p(或P)
	r(R)	用于传递大扭矩或受冲击负荷而需要加键的配合,如涡轮与轴的配合为H7/r6。配合H8/r7在基本尺寸<100mm时,为过渡配合
	s(S)	用于钢和铸铁零件的永久性和半永久性结合,可产生相当大的结合力,如套环压在轴、阀座上用H7/s6配合
	t(T)	用于钢和铁制零件的永久性结合,不用键可传递扭矩,需用热套法或冷轴法装配,如联轴节与轴的配合为H7/t6
	u(U)	用于大过盈配合,最大过盈需验算,用热套法进行装配,如火车轮毂和轴的配合为H6/u5
	v(V),x(X) y(Y),z(Z)	用于特大过盈配合,目前使用的经验和资料很少,须经试验后才能应用。一般不推荐

表2.15 优先配合选用说明

优 先 配 合		说　　明
基孔制	基轴制	
$\dfrac{H11}{c11}$	$\dfrac{C11}{h11}$	间隙非常大,用于很松、转动很慢的动配合,用于装配方便的很松的配合
$\dfrac{H9}{d9}$	$\dfrac{D9}{h9}$	间隙很大的自由转动配合,用于精度非主要要求时,或有大的温度变化,高转速或大的轴颈压力时

优 先 配 合		说　　明
基孔制	基轴制	
$\dfrac{H8}{f7}$	$\dfrac{F8}{h7}$	间隙不大的转动配合,用于中等转速与中等轴颈压力的精确转动,也用于装配较容易的中等定位配合
$\dfrac{H7}{g6}$	$\dfrac{G7}{h6}$	间隙很小的滑动配合,用于不希望自由转动,但可自由移动和滑动并精密定位时,也可用于要求明确的定位配合
$\dfrac{H7}{h6}$ $\dfrac{H8}{h7}$ $\dfrac{H9}{h9}$ $\dfrac{H11}{h11}$	$\dfrac{H7}{h6}$ $\dfrac{H8}{h7}$ $\dfrac{H9}{h9}$ $\dfrac{H11}{h11}$	均为间隙定位配合,零件可自由装拆,而工作时,一般相对静止不动在最大实体条件下的间隙为零,在最小实体条件下的间隙由公差等级决定
$\dfrac{H7}{k6}$	$\dfrac{K7}{h6}$	过渡配合,用于精密定位
$\dfrac{H7}{n6}$	$\dfrac{N7}{h6}$	过渡配合,用于允许有较大过盈的更精密定位
$\dfrac{H7}{p6}$	$\dfrac{P7}{h6}$	过盈定位配合即小过盈配合,用于定位精度特别重要时,能以最好的定位精度达到部件的刚性及对中性要求
$\dfrac{H7}{s6}$	$\dfrac{S7}{h7}$	中等压入配合,适用于一般钢件,或用于薄壁件的冷缩配合,用于铸铁件可得到最紧的配合
$\dfrac{H7}{u6}$	$\dfrac{U7}{h6}$	压入配合适用于可以承受高压入力的零件,或不宜承受大压入力的冷缩配合

2.4.3.2　选择配合种类时应考虑的主要因素

（1）孔、轴间是否有相对运动。相互配合的孔、轴间有相对运动,必须选取间隙配合,无相对运动且传递载荷时,则选取过盈配合,有时也可选取过渡配合或间隙配合,但必须加键、销等连接件。

（2）过盈配合中的受载情况。用过盈来传递扭矩时,传递扭矩大时,应选取过盈量大的配合。

（3）孔和轴的定心精度要求。相互配合的孔、轴定心精度要求高时,不宜用间隙配合,多用过渡配合。过盈配合也能保证定心精度。

（4）孔和轴的拆装情况。经常拆装零件的孔与轴的配合要比不常拆装零件的配合松些,如皮带轮与轴的配合,滚齿机、车床等的交换齿轮与轴的配合。有时,零件虽不经常拆装,但如拆装困难,也要选取较松些的配合。

（5）孔和轴工作时的温度。如果相互配合的孔、轴工作时与装配时的温度差别较大,则选择配合时要考虑到热变形的影响。

（6）装配变形。在机械结构中,经常遇到薄壁套筒装配变形的问题。如图 2.26 所示,套筒外表面与机座孔的配合为过盈配合 $\phi80H7/u6$,套筒内孔与轴的配合为间隙配合 $\phi60H7/f7$。由于套筒外表面与机座孔的装配会产生过盈,当套筒压入机座孔后,套筒内孔会收缩,使孔径变小,因此不能满足使用要求。

在选择套筒内孔与轴的配合时,此变形量应给予考虑。具体办法有两个:其一是将内孔做大些,以补偿装配变形;其二是用工艺措施来保证,将套筒压入机座孔后,再按 $\phi60\text{H7}$ 加工套筒内孔。

(7) 生产类型。选择配合时,应考虑到生产类型(批量)的影响。在大批大量生产时,多用调整法加工,加工后尺寸通常按正态规律分布。而单件小批生产,多用试切法加工,孔加工后尺寸多偏向下极限尺寸,轴加工后多偏向上极限尺寸。如

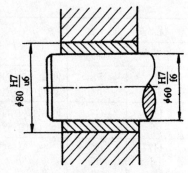

图 2.26 具有装配变形的结构

图 2.27 所示,设计时给定孔与轴的配合为 $\phi50\text{H7}/\text{js6}$,大批大量生产时,孔和轴装配后形成间隙的概率较大,其平均间隙 $X_{av}=+12.5\mu\text{m}$。而单件小批生产时,则形成过盈的概率较大,平均间隙 X'_{av} 比 $12.5\mu\text{m}$ 小得多,就不能满足原设计要求。因此,在选择配合时,为满足同一使用要求,单件小批生产时采用的配合应比大批大量生产时松些。在图 2.27 的示例中,为了满足大批大量生产时 $\phi50\text{H7}/\text{js6}$ 的要求,单件小批生产时应选择 $\phi50\text{H7}/\text{h6}$。

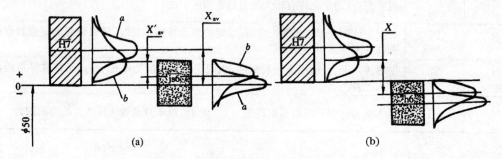

图 2.27 生产类型对配合选择的影响
(a) 调整法加工的尺寸分布;(b) 试切法加工的尺寸分布

选择配合时,应根据零件的工作条件,综合考虑以上这些因素的影响。当工作条件变化时,可参考表 2.16 对配合的间隙或过盈的大小进行调整。

表 2.16 工作情况对过盈和间隙的影响

具 体 情 况	过盈应增大或减小	间隙应增大或减小
材料许用应力小	减小	—
经常拆卸	减小	—
工作时,孔温高于轴温	增大	减小
工作时,轴温高于孔温	减小	增大
有冲击载荷	增大	减小
配合长度较大	减小	增大
配合面形位误差较大	减小	增大
装配时可能歪斜	减小	增大
旋转速度高	增大	增大
有轴向运动	—	增大

具 体 情 况	过盈应增大或减小	间隙应增大或减小
润滑油粘度增大	—	增大
装配精度高	减小	减小
表面粗糙度高度参数值大	增大	减小

例 2.7 设孔、轴配合的公称尺寸为 $\phi30mm$，要求间隙在 $0.020\sim0.055mm$ 之间，试确定孔和轴的公差等级和配合种类。

解：（1）选择基准制。本例没有特殊要求，应选用基孔制，因此基准孔 EI＝0。

（2）选择公差等级。根据使用要求，由式（2.9）

得 $$T_f = T_D + T_d = X_{max} - X_{min} = (+55) - (+20) = 35\mu m$$

取 $T_D = T_d = T_f/2 = 17.5\mu m$。从表 2.3 查得：孔和轴的公差等级介于 IT6 和 IT7 之间。因为 IT6 和 IT7 属于高的公差等级，所以孔和轴应选取不同的公差等级：孔为 IT7，$T_D = 21\mu m$；轴为 IT6，$T_d = 13\mu m$。这样，得出孔的公差带为 H7。

选取的孔和轴的配合公差为 $34\mu m$，小于 T_f，故满足使用要求。

（3）选择配合种类。根据使用要求，本例为间隙配合。由式（2.3）知，$X_{min} = EI - es$，而 EI＝0，故 $es = -X_{min} = -20\mu m$，此数值为轴的基本偏差数值，从表 2.5 查得轴的基本偏差为 f，因此确定轴的公差带为 f6。根据查表数值，画出公差带图（见图 2.28）。

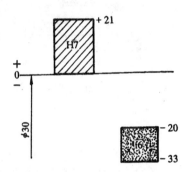

图 2.28 $\phi30H7/f6$ 公差带图

（4）验算设计结果。$\phi30H7/f6$ 的最大间隙为 $+54\mu m$，最小间隙为 $+20\mu m$。它们分别小于要求的最大间隙（$+55\mu m$）和等于要求的最小间隙（$+20\mu m$），因此，设计结果满足使用要求。

本例确定的配合为 $\phi30H7/f6$，孔为 $\phi30^{+0.021}_{0}mm$，轴为 $\phi30^{-0.020}_{-0.033}mm$。

例 2.8 试分析确定图 2.29 所示 C616 型车床尾座有关部位的配合。

尾座在车床上的作用是与主轴顶尖共同支持工件，承受切削力。尾座工作时，转动手柄 11，通过偏心机构，将尾座夹紧在床身上，再转动手轮 9，通过丝杠、螺母，使套筒 3 带动顶尖 1 向前移动，顶住工件。最后转动手柄 21，使夹紧套 20 靠摩擦夹住套筒，从而使顶尖的位置固定。

尾座部件有关部位的配合的分析和选用如下：

（1）套筒 3 外圆柱面与尾座体 2 孔的配合选用 $\phi60H6/h5$。这是因套筒在调整时要在孔中滑动，需有间隙，但在工作时要保证顶尖高的精度，又不能有间隙，故只能采用精度高而间隙小的间隙配合。

（2）套筒 3 内孔与螺母零件 6 外圆柱面的配合选用 $\phi30H7/h6$。螺母零件装入套筒，靠圆柱面来径向定位，再用螺钉固定。为了装拆方便，不应有过盈，但也不允许间隙过大，以免螺母在套筒中偏心，影响丝杠移动的灵活性。

（3）套筒 3 上长槽与定位块 4 侧面的配合选用 $12D10/h9$。定位块的宽度按键标准取 h9，考虑长槽与套筒轴线有歪斜，故取较松配合。

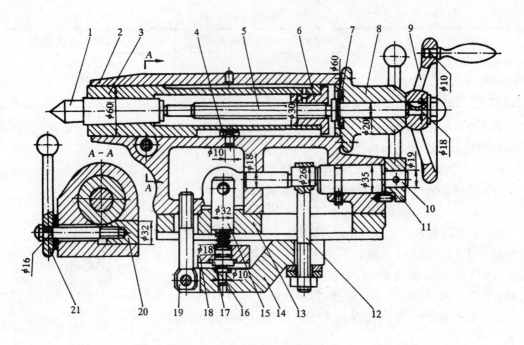

图 2.29　C616 型车床尾座装配图

（4）定位块 4 圆柱面与尾座体 2 孔的配合选用 $\phi10H9/h8$。此配合易装配,且可略为转动,修正定位块安装时的位置误差。

（5）丝杠 5 轴径与后盖 8 内孔的配合选用 $\phi20H7/g6$。丝杠可在后盖孔中转动。

（6）挡油圈 7 孔与丝杠 5 轴颈的配合选用 $\phi20H11/g6$。由于丝杠轴颈较长,为了使挡油圈易于套上轴颈,用间隙配合,又由于无定心要求,故挡油圈内孔的精度可取低些。

（7）后盖 8 凸肩与尾座体 2 孔的配合选用 $\phi60H6/js6$。此配合面较短,虽然整个尾座孔按 H6 加工,但孔口易做成喇叭口,实际配合是有间隙的。装配时,此间隙可使后盖窜动,以补偿偏心误差,使丝杠轴能够灵活转动。

（8）手轮 9 与丝杠 5 轴端的配合选用 $\phi18H7/js6$。手轮通过半圆键带动丝杠一起转动。选此配合是考虑装拆的方便并避免手轮在轴上晃动。

（9）手柄轴与手轮 9 小孔的配合选用 $\phi10H7/k6$。这是考虑到这种装配是永久性的,可采用过盈配合,又考虑到手轮系铸件,不能取过大的过盈。

（10）手柄 11 孔与偏心轴 10 的配合选用 $\phi19H7/h6$。手柄通过销转动偏心轴。装配时销与偏心轴配作。配作前,要调整手柄处于紧固位置时,偏心轴也处于偏心向上位置,因此配合不能有过盈。

（11）偏心轴 10 两轴颈与尾座体 2 上两支承孔的配合分别选用 $\phi35H8/d7$ 和 $\phi18H8/d7$。配合要使偏心轴能在支承孔中转动。考虑偏心轴两轴颈和尾座体两支承孔可能分别产生同轴度误差,故采用间隙较大的间隙配合。

（12）偏心轴 10 偏心圆柱面与拉紧螺钉 12 孔的配合选用 $\phi26H8/d7$。考虑装配方便,没有其他要求,故用大间隙配合。

（13）压块 16 圆柱销与杠杆 14 孔的配合选用 $\phi10H7/js6$。压块 17 圆柱销与压板 18 孔的

配合选用 φ18H7/js6。此处配合无特殊要求,只要求压块装上后掉不下来,便于总装。

(14) 杠杆 14 孔与螺钉 19 孔同时与一标准圆销配合。该圆销标准中规定圆销为 φ16n6。圆销与杠杆孔配合需紧些,取 φ16H7/n6,而圆销与螺钉孔配合需松些,取 φ16D8/n6。

(15) 圆柱 15 与滑座 13 孔的配合选用 φ32H7/n6。圆柱用锤打入孔中,在横向推力作用下不松动。必要时要将圆柱在孔中转位,故采用偏紧的过渡配合。

(16) 夹紧套 20 外圆柱面与尾座体 2 横孔的配合选用 φ32H8/e7。此配合间隙较大,当手柄 21 放松后,夹紧套易于退出,便于套筒 3 移动。

(17) 手柄 21 孔与收紧螺钉轴的配合选用 φ16H7/h6。装配方便,用半圆键带动轴转动。

2.5 大尺寸段的极限与配合

2.5.1 大尺寸段极限与配合构成的特点

公称尺寸大于 500mm、有些甚至超过 10000mm 的零件尺寸称大尺寸。重型机械制造中常遇到大尺寸极限与配合的问题。例如船舶制造、大型发电机组、飞机制造、巨型贮油罐等。大尺寸与常用尺寸孔、轴的极限与配合相比较,它们既有联系,又有差别。

在常用尺寸段中,标准公差因子与基本尺寸呈立方抛物线关系,它反映构成总误差的主要部分是加工误差。但是,随着尺寸的增大,零件在加工过程中所产生的各项误差之间的比例也随之变化,测量误差、温度以及形位误差等因素的影响将显著增加,并逐步转化成主要部分。所以大尺寸的标准公差因子 I 与基本尺寸呈线性关系,其关系式如下:

$$I = 0.004D + 2.1(\mu m) \tag{2.14}$$

式中,基本尺寸 D 的单位为 mm。计算标准公差因子 I 时,D 以尺寸分段的几何平均值代入。

国标规定基本尺寸大于 500～3150mm 公差等级仍分 20 级,表示方法与常用尺寸相同。但由于大尺寸孔、轴的加工和测量较困难,因此选用大尺寸标准公差时,以 IT6～IT18 为宜。

对于大尺寸段,生产中一般不采用大间隙和大过盈的配合,所以国标对大尺寸段推荐 31 种孔公差带和 41 种轴公差带,分别如表 2.17、表 2.18 所示。在大尺寸段,孔和轴的配合一般采用基孔制配合,孔、轴采用相同的公差等级。

大尺寸孔、轴的公差等级及配合种类的选择方法可参考常用尺寸孔、轴的公差等级及配合种类的选择方法。

表 2.17　尺寸＞500～3150mm 孔常用公差带

			G6	H6	JS6	K6	M6	N6
		F7	G7	H7	JS7	K7	M7	N7
D8	E8	F8		H8	JS8			
D9	E9	F9		H9	JS9			
D10				H10	JS10			
D11				H11	JS11			
				H12	JS12			

表 2.18　尺寸＞500～3150mm 轴常用公差带

		g6	h6	js6	k6	m6	n6	p6	r6	s6	t6	u6
		f7	g7	h7	js7	k7	m7	n7	p7	r7	s7	t7	u7
d8	e8	f8		h8	js8							
d9	e9	f9		h9	js9							
d10				h10	js10							
d11				h11	js11							
				h12	js12							

2.5.2　配制配合

国标对大尺寸段没有推荐配合,这是由于推荐条件还不够成熟。但是考虑到实际应用上的需要,因而在目前国内各单位采用"配作"的基础上,参考国外有关经验,以 JB/Z144-79 为基础,推出"配制配合"。

"配制配合"是以一个零件的实际尺寸为基数,来配制另一个零件的一种工艺措施。适用于尺寸较大,公差等级较高,单件小批生产的配合零件,也可用于中、小批零件生产中,公差等级要求较高的场合。配制配合的代号为 MF。

现对配制配合零件的一般要求,图样上的标注方法和采用的步骤,举例说明如下:

例 2.9　某一公称尺寸为 $\phi 3\,000$mm 的孔和轴配合,要求配合的最大间隙为 0.450mm,最小间隙为 0.140mm,采用配制配合。

解:(1) 先按互换性生产要求,选用 $\phi 3\,000$H6/f6 或 $\phi 3\,000$f6/H6。从表中查出这两种配合的最大间隙为 0.415,最小间隙为 0.145,符合要求。

如先加工孔,在图纸上应标注为 $\phi 3\,000$H6/f6MF。

如先加工轴,在图纸上应标注为 $\phi 3\,000$F6/h6MF。

(2) 选择先加工零件。根据大尺寸零件加工测量特点,一般先选择加工孔,因为孔加工困难,但能得到较高测量精度。先对孔给一个比较容易达到的尺寸公差,如 H8,在孔零件图上标注为 $\phi 3\,000$H8MF。若按未注公差尺寸的极限偏差加工,则孔零件图上应标注为 $\phi 3\,000$MF。

(3) 对于配制件轴,根据配合公差来选取适当公差。本例可按最大、最小间隙来考虑。如选 f7,最大间隙为 0.355mm,最小间隙为 0.145mm,符合要求。

在轴的零件图上注为 $\phi 3\,000$f7MF 或 $\phi 3\,000^{-0.145}_{-0.355}$MF。

(4) 准确测出先加工孔的实际尺寸。如测得孔径为 $\phi 3\,000.195$mm,以此尺寸作为配制件极限尺寸计算起始尺寸。则 f7 轴的极限尺寸为

$$d_{max} = 3\,000.195 - 0.145 = 3\,000.050\text{(mm)}$$

$$d_{min} = 3\,000.195 - 0.355 = 2\,999.840\text{(mm)}$$

其公差带如图 2.30 所示。

"配制配合"与目前许多工厂应用的"配作"是有区别的。"配制配合"既能扩大公差,保证配合性质,又具有系列化、理论化和标准化的特点。"配制配合"只涉及零件的尺寸公差,其他技术要求不应因采用配制配合而降低。

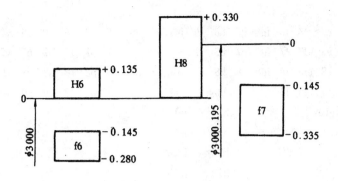

图 2.30　配制配合

2.6　尺寸至 18mm 的极限与配合

2.6.1　特点

尺寸至 18mm 的零件,特别是尺寸小于 3mm 的零件,无论在加工、测量、装配和使用等方面都与常用尺寸段和大尺寸段有所不同。

(1) 加工误差。从理论上讲,零件加工误差随基本尺寸增大而增加。因此小尺寸零件加工误差应很小。但实际上,由于小尺寸零件刚性差,受切削力影响变形很大;同时加工时定位、装夹等都比较困难。因而有时零件尺寸越小反而加工误差越大。而且小尺寸轴比孔加工困难。

(2) 测量误差。国内外曾有人对小尺寸零件的测量误差作过一系列调查分析,发现至少尺寸在 10mm 范围内,测量误差与零件尺寸不成正比关系,这主要是由于量具误差、温度变化以及测量力等因素的影响。

2.6.2　孔、轴公差带与配合

GB1803—1979 规定了尺寸至 18mm 孔轴公差带,主要用于仪表和钟表工业。

国标规定了轴公差带 162 种和孔公差带 145 种,分别如表 2.19、表 2.20 所示。标准对这些公差带未指明优先、常用和一般的选用次序,也未推荐配合。各行业、工厂可根据实际情况自行选用公差带并组成配合。

表 2.19　尺寸至 18mm 轴公差带

					h1	js1													
					h2	js2													
	ef3	f3	fg3	g3	h3	js3	k3	m3	n3	p3	r3								
	ef4	f4	fg4	g4	h4	js4	k4	m4	n4	p4	r4	s4							
c5 cd5 d5 e5	ef5	f5	fg5	g5	h5	j5	js5	k5	m5	n5	p5	r5	s5	u5	v5	x5	z5		

c6	cd6	d6	e6	ef6	f6	fg6	g6	h6	j6	js6	k6	m6	n6	p6	r6	s6	u6	v6	x6	z6	za6			
c7	cd7	d7	e7	ef7	f7	fg7	g7	h7	j7	js7	k7	m7	n7	p7	r7	s7	u7	v7	x7	z7	za7	zb7	zc7	
b8	c8	cd8	d8	e8	ef8	f8	fg8	g8	h8		js8	k8	m8	n8	p8	r8	s8	u8	v8	x8	z8	za8	zb8	zc8
a9	b9	c9	cd9	d9	e9	ef9	f9		h9		js9	k9			p9	r9	s9	u9		x9	z9	za9	zb9	zc9
a10	b10	c10	cd10	d10	e10				h10		js10	k10												
a11	b11	c11		d11					h11		js11													
a12	b12	c12							h12		js12													
a13	b13	c13							h13		js13													

表 2.20　尺寸至 18mm 孔公差带

H1	JS1
H2	JS2
EF3 F3 FG3 G3 H3	JS3 K3 M3 N3 P3 R3
H4	JS4 K4 M4
E5 EF5 F5 FG5 G5 H5	JS5 K5 M5 N5 P5 R5 S5
CD6 D6 E6 EF6 F6 FG6 G6 H6 J6	JS6 K6 M6 N6 P6 R6 S6 U6 V6 X6 Z6
CD7 D7 E7 EF7 F7 FG7 G7 H7 J7	JS7 K7 M7 N7 P7 R7 S7 U7 V7 X7 Z7 ZA7 ZB7 ZC7
B8 C8 CD8 D8 E8 EF8 F8 FG8 G8 H8 J8	JS8 K8 M8 N8 P8 R8 S8 U8 V8 X8 Z8 ZA8 ZB8 ZC8
A9 B9 C9 CD9 D9 E9 EF9 F9 H9	JS9 K9 N9 P9 R9 S9 U9 X9 Z9 ZA9 ZB9 ZC9
A10 B10 C10CD10D10 E10 F10 H10	JS10 K10 N10
A11 B11 C11 D11 H11	JS11
A12 B12 C12 H12	JS12
H13	JS13

在小尺寸段由于轴比孔难加工,所以基轴制用得较多。在配合中,孔和轴公差等级关系更为复杂。除孔、轴采用同级配合外,也有相差 1～3 级配合,而且往往是孔的公差等级高于轴的公差等级。

2.7　线性尺寸的一般公差

在本章的前几节,重点介绍了孔和轴的极限与配合问题。但在机械产品的零件上,有许多尺寸为精度较低的非配合尺寸。为了明确而统一地处理这类尺寸的公差要求问题,国家标准 GB/T1804—2000《一般公差　未注公差的线性和角度尺寸的公差》规定了线性尺寸的一般公差的等级和极限偏差。

2.7.1　一般公差的概念

一般公差是在车间普通工艺条件下,机床设备一般加工能力可保证的公差。在正常维护和操作情况下,它代表经济加工精度。一般公差适用于功能上无特殊要求的要素。

线性尺寸的一般公差主要用于较低精度的非配合尺寸。当功能上允许的公差等于或大于一般公差时,均应采用一般公差。

采用一般公差的尺寸,在该尺寸后不注出极限偏差。只有当要素的功能允许一个比一般公差更大的公差,且采用该公差比一般公差更为经济时(例如装配时所钻的盲孔深度),其相应的极限偏差要在尺寸后注出。

应用一般公差可以简化制图,使图样清晰易懂;可以节省图样设计时间,设计人员只要熟悉和应用一般公差规定,可不必逐一考虑其公差值;突出了图样上注出公差的尺寸,以便在加工和检验时引起重视。采用一般公差的线性尺寸,在正常车间加工精度保证的条件下,一般可不用检验。

2.7.2　线性尺寸的一般公差

线性尺寸的一般公差规定四个公差等级。即精密级(f)、中等级(m)、粗糙级(c)、最粗级(v),其中精密级公差等级最高,公差数值最小;最粗级公差等级最低,公差数值最大。每个公差等级都规定了相应的极限偏差,线性尺寸的极限偏差列于表 2.21,倒圆半径和倒角高度尺寸的极限偏差列于表 2.22。

表 2.21　线性尺寸的极限偏差数值(mm)

公差等级	尺 寸 分 段							
	0.5～3	>3～6	>6～30	>30～120	>120～400	>400～1 000	>1 000～2 000	>2 000～4 000
f(精密级)	±0.05	±0.05	±0.1	±0.15	±0.2	±0.3	±0.5	—
m(中等级)	±0.1	±0.1	±0.2	±0.3	±0.5	±0.8	±1.2	±2
c(粗糙级)	±0.2	±0.3	±0.5	±0.8	±1.2	±2	±3	±4
v(最粗级)	—	±0.5	±1	±1.5	±2.5	±4	±6	±8

表 2.22　倒圆半径与倒角高度尺寸的极限偏差数值(mm)

公差等级	尺 寸 分 段			
	0.5～3	>3～6	>6～30	>30
f(精密级)	±0.2	±0.5	±1	±2
m(中等级)				
c(粗糙级)	±0.4	±1	±2	±4
v(最粗级)				

注:倒圆半径与倒角高度的含义参见国家标准 GB6403.4《零件倒圆与倒角》。

规定图样上线性尺寸的未注公差时,应考虑车间的一般加工精度,选取标准规定的公差等级,由相应的技术文件或标准作出具体的规定。

采用 GB/T1084—2000 规定的一般公差,在图样上、技术文件或标准中用该标准号和公差等级符号表示。例如选用中等级时,表示为

$$GB/T1804\text{-}m$$

该标准规定的线性尺寸的未注公差,适用于金属切削加工的尺寸,也适用于一般的冲压加工的尺寸。非金属材料和其他工艺方法加工的尺寸可参照采用。

小结

《极限与配合》标准是应用最广泛的基础标准。

极限与配合的基本术语和定义,不仅是圆柱零件尺寸极限制的基础部分,也是全书的基础部分。作为一个完整的极限制来说,都有其必要的基本术语和定义。极限与配合的术语和定义又是工程师在图纸上的语言,必须牢固地掌握。不仅要明确其定义,还要能熟练计算。

标准公差系列和基本偏差系列是公差标准的核心,也是本章的重点。一个公差标准就是由标准公差和基本偏差为基础而制定的。标准公差代表了公差带的大小;而基本偏差则代表公差带的位置。标准公差与尺寸大小及加工难易程度有关,即 $T=ai$;基本偏差则基本上决定于尺寸的大小和使用要求(配合的松紧),一般与公差等级无关。即同一尺寸分段,孔和轴以同一字母为代号的基本偏差在大多数情况下是相等的。只有在公差等级较高时,由于孔比轴难加工,需要不同等级配合,为了保证同一基本偏差代号的基孔制和基轴制的配合性质相同,而造成孔、轴基本偏差的绝对值不同。

从理论上讲,孔和轴公差带的组合数目(即配合)是相当大的,而实际上有很多配合是根本用不着的。因此根据生产实际需要,各国的标准都推荐了一般、常用和优先配合及公差带。

极限与配合的选用是本章的难点,因为正确的选用必须具备相当的设计和工艺方面的知识,甚至还需要有一定的实际经验,单靠本课程是完成不了的。但这并不等于在本课程中就没有要求。本章介绍了一些选用的基本方法、原则、表格和典型实例。在目前的情况下,当给定技术条件时,学生们应能初步选用,不要求非常准确,但不应出笑话(例如当对其要求较高时,选择了间隙较大的配合)。

对大、小尺寸的极限与配合,只要掌握其特点就可以了。例如太大、太小的尺寸,温度误差和测量误差的影响更为显著,大尺寸的轴甚至比孔难加工,小尺寸的误差并不随尺寸的减小而减小,有时甚至相反等等。

《一般公差 未注公差的线性和角度尺寸的公差》是一个新标准,首先应该明确图纸上未注公差不等于没有公差要求,它是根据各生产部门或车间,按照其生产条件一般能保证的公差,因此在图纸上不需标注,在零件加工中也不需每件都检验,只要抽检即可。

习题与思考题

1. 判断下列概念是否正确:
    (1) 公差一般为正,在个别情况下也可以为负或零。
    (2) 公差是绝对值,在未取绝对值之前,可能是正,也可能是负。
    (3) 公差是零件尺寸允许的最大偏差。
    (4) 零件的实际尺寸越接近于其公称尺寸,则其精度也越高。
    (5) 从制造角度讲,基孔制的特点就是先加工孔,基轴制的特点就是先加工轴。
    (6) 过渡配合可能有间隙,也可能有过盈。因此过渡配合可能是间隙配合,也可能是过盈配合。
    (7) 公称尺寸不同的零件,只要它们的公差值相同,就可以说明它们的精度要求相同。

（8）有相对运动的配合应选用间隙配合，无相对运动的配合均选用过盈配合。

2. 公称尺寸、极限尺寸和实际尺寸有何区别和联系？

3. 尺寸公差、极限偏差和实际偏差有何区别和联系？

4. 什么叫标准公差和基本偏差？它们与公差带有何关系？

5. 配合分哪几类？各类配合中孔和轴公差带的相对位置有何特点？

6. 什么是基准制？为什么要规定基准制？为什么优先采用基孔制？在什么情况下采用基轴制？

7. 为什么要规定一般、常用和优先公差带及常用和优先配合？设计时应如何选用？

8. 基准制、公差等级和配合种类选择的根据分别是什么？

9. 根据表 2.23 中给出的数值，求出并填写表中空格处的数值（单位为 mm）。

表 2.23

公称尺寸	上极限尺寸	下极限尺寸	上极限偏差	下极限偏差	公 差	尺寸标注
孔 $\phi15$	$\phi14.984$	$\phi14.966$				
孔 $\phi25$			$+0.026$	-0.026		
孔 $\phi35$						$\phi35^{+0.050}_{+0.025}$
轴 $\phi45$			-0.025		0.025	
轴 $\phi55$	$\phi55.000$				0.046	
轴 $\phi65$		$\phi65.032$			0.030	

10. 根据表 2.24 中给出的数值，求出并填写表中空格处的数值（单位为 mm）。

表 2.24

公称尺寸	孔			轴			X_{max} (Y_{min})	X_{min} (Y_{max})	X_{av} (Y_{av})	T_f	基准制	配合性质
	ES	EI	T_D	es	ei	T_d						
$\phi25$		0				0.033	0.106		$+0.073$			
$\phi45$		0				0.025		-0.034	-0.001			
$\phi65$			0.030		0		-0.011	-0.060				

11. 使用标准公差和基本偏差表，查出下列公差带的上、下极限偏差。

(1) $\phi32d9$ (2) $\phi80p6$ (3) $\phi120v7$

(4) $\phi70h11$ (5) $\phi28k7$ (6) $\phi280m6$

(7) $\phi40C11$ (8) $\phi40M8$ (9) $\phi25Z6$

(10) $\phi30js6$ (11) $\phi35P7$ (12) $\phi60J6$

12. 查出下列孔、轴配合中孔和轴的上、下极限偏差，说明基准制和配合性质，并画出公差与配合图解。

(1) $\phi40\dfrac{H8}{f7}$ (2) $\phi25\dfrac{P7}{h6}$ (3) $\phi60\dfrac{H7}{h6}$

(4) $\phi32\dfrac{H8}{js7}$ (5) $\phi16\dfrac{D8}{h8}$ (6) $\phi100\dfrac{G7}{h6}$

13. 已知下列三对孔、轴配合的极限间隙或过盈，试分别确定它们的公差等级，并按基孔制或基轴制选择适当的配合(单位为 mm)。

(1) 公称尺寸 $\phi25$ $X_{max}=+0.086$，$X_{min}=+0.020$。

(2) 公称尺寸 $\phi40$ $Y_{max}=-0.076$，$Y_{min}=-0.035$。

(3) 公称尺寸 $\phi60$ $X_{max}=+0.023$，$Y_{max}=-0.053$。

14. 设某一孔、轴配合为 $\phi40\mathrm{H8}(^{+0.039}_{0})/\mathrm{f7}(^{-0.025}_{-0.050})$。但孔加工后的实际尺寸为 $\phi40.045\mathrm{mm}$。若允许修改轴的上、下极限偏差以满足原设计要求，试问此时轴的上、下极限偏差应取何值？采取这种措施后，零件是否仍具有互换性？

15. 图 2.31 为一机床传动轴配合，齿轮与轴由键联结，轴承内外圈与轴和机座的配合采用 $\phi50\mathrm{k6}$ 和 $\phi110\mathrm{J7}$。试确定齿轮与轴、挡环与轴、端盖与机座的公差等级和配合性质，并画出公差与配合图解。

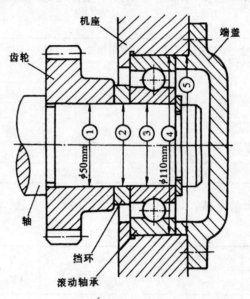

图 2.31 滚动轴承装配图

3 几何公差及其检测

3.1 概述

零件在加工过程中,由于机床-夹具-刀具-工件系统存在一定的几何误差,以及加工中出现的受力变形、热变形、振动、刀具磨损,工件材料内应力变化等影响,会使被加工零件的几何要素不可避免地产生误差。这些误差包括尺寸误差、形状误差(包括宏观几何形状误差、波度和表面粗糙度)和位置误差。其中宏观几何形状误差简称形状误差,形状误差和位置误差简称几何误差。

零件几何要素的几何误差会直接影响机械产品的工作精度、联结强度、运动平稳性、密封性、耐磨性、使用寿命和可装配性等。例如,光滑圆柱形工件,由于存在形状误差,在间隙配合中,会使间隙分布不均匀,加快局部磨损,从而降低零件的工作寿命。在过盈配合中,则会使过盈量各处不一致,影响联结强度。因此,为了满足零件装配后的功能要求,以及保证零件的互换性和经济性,必须对零件的形位误差予以限制,即对零件的几何要素规定形状和位置公差(简称几何公差)。我国已经把形位公差标准化,最新颁布的《几何公差》国家标准为 GB/T1182—2008、GB/T1184—1996,公差原则为 GB/T4249—2009,几何公差、最大实体要求、最小实体要求和可逆要求为 GB/T16671—2009。

3.1.1 几何公差的项目及其含义

国家标准 GB/T1182—2008 规定,形状和位置两大类公差共有 14 个项目,其中形状公差有 6 项,位置公差有 8 项,各项目的名称和符号见表 3.1。

表 3.1 几何公差项目及其符号

分 类	项 目	符 号	分 类		项 目	符 号
形状公差	直线度	—	位置公差	定向	平行度	//
	平面度	▱			垂直度	⊥
	圆 度	○			倾斜度	∠
	圆柱度	⌭		定位	同轴度	◎
	线轮廓度	⌒			对称度	⹀
	面轮廓度	⌓			位置度	⊕
				跳动	圆跳动	↗
					全跳动	⌰

3.1.2 几何公差的研究对象

几何公差的研究对象是构成零件几何特征的点、线、面等几何要素(简称要素)。如图 3.1(a)为零件的球面、圆锥面、圆柱面、端平面、素线、轴线、球心、锥顶。图 3.1(b)为矩形槽的中心平面。

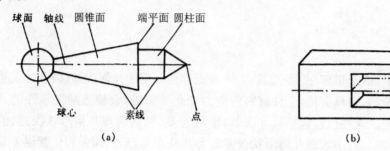

图 3.1　零件的几何要素
(a) 点、线、面；(b) 中心平面

几何要素可从不同角度来分类:

(1) 按存在状态分:

① 实际要素:零件上实际存在的要素,通常用测量得到的要素来代替。

② 理想要素:具有几何学意义的要素,即几何的点、线、面,它们不存在任何误差,机械图样上表示的要素均为理想要素。

(2) 按所处地位分:

① 被测要素:在图样上给出了形状和位置公差要求的要素,是被检测的对象。

② 基准要素:用来确定被测要素方向或(和)位置的要素。基准要素是理想要素,理想的基准要素简称基准。

(3) 按功能关系分:

① 单一要素:仅对要素自身提出功能要求而给出形状公差的要素。形状公差研究的是单一要素。

② 关联要素:对基准要素有功能要求而给出位置公差的要素。位置公差研究的对象是关联要素。

3.1.3 几何公差的代号及其标注方法

GB/T1182—2008 规定,在技术图样中,几何公差采用代号标注,当无法采用代号标注时,允许在技术要求中用文字说明。几何公差代号包括:几何公差有关项目的符号,几何公差框格和指引线,几何公差数值和其他有关符号,基准符号。

3.1.3.1 被测要素的标注方法

对被测要素的形位精度要求,应采用几何公差框格标注。公差框格有两格、三格、四格和五格等几种形式。按规定,公差框格在图样上一般为水平放置,当受到地方限制时,也允许将框格垂直放置。对于水平放置的框格,应从框格的左边起,第一格填写公差项目的符号,第二格填写公差值,公差值用线性值,如公差值是圆形或圆柱形的则在公差值前加注 ϕ,如是球形的则加注 $S\phi$。从第三格起填写代表基准的字母。当公差框格在图面上垂直放置时,应从框格下方的第一格起填写公差项目符号,顺次向上填写公差值、代表基准的字母等。图 3.2 是公差框格填写示例。

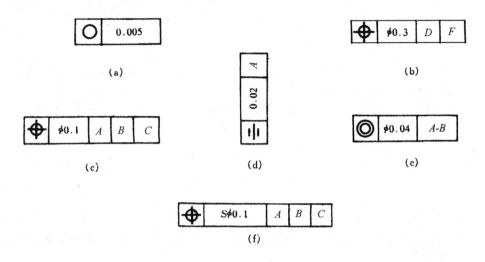

图 3.2　公差框格填写示例
(a) 两格填写方法;(b) 四格填写方法;(c) 五格填写方法;(d) 垂直放置框格填写方法;(e) 组合基准填写方法;(f) 公差带形状是球形的标注

公差框格中填写的公差值必须以毫米为单位。代表基准的字母采用大写拉丁字母,为了避免混淆,规定 E,I,J,M,O,P,L,R,F 字母不采用。在图 3.2(c)、(f)中,基准字母 A,B,C 依次为第一、第二和第三基准。必须指出,基准的顺序在公差框格中是固定的,总是第三格填写第一基准,依次填写第二、第三基准,而与字母在字母表中的顺序无关。此外,组合基准采用两个字母中间加一短横线的形式,如图 3.2(e)中的标注。

用带箭头的指引线将被测要素与公差框格的一端相连。指引线的箭头应指向公差带的宽度方向或直径。

对于水平放置的公差框格,指引线可以从框格的左端或右端引出。对于垂直放置的公差框格,指引线可以从框格的上端或下端引出。指引线从框格引出时必须垂直于框格而引向被测要素时允许弯折,但不得多于两次。

指引线的箭头应按以下方法与被测要素相连。

(1) 当公差涉及轮廓线或表面时[见图 3.3(a)、(b)],将箭头置于与要素的轮廓线或轮廓线的延长线上(但必须与尺寸线明显地分开)。

(2) 当指向实际表面时[见图 3.3(c)],箭头可置于带点的参考线上,该点指在实际表面上。

(3) 当公差涉及轴线、中心平面或由带尺寸要素确定的点时,则带箭头的指引线应与尺寸线的延长线重合[见图 3.3(d)、(e)、(f)]。

(4) 对同一要素有一个以上的公差特征项目要求时,为了方便起见可将一个框格放在另

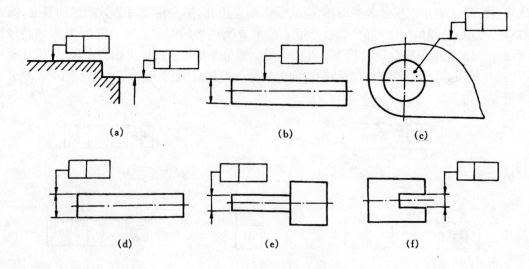

图 3.3　轮廓线或表面示意

一个框格下面[见图 3.4(a)]。

对几个表面有同一数值的公差带要求时,可用一个公差框格在一根指引线上分几个箭头分别表示[见图 3.4(b)]。

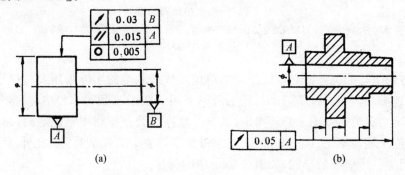

图 3.4　表面标注示例

(a) 同一要素多项要求的标注示例;(b) 多项要素同一要求的标注示例

(5) 图 3.5(a)、(b)表示被测要素在某一范围内有形位公差要求,其范围采用单点划线并加注相应尺寸表示出来。

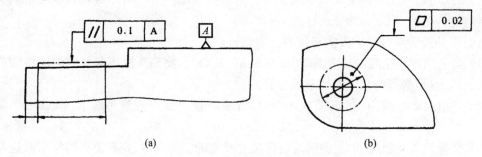

图 3.5　局部被测要素的标注

（6）图 3.6(a)、(b)表示形位公差特征项目如轮廓度适用于所在视图的整个轮廓线或轮廓面,采用全周符号标注。

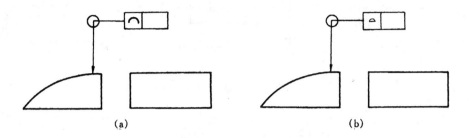

图 3.6　全周符号的标注

3.1.3.2　基准要素的标注方法

对于有方向或位置要求的关联被测要素,在图样上必须用基准符号表示被测要素与基准要素之间的关系。

基准符号由带方框的大写字母,用细实线与一个涂黑的或空白的三角形相连[见图 3.7(a)],表示基准的字母也应注在公差框格内[见图 3.7(b)]。涂黑的或空白的三角形含义相同。

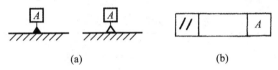

图 3.7　基准符号的标注

基准符号应置放于:

（1）当基准要素是轮廓线或表面时[见图 3.8(a)],放在要素的外廓或它的延长线上(但应与尺寸线明显地错开),基准符号还可置于用圆点指向实际表面的参考线上[见图 3.8(b)]。

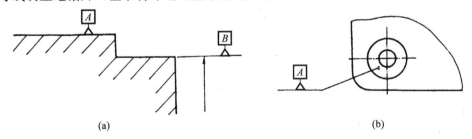

图 3.8　轮廓线或表面

（2）当基准要素是轴线或中心平面时,基准符号的连线应与尺寸线对齐[见图 3.9(a),(b),(c)]。如尺寸线安排不下两个箭头,则另一箭头可用短横线代替[见图 3.9(b),(c)]。

（3）基准要素是零件图样上与某投影面平行的轮廓面或局部轮廓面时,如图 3.10(a),(b)所示标注。

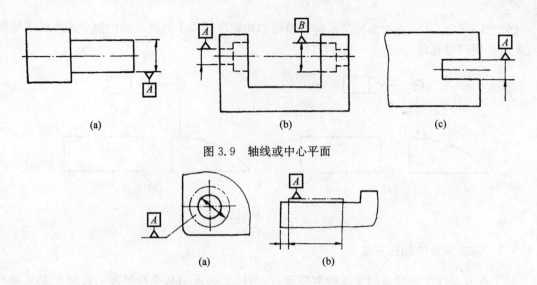

图 3.9 轴线或中心平面

图 3.10 基准是局部轮廓要素的标注

3.1.3.3 几何公差有附加要求时的标注方法

（1）为了表明其他附加要求或简化标注,可在公差框格的上方或下方附加文字说明。上方说明被测要素的数量,下方解释性的说明,其说明示例见表 3.2。

表 3.2 用文字说明附加要求的示例

示　　例	含　　义
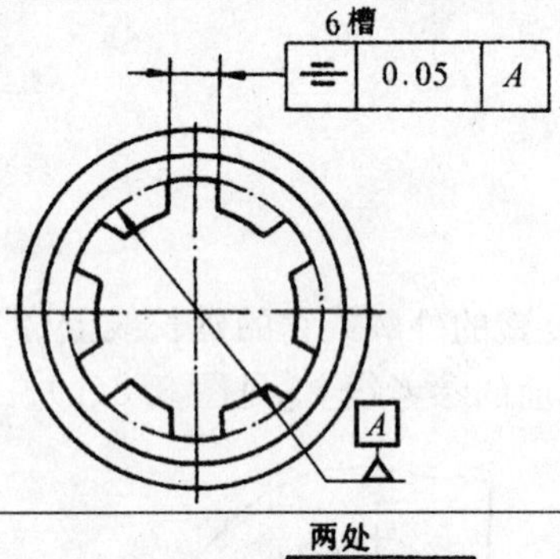 **6 槽**　≡ | 0.05 | A	6 个键槽分别对基准 A 的对称度公差为 0.05mm
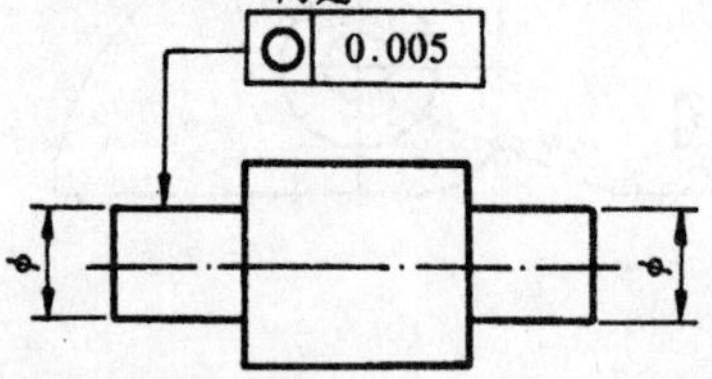 **两处**　○ | 0.005	两端圆柱面的圆度公差同时为 0.005mm
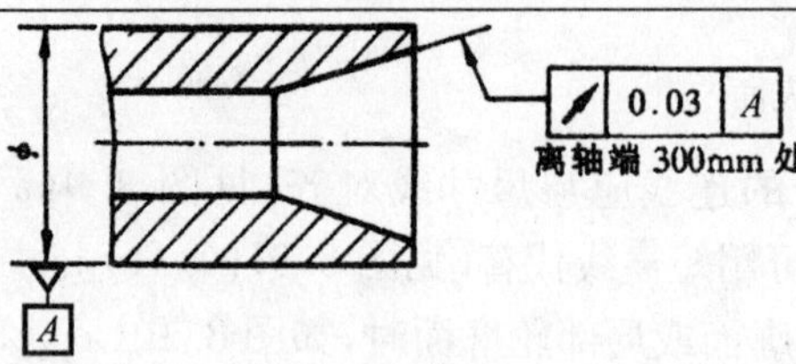 ∕ | 0.03 | A　**离轴端 300mm 处**	圆锥面对外圆柱面的轴线在离轴端 300mm 处的斜向圆跳动公差为 0.03mm

示　例	含　义
─ 100:0.01 纵向	在未画出导轨长向视图时,可借用其横剖面标注长向直线度公差

（2）在几何公差框格的公差数值后面加注有关符号,其含义见表3.3。

表 3.3　加注符号的含义及示例

含　义	符　号	举　例
只许中间向材料内凹下	（—）	─ t (—)
只许中间向材料外凸起	（+）	▭ t (+)
只许从左至右减小	（▷）	⌀ t (▷)
只许从右至左减小	（◁）	⌀ t (◁)

3.1.4　几何公差的公差带

几何公差带是限制实际要素变动的区域。显然,实际要素在公差带内,则为合格;反之,则为不合格。

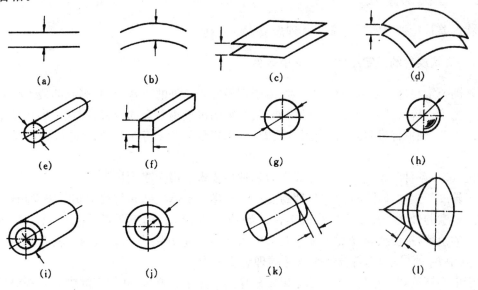

图 3.11　几何公差带的形状

（a）两平行直线；（b）两等距曲线；（c）两平行平面；（d）两等距曲面；（e）一个圆柱体；（f）一个四棱柱；
（g）一个圆；（h）一个球；（i）两同轴圆柱面；（j）两同心圆；（k）一段圆柱面；（l）一段圆锥面

几何公差带比尺寸公差带复杂得多,除有一定的大小外,还有一定的形状,有的还有方向和位置的严格要求。

几何公差带的形状可细分为 12 种,如图 3.11 所示。

几何公差带的形状、大小(公差值)、方向和位置是由零件的功能和对互换性的要求来确定的,称为几何公差带的四要素。

3.1.5　几何误差的检测原则

几何误差可以运用下列五种检测原则进行:

(1) 与理想要素比较原则。
(2) 测量坐标值原则。
(3) 测量特征参数原则。
(4) 测量跳动原则。
(5) 控制实效边界原则。

3.2　形状公差和形状误差

3.2.1　形状公差及其公差带

形状公差是指单一实际要素的形状所允许的变动全量。形状公差用形状公差带来表达,形状公差带是限制单一实际要素变动的区域。实际要素在该区域内为合格;反之,则为不合格。

3.2.2　形状误差及其评定

形状误差是指被测实际要素对其理想要素的变动量。

3.2.2.1　形状误差的评定准则——最小条件

当被测要素与理想要素进行比较时,由于理想要素所处的位置不同,得到的最大变动量也会不同。为了正确和统一地评定形状误差,就必须明确理想要素的位置,即规定形状误差的评定准则。因此,国家标准规定,评定形状误差时,理想要素相对于实际要素的位置,应符合"最小条件"。

所谓"最小条件",是指被测实际要素对其理想要素的最大变动量为最小。

对于轮廓要素,"最小条件"就是理想要素位于零件实体之外并与被测实际要素相接触,使被测实际要素的最大变动量为最小的条件。如图 3.12 所示,理想要素 A_1-B_1,A_2-B_2,A_3-B_3 处于不同的位置,被测要素相对于理想要素的最大变动量分别为 h_1,h_2,h_3。图 3.12 中,$h_1 < h_2 < h_3$,其中 h_1 值最小,则符合最小条件的理想要素为 A_1-B_1。

对于中心要素,"最小条件"就是理想要素穿过实际中心要素,并使实际中心要素对理想要素的最大变动量为最小的条件,如图 3.13,$\phi d_1 < \phi d_2$,且 ϕd_1 最小,则符合最小条件的理想轴线为 L_1。

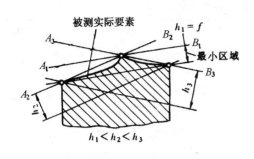

图 3.12　轮廓要素的最小条件

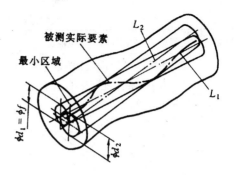

图 3.13　中心要素的最小条件

3.2.2.2　形状误差的评定方法——最小区域法

形状误差值用最小包容区域的宽度或直径表示,所谓"最小区域"是指包容被测实际要素且具有最小宽度 f 或直径 ϕf 的区域,如图 3.14(a)、(b)所示。

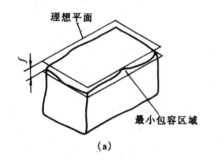

（a）

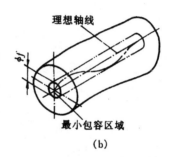

（b）

图 3.14　最小包容区域

最小包容区域的形状与其形状公差带相同,而大小、方向和位置由实际要素决定。

按最小包容区域评定形状误差值的方法,称为最小区域法。显然按最小区域法评定的形状误差值是唯一的最小值。因此,可以最大限度地保证合格件的通过。最小区域法是评定形状误差的一个基本方法,因这时的理想要素是符合最小条件的。在实际测量时,只要能满足零件功能要求,允许采用近似的评定方法。例如,以两端点连线法评定直线度误差,用三点法评定平面度误差等。当采用不同的评定方法所获得的测量结果有争议时,应按最小区域法评定的结果作为仲裁的依据。若图样上已给定检测方案时,则按给定的方案进行仲裁。

3.2.3　形状公差示例及其公差带定义

《几何公差》国家标准中规定了六种形状公差项目,形状公差示例及其公差带定义见表3.4。国标(GB/T1184-1996)对形状公差值只推荐了一些数值参考选用,见表3.5、表3.6、表3.7。

在表3.7中选择公差值时,对于直线度应按其相应线的长度选择;对于平面度应按其表面的较长一侧或圆表面的直径选择。

表 3.4　形状公差特征项目、公差带及图例

项目	序号	公差带形状和定义	公差带位置	图样标注和解释	说明
一	1	在给定平面内,公差带是距离为公差值 t 的两平行直线之间的区域	浮动	被测表面的素线必须位于平行于图样所示投影面且距离为公差值 0.1 的两平行直线内	给定平面内的直线度公差
	2	在给定方向上公差带是距离为公差值 t 的两平行平面之间的区域	浮动	被测圆柱面的任一素线必须位于距离为公差值 0.1 的两平行平面之内	给定一个方向直线度公差
	3	当给定互相垂直的两个方向时,公差带是正截面尺寸为公差值 $t_1 \cdot t_2$ 四棱柱内的区域	浮动	实际棱线必须位于垂直方向距离为 0.02mm,水平方向距离为 0.04mm 的四棱柱内	给定两个方向的直线度公差
	4	在给定方向上公差带是距离为公差值 0.04 的两平行平面之间的区域	浮动	圆柱面的任一素线,在长度方向上任意 100mm 长度内,必须位于距离为 0.04mm 的两平行平面内	给定一个方向在任意 10mm 长度内的直线度公差
	5	如在公差值前加注 ϕ,则公差带是直径为 t 的圆柱面内的区域	浮动	被测圆柱面的轴线必须位于直径为公差值 ϕ0.08 的圆柱面内	给定任意方向的直线度公差

项目	序号	公差带形状和定义	公差带位置	图样标注和解释	说明
▱	6	公差带是距离为公差值 t 的两平行平面之间的区域	浮动	被测表面必须位于距离为公差值0.08的两平行平面内	平面度公差
○	7	公差带是在同一正截面上,半径差为公差值 t 的两同心圆之间的区域	浮动	被测圆柱面任一正截面的圆周必须位于半径差为公差值 0.03 的两同心圆之间 被测圆锥面任一正截面上的圆周必须位于半径差为公差值 0.1 的两同心圆之间	圆度公差
⌭	8	公差带是半径差为公差值 t 的两同轴圆柱面之间的区域	浮动	被测圆柱面必须位于半径差为公差值 0.1 的两同轴圆柱面之间	圆柱度公差
⌒	9	公差带是包络一系列直径为公差值 t 的圆两包络线之间的区域。诸圆的圆心位于具有理论正确几何形状的线上 无基准要求的线轮廓度公差见图(a);有基准要求的线轮廓度公差见图(b)	浮动	在平行于图样所示投影面的任一截面上,被测轮廓线必须位于包络一系列直径为公差值 0.04,且圆心位于具有理论正确几何形状的线上的两包络线之间 24 ± 0.1 $R25$ $R10$ 22 58 (a)	线轮廓度公差无基准时,属于形状公差
			固定	(b)	线轮廓度公差有基准时,属于位置公差

项目	序号	公差带形状和定义	公差带位置	图样标注和解释	说明
⌒	10	公差带是包络一系列直径为公差值 t 的球的两包络面之间的区域,诸球的球心应位于具有理论正确几何形状的面上 无基准要求的面轮廓度公差见图(a);有基准要求的面轮廓度公差见图(b)	浮动	被测轮廓面必须位于包络一系列球的两包络面之间,诸球的直径为公差值0.02,且球心位于具有理论正确几何形状的面上的两包络面之间 (a)	面轮廓度公差无基准时,属于形状公差
			固定	(b)	面轮廓度公差有基准时,属于位置公差

表3.5 直线度、平面度公差

主参数 L (mm)	公差等级											
	1	2	3	4	5	6	7	8	9	10	11	12
	公差值(μm)											
≤10	0.2	0.4	0.8	1.2	2	3	5	8	12	20	30	60
>10~16	0.25	0.5	1	1.5	2.5	4	6	10	15	25	40	80
>16~25	0.3	0.6	1.2	2	3	5	8	12	20	30	50	100
>25~40	0.4	0.8	1.5	2.5	4	6	10	15	25	40	60	120
>40~63	0.5	1	2	3	5	8	12	20	30	50	80	150
>63~100	0.6	1.2	2.5	4	6	10	15	25	40	60	100	200
>100~160	0.8	1.5	3	5	8	12	20	30	50	80	120	250
>160~250	1	2	4	6	10	15	25	40	60	100	150	300
>250~400	1.2	2.5	5	8	12	20	30	50	80	120	200	400
>400~630	1.5	3	6	10	15	25	40	60	100	150	250	500

主参数 L 图例

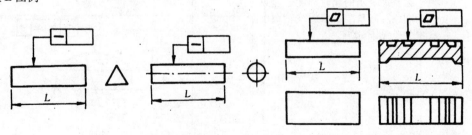

表 3.6　圆度、圆柱度公差

主参数 d,D （mm）	公差等级												
	0	1	2	3	4	5	6	7	8	9	10	11	12
	公差值（μm）												
>6～10	0.12	0.25	0.4	0.6	1	1.5	2.5	4	6	9	15	22	36
>10～18	0.15	0.25	0.5	0.8	1.2	2	3	5	8	11	18	27	43
>18～30	0.2	0.3	0.6	1	1.5	2.5	4	6	9	13	21	33	52
>30～50	0.25	0.4	0.6	1	1.5	2.5	4	7	11	16	25	39	62
>50～80	0.3	0.5	0.8	1.2	2	3	5	8	13	19	30	46	74
>80～120	0.4	0.6	1	1.5	2.5	4	6	10	15	22	35	54	87

主参数 d,D 图例

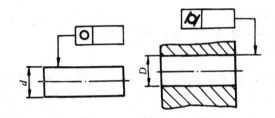

表 3.7　直线度和平面度的未注公差值（摘自 GB/T1184－1996）（mm）

公差等级	基本长度范围					
	≤10	>10～30	>30～100	>100～300	>300～1 000	>1 000～3 000
H	0.02	0.05	0.1	0.2	0.3	0.4
K	0.05	0.1	0.2	0.4	0.6	0.8
L	0.1	0.2	0.4	0.8	1.2	1.6

注：在表 3.7 中选择公差值时，对于直线度应按其相应线的长度选择；对于平面度应按其表面的较长一侧或圆表面的直径选择。

3.3　位置公差和位置误差

3.3.1　位置公差及其公差带

　　构成零件的几何要素中，有的要素对其他要素（基准）有位置要求，如机床主轴后轴颈对前轴颈要求同轴。为了限制关联要素对基准的位置误差，应按零件的功能要求规定必要的位置公差。

位置公差是指关联实际要素的位置对基准所允许的变动全量。位置公差带是限制关联实际要素变动的区域,被测实际要素必须位于此区域内方为合格。

位置公差分为定向公差、定位公差和跳动公差三大类。

(1) 定向公差,是关联实际要素对基准在方向上允许的变动全量。包括平行度、垂直度和倾斜度三项。

(2) 定位公差,是关联实际要素对基准在位置上允许的变动全量。理想要素的位置由基准和理论正确尺寸确定。包括同轴度、对称度和位置度三项。

(3) 跳动公差,是关联实际要素绕基准轴线回转一周或连续回转时所允许的最大跳动量。包括圆跳动和全跳动两项。当关联实际要素绕轴线回转一周时为圆跳动,绕基准轴线连续回转时,为全跳动。

3.3.2 位置误差及其评定

3.3.2.1 基准

在位置误差中,基准是指理想基准要素,被测要素的方向或(和)位置由基准确定。因此,基准是反映被测要素的方向和位置的参考对象,基准具有十分重要的作用。图样上标出的基准通常为以下三种情况:

(1) 单一基准。由一个要素建立的基准,如图 3.15 所示。图中由一个平面要素建立基准,该基准就是基准平面 A。

(2) 组合基准(公共基准)。由两个或两个以上的要素建立的一个独立的基准,如图 3.16 所示。由两段轴线 A、B 建立起公共基准轴线 A-B。在公差框格中标注时,将各个基准字母用短横线相连起来写在同一格内,以表示作为一个基准使用。

(3) 基准体系(三基面体系)。以三个互相垂直的平面所构成的一个基准体系,如图 3.17 所示,三个相互垂直的平面都是基准平面(A 为第一基准平面;B 为第二基准平面,垂直于 A;C 为第三基准平面,同时垂直于 A 和 B)。每两个基准平面的交线构成基准轴线,三轴线的交点构成基准点。因此,上面提到的单一基准平面就是三基面体系中的一个基准平面,而基准轴线则是三基面体系中两个基准平面的交线。

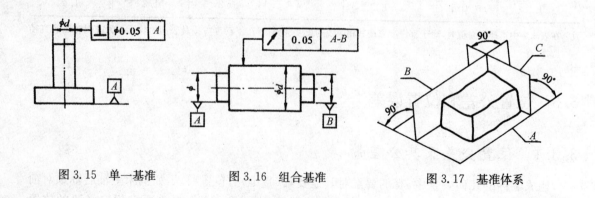

图 3.15 单一基准　　　　图 3.16 组合基准　　　　图 3.17 基准体系

3.3.2.2　基准的体现

在位置误差测量中,基准要素可用下列三种方法来体现:

(1) 模拟法。模拟法就是采用形状精度足够的精密表面来体现基准。如用精密平板的工作面模拟基准平面,基准实际要素与模拟基准接触时,可能形成"稳定接触",也可能形成"非稳定接触"。若基准实际要素与模拟基准之间自然形成符合最小条件的相对位置关系,就是稳定接触,如图 3.18 所示。非稳定接触可能有多种位置状态,测量位置误差时,应作调整,务必使基准实际要素与模拟基准之间尽可能达到符合最小条件的相对位置关系,以使测量结果唯一,如图 3.19 所示。用精密心轴装于基准实际孔内,以其轴线模拟基准轴线。

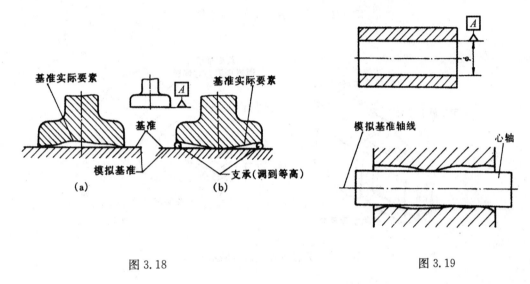

图 3.18　　　　　　　　　　　图 3.19

(2) 分析法。所谓分析法,就是通过对基准实际要素进行测量,然后根据测量数据用图解法或计算法按最小条件确定的理想要素作为基准。

(3) 直接法。直接法就是以基准实际要素为基准。当基准实际要素具有足够高的形状精度时,其形状误差对测量结果的影响可忽略不计。

3.3.2.3　定向误差及其评定

定向误差是被测实际要素对一具有确定方向的理想要素的变动量,理想要素的方向由基准确定。

定向误差值用定向最小包容区域的宽度或直径表示。定向最小包容区域是指按理想要素的方向来包容被测实际要素时,具有最小宽度 f 或直径 ϕf 的包容区域,如图 3.20 所示。

3.3.2.4　定位误差及其评定

定位误差是被测实际要素对一具有确定位置的理想要素的变动量,理想要素的位置由基准与理论正确尺寸确定。定位误差值用定位最小包容区域的宽度或直径表示。定位最小包容区域是指按理想要素的位置来包容被测实际要素时,具有最小宽度 f 或直径 ϕf 的包容区域,如图 3.21 所示。

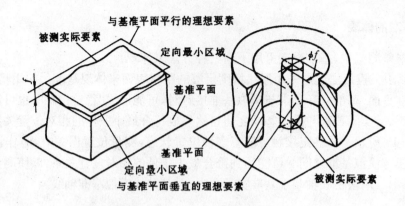

图 3.20　定向最小包容区域示例

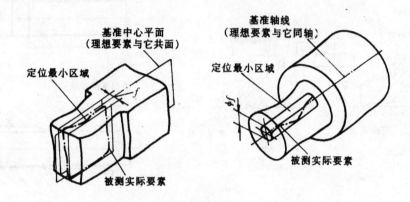

图 3.21　定位最小包容区域示例

3.3.2.5　跳动误差及其评定

圆跳动是被测实际要素绕基准轴线作无轴向移动回转一周时,由位置固定的指示器在给定方向上测得的最大与最小读数之差。所谓给定方向,对圆柱面是指径向,对圆锥面是指法线方向,对端面是指轴向。因此,圆跳动又相应地分为径向圆跳动、斜向圆跳动和端面圆跳动。

全跳动是被测实际要素绕基准轴线作无轴向移动回转,同时指示器沿基准轴线平行或垂直地连续移动(或被测实际要素每回转一周,指示器沿基准轴线平行或垂直地作间断移动),由指示器在给定方向上测得的最大与最小读数之差。所谓给定方向,对圆柱面来说是径向,对端面是指轴向。因此,全跳动又分为径向全跳动和端面全跳动。

3.3.3　位置公差示例及其公差带定义

位置公差八种项目示例及其公差带定义见表 3.8 至表 3.10。国家标准(GB/T1184－1996)对位置公差值只推荐了一些数值供参考选用,见表 3.11 至表 3.12。

表 3.8　定向位置公差典型示例

项目	公差带定义	图样标注	公差带形状	公差带位置	说明
平行度	公差带是距离为公差值 t 且平行于基准线（或平面、轴线），位于给定方向上的两平行平面之间的区域		两组平行平面 基准轴线	浮动（如 $L \pm t$ 改注为理论正确尺寸，则公差带位置相对基准固定）	被测轴线必须位于距离为公差值 0.1mm，且在垂直方向平行于基准轴线的两平行平面之间
	公差带是两对互相垂直的距离分别为 t_1 和 t_2 且平行于基准线的两平行平面之间的区域		两组平行平面 基准轴线	浮动	被测轴线必须位于水平方向距离为公差值 0.2mm，垂直方向距离为公差值 0.1mm 且平行于基准轴线的两组平行平面内
	如在公差值前加注 ϕ，公差带是直径为公差值 t 且平行于基准线的圆柱面内的区域		圆柱 基准轴线	浮动	被测的轴线必须位于直径为公差值 $\phi 0.1$mm，且平行于基准轴线的圆柱面内
垂直度	公差带是距离为公差值 t，且垂直于基准平面（或直线、轴线）的两平行平面（或直线）之间的区域		两组平行平面 基准轴线	浮动	被测端面必须位于距离为公差值 0.05mm，且垂直于基准轴线的两平行平面之间

项目	公差带定义	图样标注	公差带形状	公差带位置	说明
垂直度	如公差值前加注ϕ，则公差带是直径为公差值t且垂直于基准面的圆柱面内的区域		圆柱 基准平面	浮动	被测的轴线必须位于直径为公差值$\phi0.05$mm，且垂直于基准平面的圆柱面内
垂直度	公差带是互相垂直的距离分别为t_1和t_2且垂直于基准面的两对平行平面之间的区域		两组平行平面 基准平面	浮动	被测轴线必须位于距离分别为公差值0.2和0.1的互相垂直于基准平面的两对平行平面之间
倾斜度	公差带是距离为公差值t，且与基准轴线成理论正确角度的两平行平面之间的区域		两组平行平面 基准轴线	浮动	被测轴线必须位于距离为公差值0.1 mm，且与基准轴线成理论正确角度60°的两平行平面之间

表3.9　定位位置公差典型示例

项目	公差带定义	图样标注	公差带形状	公差带位置	说明
同轴度	公差带是直径为公差值ϕt的圆柱面内的区域，该圆柱面的轴线与基准轴线同轴		圆柱 基准轴线	固定	小圆柱面的轴线必须位于直径为公差值$\phi0.1$mm，且与基准轴线同轴的圆柱面内

项目	公差带定义	图样标注	公差带形状	公差带位置	说　明
同轴度	公差带是为直径公差值 t 的圆柱面内的区域,该圆柱面的轴线与基准轴线同轴	φd ⊚ φ0.1 A-B	圆柱 φ0.1 A-B公共基准轴线	固定	大圆柱面的轴线必须位于直径为公差值φ0.1mm,且与公共基准轴线为 A-B 同轴的圆柱面内。公共基准轴线为 A 与 B 两段实际轴线所共有的理想轴线
对称度	公差带是距离为公差值 t,且相对基准中心平面对称配置的两平行平面之间的区域	⟦ 0.1 A ⟧ A	两组平行平面 0.1 基准中心平面	固定	被测中心平面必须位于距离为公差值0.1mm,且相对基准中心平面对称配置的两平行平面之间
位置度	公差带是为直径公差值 t,且以理想位置为轴线的圆柱面内的区域	4-φD ◆ φt A B C C B A	四圆柱 φt 90° 90° C基准 B基准 A基准	固定	4 个 φD 孔的轴线必须分别位于直径为 φtmm,且以理想位置为轴线四个圆柱面内,4 孔为一孔组,其理想轴线形成几何图框。几何图框在零件上的位置,由理论正确尺寸相对于基准 A,B,C 确定

项目	公差带定义	图样标注	公差带形状	公差带位置	说明
位置度	公差带是为直径公差值 t，且以理想位置为轴线的圆柱面内的区域	4-ϕD $\phi 0.05$ C A B $L_1 \pm \Delta L_1$	四圆柱 $\phi 0.05$ Y X ΔL_2 L_2 ΔL_1 L_1	位置度公差带可其几何框起孔定尺公差带平移、转动或倾斜	4个ϕD孔的轴线必须分别位于直径为$\phi 0.05$mm，且以理想位置为轴线的4个圆柱面内。其4孔组的几何图框可在其定位尺寸（L_1和L_2）的公差带（$\pm\Delta L_1$和$\pm\Delta L_2$）内作上下及左右的平移、转动及倾斜

表3.10　跳动公差典型示例

项目	公差带定义	图样标注	公差带形状	公差带位置	说明
圆跳动	1. 径向圆跳动公差带是在垂直于基准轴线的任一测量平面内半径差为公差值 t，且圆心在基准轴线上的两个同心圆之间的区域	0.05 A-B ϕD A B （测量示意图）	垂直于基准轴线的任一测量平面内，圆心在基准轴线上的半径差为公差值0.05mm的两同心圆 0.05 基准轴线 测量平面	浮动	ϕd圆柱面绕基准轴线作无轴向移动回转时，在任一测量平面内的径向跳动量（指示表测得的最大与最小读数之差）均不得大于0.05mm
圆跳动	2. 端面圆跳动公差带是在与基准同轴的任一半径位置的测量圆柱面上距离为 t 的两圆之间的区域	0.05 A ϕD A （测量示意图）	与基准轴线同轴的任一直径位置的测量圆柱面上，沿母线方向宽度为公差值0.05mm的圆柱面 0.05 基准轴线 测量圆柱面	浮动	被测面绕基准线A（基准轴线）旋转一周时，在任一测量圆柱面内轴向的跳动量均不得大于0.05mm

项目	公差带定义	图样标注	公差带形状	公差带位置	说　明
圆跳动	3. 斜向圆跳动公差带是在与基准轴线同轴的任一测量圆锥面上距离为 t 的两圆之间的区域。除另有规定，其测量方向应与被测面垂直	（测量示意图）	与基准轴线同轴且母线垂直于被测表面的任一测量圆锥面上，沿母线方向宽度为公差值 0.05mm 的圆锥面 	浮动	被测面绕基准线 A（基准轴线）旋转一周时，在任一测量圆锥面上的跳动量均不得大于0.05mm
全跳动	1. 径向全跳动公差带是半径差为公差值 t，且与基准轴线同轴的两圆柱面之间的区域	（测量示意图）	半径差为公差值 0.05mm 且与基准轴线同轴的两同轴圆柱面 	浮动	ϕd 表面绕基准轴线作无轴向移动的连续回转，同时指示表平行于基准轴线方向作直线移动，在整个 ϕd 表面上的跳动量不得大于 0.05mm
	2. 端面全跳动公差带是距离为公差值 t，且与基准轴线垂直的两平行平面之间的区域	（测量示意图）	垂直于基准轴线，距离为公差值 0.03mm 的两平行平面 	浮动	被测零件绕基准轴线作无轴向移动的连续回转，同时指示表沿垂直轴线移动，在整个端面上的跳动量不得大于 0.03mm

表 3.11　平行度、垂直度及倾斜度公差

主参数 L,d(D)(mm)	公差等级											
	1	2	3	4	5	6	7	8	9	10	11	12
	公差值（μm）											
≤10	0.4	0.8	1.5	3	5	8	12	20	30	50	80	120
>10~16	0.5	1	2	4	6	10	15	25	40	60	100	150
>16~25	0.6	1.2	2.5	5	8	12	20	30	50	80	120	200
>25~40	0.8	1.5	3	6	10	15	25	40	60	100	150	250
>40~63	1	2	4	8	12	20	30	50	80	120	200	300
>63~100	1.2	2.5	5	10	15	25	40	60	100	150	250	400
>100~160	1.5	3	6	12	20	30	50	80	120	200	300	500
>160~250	2	4	8	15	25	40	60	100	150	250	400	600
>250~400	2.5	5	10	20	30	50	80	120	200	300	500	800
>400~630	3	6	12	25	40	60	100	150	250	400	600	1 000

主参数 L,d(D)图例

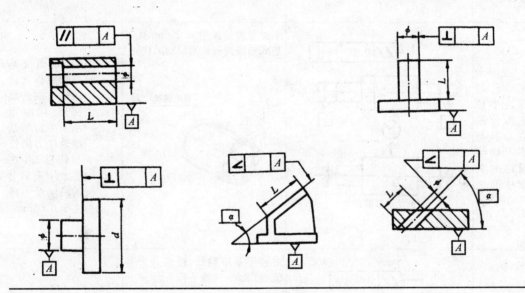

表 3.12　同轴度、对称度、圆跳动及全跳动

主参数 d(D),B,L (mm)	公差等级											
	1	2	3	4	5	6	7	8	9	10	11	12
	公差值（μm）											
>6~10	0.6	1	1.5	2.5	4	6	10	15	30	60	100	200
>10~18	0.8	1.2	2	3	5	8	12	20	40	80	120	250
>18~30	1	1.5	2.5	4	6	10	15	25	50	100	150	300
>30~50	1.2	2	3	5	8	12	20	30	60	120	200	400
>50~120	1.5	2.5	4	6	10	15	25	40	80	150	250	500
>120~250	2	3	5	8	12	20	30	50	100	200	300	600

主参数 $d(D),B,L$ (mm)	公 差 等 级											
	1	2	3	4	5	6	7	8	9	10	11	12
	公 差 值 （μm）											
>250~500	2.5	4	6	10	15	25	40	60	120	250	400	800

主参数 $d(D),B,L$ 图例

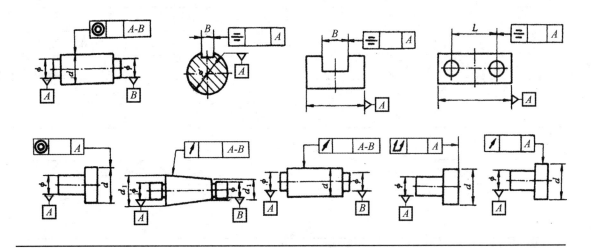

表 3.13　位置度数系（μm）

1	1.2	1.5	2	2.5	3	4	5	6	8
1×10^n	1.2×10^n	1.5×10^n	2×10^n	2.5×10^n	3×10^n	4×10^n	5×10^n	6×10^n	8×10^n

3.4　形位公差的未注公差

在工程图样上有两类形位公差，一类是由于功能要求需对某个要素提出更高的公差要求，或更粗的公差要求（只有对工厂有经济效益）时，才需注出形位公差；另一类是在各类工厂正常加工和工艺条件下，一般制造精度能够达到的公差等级，在图样上不用公差框格的形式注出来，在 GB/T1184—1996 中称为"未注公差"，分为 H，K，L 三个公差等级，见表 3.14 至表 3.17。

表 3.14　直线度和平面度的未注公差值（mm）

公差等级	基 本 长 度 范 围					
	≤10	>10~30	>30~100	>100~300	>300~1 000	>1 000~3 000
H	0.02	0.05	0.1	0.2	0.3	0.4
K	0.05	0.1	0.2	0.4	0.6	0.8
L	0.1	0.2	0.4	0.8	1.2	1.6

表 3.15　垂直度的未注公差值(mm)

公差等级	基 本 长 度 范 围			
	≤100	>100~300	>300~1 000	>1 000~3 000
H	0.2	0.3	0.4	0.5
K	0.4	0.6	0.8	1
L	0.6	1	1.5	2

表 3.16　对称度的未注公差值(mm)

公差等级	基 本 长 度 范 围			
	≤100	>100~300	>300~1 000	>1 000~3 000
H	0.5			
K	0.6		0.8	1
L	0.6	1	1.5	2

表 3.17　圆跳动的未注公差值(mm)

公 差 等 级	圆跳动的未注公差值
H	0.1
K	0.2
L	0.5

　　除了以上表列五项形位公差的未注公差值外,GB/T1184—1996 对圆度、圆柱度、平行度和同轴度的未注公差作了文字说明性规定。

　　圆度的未注公差值等于其直径的尺寸公差值,但不得大于表 3.17 所示的圆跳动公差值;圆柱度的未注公差值未作规定。圆柱度误差是由圆度误差、直线度误差和相对素线的平行度误差的综合,其中每一项误差由相应的注出公差或未注公差控制;平行度的未注公差值等于该被测要素的尺寸公差值,或是直线度和平面度未注公差值中的相应公差值取较大者;同轴度的未注公差值未作规定,可取表 3.17 中的圆跳动公差值。对于线、面轮廓度、倾斜度、位置度、全跳动的未注公差值,均应由各要素的注出或未注形位公差、线性尺寸公差或角度公差控制。

　　未注公差值的图样表示方法,应在标题栏附近或技术要求、技术文件(如企业标准)中注出标准号及公差等级代号。如 GB/T1184—K。

　　图样上被测要素的未注形位公差与相应的尺寸公差的关系,一般遵守独立原则。根据公差原则,各形位公差的特征项目及其相互关系确定未注公差项目、公差等级、公差值。

　　图样上采用几何公差的未注公差,具有可使图样简明,设计省时,检验方便,重点明确,减少争议等优点,给设计、加工带来极大方便和效益。

3.5　公差原则

　　对零件中比较重要的几何参数,往往需要同时给定尺寸公差和几何公差。确定几何公差与尺寸公差之间的关系原则称为公差原则。公差原则分为独立原则和相关要求。相关要求又分为包容要求、最大实体要求、最小实体要求、可逆要求。

3.5.1 术语和定义

为了正确理解和应用公差原则,对有关数据和定义介绍如下:

3.5.1.1 局部实际尺寸(简称实际尺寸)

在实际要素的任意正截面上,两对应点之间测得的距离,称为局部实际尺寸。

内表面(孔)的实际尺寸以 D_a 表示,外表面(轴)的实际尺寸以 d_a 表示。

3.5.1.2 体外作用尺寸

是对零件装配起作用的尺寸。在被测要素的给定长度上,与实际内表面(孔)体外相接的最大理想面或与实际外表面(轴)体外相接的最小理想面的直径或宽度。

对于单一要素,内表面(孔)的体外作用尺寸以 D_{fe} 表示,外表面(轴)的体外作用尺寸以 d_{fe} 表示。图 3.22(a)表示内表面(孔)的单一体外作用尺寸 D_{fe},图 3.22(b)表示外表面(轴)的单一体外作用尺寸 d_{fe}。

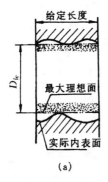
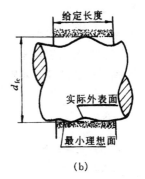

图 3.22　单一体外作用尺寸示例

对于关联要素,该理想面的轴线或中心平面必须与基准保持图样上给定的几何关系。图 3.23 表示给出了 ϕd 轴的轴线对基准平面 A 的任意方向垂直度公差的外表面的定向体外作用尺寸 $\phi d'_{fe}$(孔定向体外作用尺寸用 $\phi D'_{fe}$),图 3.24 表示给出了 ϕD 孔的轴线对基准平面 A、B

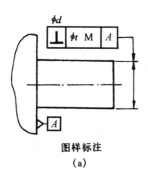
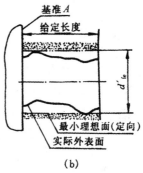

图 3.23　轴的定位体外尺寸示例

73

的任意方向位置度公差的内表面的定位体外作用尺寸 $\phi D''_{fe}$（轴定位体外作用尺寸用 $\phi d''_{fe}$）。

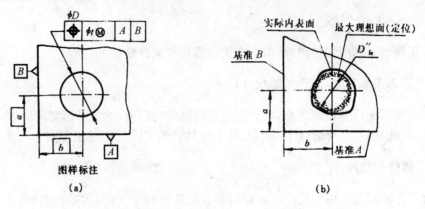

图 3.24　孔的定位体外尺寸示例

3.5.1.3　体内作用尺寸

体内作用尺寸是对零件强度起作用的尺寸。在被测要素的给定长度上，与实际内表面（孔）体内相接的最小理想面或与实际外表面（轴）体内相接的最大理想面的直径或宽度。

对于单一要素，内表面（孔）的体内作用尺寸以 D_{fi} 表示；外表面（轴）的体内作用尺寸以 d_{fi} 表示。图 3.25(a)表示内表面（孔）的体内作用尺寸 D_{fi}；图 3.25(b)表示外表面（轴）的体内作用尺寸 d_{fi}。

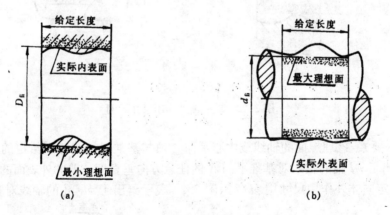

图 3.25　体内作用尺寸示例

对于关联要素，确定其体内作用尺寸的理想面的中心要素必须与基准保持图样上给定的方向或位置关系。其体内作用尺寸分别称为定向体内作用尺寸（D'_{fi}、d'_{fi}）和定位体内作用尺寸（D''_{fi}、d''_{fi}）。图 3.26 表示给出了 ϕd 的轴线对基准平面 A 的任意方向垂直度公差的外表面的定向体内作用尺寸 d'_{fi}，图 3.27 表示给出 ϕD 孔的轴线对基准平面 A，B 的任意方向位置度公差的内表面的定位体内作用尺寸 D''_{fi}。

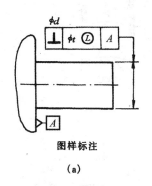 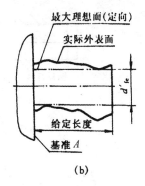

图 3.26　定向体内作用尺寸示例

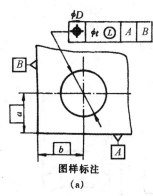 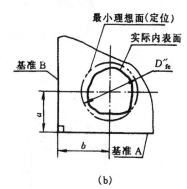

图 3.27　定位体内作用尺寸示例

3.5.1.4　最大实体状态(MMC)和最大实体尺寸(MMS)

(1) 最大实体状态:实际要素在给定长度上处处位于尺寸极限之内,并具有实体最大(即材料最多)时的状态。

(2) 最大实体尺寸:实际要素在最大实体状态下的极限尺寸。它是内表面(孔)的最小极限尺寸 D_{min} 和外表面(轴)的最大极限尺寸 d_{max} 的统称。

孔的最大实体尺寸以 D_M 表示;轴的最大实体尺寸以 d_M 表示。如图 3.28 所示。

3.5.1.5　最小实体状态(LMC)和最小实体尺寸(LMS)

(1) 最小实体状态:实际要素在给定长度上处处位于尺寸极限之内,并具有实体最小(即材料最少)时的状态。

(2) 最小实体尺寸:实际要素在最小实体状态下的极限尺寸。它是孔的最大极限尺寸 D_{max} 和轴的最小极限尺寸 d_{min} 的统称。

孔的最小实体尺寸以 D_L 表示;轴的最小实体尺寸以 d_L 表示。如图 3.29 所示。

按照最大实体状态和最小实体状态的定义,并不要求实际要素具有理想形状,也就是允许内、外表面的中心要素具有形状误差。所以图 3.28 及 3.29(c)示例中的所示的孔、轴虽然其

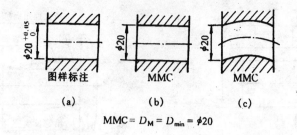

(a) 图样标注 　(b) MMC 　(c) MMC

$$MMC = D_M = D_{min} = \phi20$$

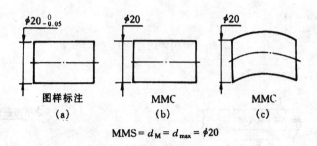

(a) 图样标注 　(b) MMC 　(c) MMC

$$MMS = d_M = d_{max} = \phi20$$

图 3.28　形状误差示例（一）

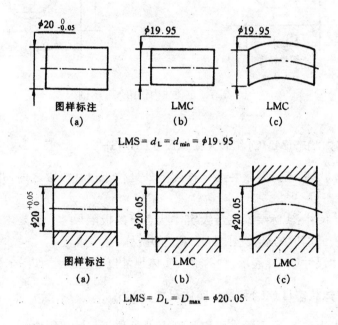

(a) 图样标注 　(b) LMC 　(c) LMC

$$LMS = d_L = d_{min} = \phi19.95$$

(a) 图样标注 　(b) LMC 　(c) LMC

$$LMS = D_L = D_{max} = \phi20.05$$

图 3.29　形状误差示例（二）

轴线不直,但由于其实际尺寸处处为最大实体尺寸或最小实体尺寸,因而具有最大实体或最小实体。也就是说,最大实体状态及最小实体状态不要求要素具有理想形状。

3.5.1.6　最大实体实效状态(MMVC)和最大实体实效尺寸(MMVS)

（1）最大实体实效状态:在给定长度上,实际要素处于最大实体状态且其中心要素的形状或位置误差等于给出公差值时的综合极限状态,称为最大实体实效状态。

(2) 最大实体实效尺寸:最大实体实效状态下的体外作用尺寸。孔的最大实体实效尺寸以 D_{MV} 表示,它等于孔的最大实体尺寸 D_M 减其中心要素的形位公差值($\phi t Ⓜ$)。轴的最大实体实效尺寸以 d_{MV} 表示,它等于轴的最大实体尺寸 d_M 加其中心要素的形位公差值($\phi t Ⓜ$)。

即:对于孔 $D_{MV} = D_M - (\phi t Ⓜ) = D_{min} - (\phi t Ⓜ)$

对于轴 $d_{MV} = d_M + (\phi t Ⓜ) = d_{max} + (\phi t Ⓜ)$

如图 3.30(a)所示,$\phi 20^{+0.05}_{0}$ 孔的轴线任意方向的直线度公差 $t = \phi 0.02 Ⓜ$,则当孔的局部实际尺寸处处等于其最大实体尺寸 $\phi 20mm$(即孔处于最大实体状态),且其轴线的直线度误差等于给出的公差值,即 $f = \phi 0.02mm$,则该孔即处于最大实体实效状态,如图 3.30(b)所示。

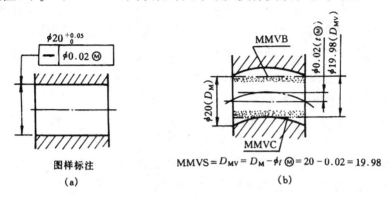

图 3.30 直线度公差示例

又如图 3.31(a)所示,$\phi 15^{0}_{-0.05}$ 轴的轴线对基准平面 A 的任意方向的垂直度公差 $t = \phi 0.02 Ⓜ$,则当轴的局部实际尺寸处处等于其最大实体尺寸 $\phi 15mm$(即轴处于最大实体状态),且其轴线对基准 A 的垂直度误差等于给出的公差值,即 $f = \phi 0.02mm$,则该轴即处于最大实体实效状态,如图 3.31(b)所示。

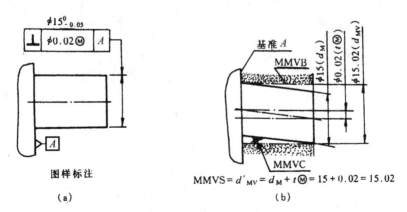

图 3.31 垂直度公差示例

与体外作用尺寸的定义一样,有定向最大实体实效尺寸($D'_{MV} d'_{MV}$)的定位最大实体实效尺寸($D''_{MV} d''_{MV}$)。

由以上数例可以看出,最大实体实效状态是最大实体状态的一种特殊情况,即被测中心要素的形位误差正好等于图样给出的形位公差值($t_{⊕}$)时的状态。也就是说,尺寸正好等于最大实体尺寸,形位误差正好等于允许的最大值,所以称之为综合极限状态。

当给出的形位公差值为零时($0_{⊕}$),最大实体实效状态等于具有理想形状、方向和(或)位置的最大实体状态,最大实体实效尺寸等于最大实体尺寸。

3.5.1.7 最小实体实效状态(LMVC)和最小实体实效尺寸(LMVS)

(1) 最小实体实效状态:在给定长度上,实际要素处于最小实体状态,且其中心要素的形状或位置误差等于给出公差值时的综合极限状态,称为最小实体实效状态。

(2) 最小实体实效尺寸:最小实体实效状态下的体内作用尺寸。孔的最小实体实效尺寸以 D_{LV} 表示,它等于孔的最小实体尺寸 D_L 加其中心要素的形位公差值($\phi t_{Ⓛ}$)。轴的最小实体实效尺寸以 d_{LV} 表示,它等于轴的最小实体尺寸 d_L 减其中心要素的形位公差值($\phi t_{Ⓛ}$)。

对于孔　$D_{LV} = D_L + (\phi t_{Ⓛ}) = D_{max} + (\phi t_{Ⓛ})$

对于轴　$d_{LV} = d_L - (\phi t_{Ⓛ}) = d_{min} - (\phi t_{Ⓛ})$

与体内作用尺寸定义一样,有定向最小实体实效尺寸(D'_{Lv}、d'_{Lv})和定位最小实体实效尺寸(D''_{Lv}、d''_{Lv})。

当给出的形位公差值为零时($0_{Ⓛ}$)最小实体实效状态等于具有理想形状、方向和(或)位置的最小实体状态,最小实体实效尺寸等于最小实体尺寸。

如图 3.32(a)所示,$\phi 20_0^{+0.05}$ 孔的轴线任意方向的直线度公差 $t = \phi 0.02_{Ⓛ}$,则当孔的局部实际尺寸处处等于其最小实体尺寸 $\phi 20.05mm$(即孔处于最小实体状态),且其轴线的直线度误差等于给出的公差值,即 $f = \phi 0.02mm$,则该孔即处于最小实体实效状态,如图 3.32(b)所示。

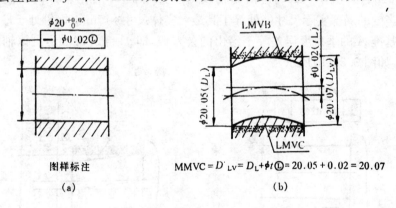

图 3.32　直线度公差示例

又如图 3.33(a)所示,$\phi 15_{-0.05}^{0}$ 轴线对基准平面 A 的任意方向的垂直度公差 $t = \phi 0.02_{Ⓛ}$,则当轴的局部实际尺寸处处等于其最小实体尺寸 $\phi 14.95mm$(即轴处于最小实体状态),且其轴线对基准 A 的垂直度误差等于给出的公差值,即 $f = \phi 0.02mm$,则该轴即处于最小实体实效状态,如图 3.33(b)所示。

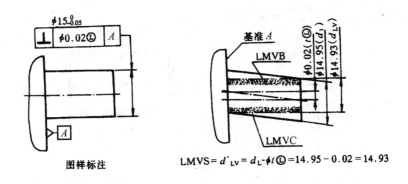

图 3.33　垂直度公差示例

LMVS $= d'_{LV} = d_L - \phi t \textcircled{L} = 14.95 - 0.02 = 14.93$

3.5.1.8　边界

由设计给定的具有理想形状的极限包容面,称为边界。

边界的尺寸为孔与轴的极限包容面的直径或距离。

(1) 最大实体边界(MMB),尺寸为最大实体尺寸的边界。

单一要素的最大实体边界具有确定的形状和大小,但其方向和位置是不确定的。如图 3.34 为 $\phi 30^{\ 0}_{-0.1}\textcircled{E}$ 圆柱外表面的单一最大实体边界。

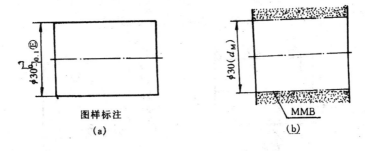

图 3.34　单一最大实体边界示例

关联要素的定向或定位最大实体边界,不仅具有确定的形状和大小,而且其中心要素应对基准保持图样给定的方向或位置关系。如图 3.35 为给出轴线对基准平面 A 的垂直度公差 $(\phi 0 \textcircled{M})$ 的 $\phi 20^{+0.1}_{\ 0}$ 孔的定向最大实体边界。又如图 3.36 为给出轴线对基准轴线 A 的同轴度公差 $(\phi 0 \textcircled{M})$ 的 $\phi 40^{\ 0}_{-0.1}$ 轴的定位最大实体边界。

(2) 最小实体边界(LMB),尺寸为最小实体尺寸的边界。

单一要素的最小实体边界具有确定的形状和大小,但其方向和位置是不确定的。如图 3.37 为 $\phi 30^{+0.1}_{\ 0}\textcircled{E}$ 圆柱形内表面的单一最小实体边界。

关联要素的定向或定位最小实体边界,不仅具有确定的形状和大小,而且其中心要素应对基准保持图样给定的方向或位置关系。如图 3.38 为给出轴线对基准平面 A 的垂直度公差 $(\phi 0 \textcircled{L})$ 的 $\phi 30^{\ 0}_{-0.05}$ 轴的定向最小实体边界。又如图 3.39 为给出轴线对基准平面 A 的位置度公差 $(\phi 0 \textcircled{L})$ 的 $\phi 40^{+0.05}_{\ 0}$ 孔的定位最小实体边界。

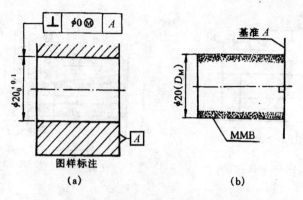

图样标注

(a)　　　　　　　(b)

图 3.35　孔的定向最大实体边界

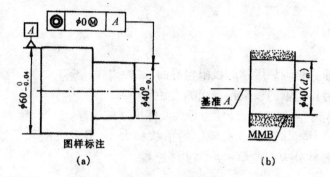

图样标注

(a)　　　　　　　(b)

图 3.36　轴的定位最大实体边界

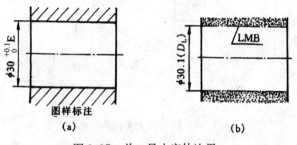

图样标注

(a)　　　　　　　(b)

图 3.37　单一最小实体边界

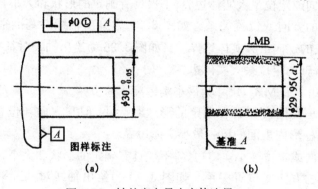

图样标注

(a)　　　　　　　(b)

图 3.38　轴的定向最小实体边界

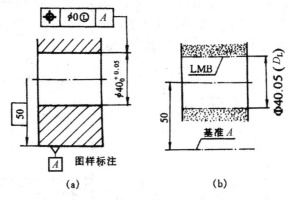

图 3.39 孔的定位最小实体边界

(3) 最大实体实效边界(MMVB),尺寸为最大实体实效尺寸的边界。

如图 3.30 中最大实体实效尺寸为 $\phi 19.98$ 的边界,如图 3.31 中最大实体实效尺寸为 $\phi 15.02$ 边界。

(4) 最小实体实效边界(LMVB),尺寸为最小实体实效尺寸的边界,如图 3.32 中最小实体实效尺寸为 $\phi 20.07$ 边界。如图 3.33 中最小实体实效尺寸为 $\phi 14.93$ 边界。

表 3.18　尺寸代号

编号	代号	名　　称	编号	代号	名　　称
1	D_a	内表面的实际尺寸	8	d_M	外表面的最大实体尺寸
2	d_a	外表面的实际尺寸	9	D_L	内表面的最小实体尺寸
3	D_{fe}	内表面的体外作用尺寸	10	d_L	外表面的最小实体尺寸
4	d_{fe}	外表面的体外作用尺寸	11	D_{MV}	内表面的最大实体实效尺寸
5	D_{fi}	内表面的体内作用尺寸	12	d_{MV}	外表面的最大实体实效尺寸
6	d_{fi}	外表面的体内作用尺寸	13	D_{LV}	内表面的最小实体实效尺寸
7	D_M	内表面的最大实体尺寸	14	d_{LV}	外表面的最小实体实效尺寸

3.5.2　独立原则(IP)

独立原则是指图样上给定的形位公差和尺寸公差各自独立相互无关,分别满足要求的公差原则。

图样中给出的公差大多数遵守独立原则,故该原则是基本公差原则。采用独立原则时,图样上不需标注任何特定符号。

采用独立原则时,图样中给出的尺寸公差只控制要素实际尺寸的变动量,把实际尺寸控制在给定的极限尺寸范围内,不控制要素本身的形状误差,给出的几何公差只控制被测要素的形位误差,而与实际尺寸无关。

图 3.40 为采用独立原则时的标注示例。图 3.40(a)所示的光轴,轴径在 $\phi 15 \sim 14.973$mm 之间的任何尺寸均为合格,而轴径在此范围内时,其轴线直线度误差均不允许超过

$\phi0.015$mm。图3.40(b)所示套筒,其孔径在$\phi30\sim30.030$mm之间的任何尺寸均为合格,而孔径在此范围内时,其轴线与端面A的垂直度误差均不允许超过$\phi0.04$mm。由此可见,独立原则应用在形位公差与尺寸公差彼此无关,各自独立的地方。

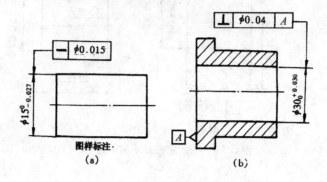

图3.40 采用独立原则时的标注示例

3.5.3 相关要求

尺寸公差与几何公差相互有关的公差要求。

图样上给定的尺寸公差和几何公差相互有关的公差要求,系指包容要求、最大实体要求(包括可逆要求应用于最大实体要求)和最小实体要求(包括可逆要求应用于最小实体要求)。

3.5.3.1 包容要求(ER)及其应用

包容要求适用于单一要素,如(圆柱表面或两平行平面)的尺寸公差与几何公差之间的关系。

采用包容要求的尺寸要素,应在其尺寸极限偏差或公差带代号之后加注符号Ⓔ。如图3.41所示。

表3.19 实际尺寸与对应的形位误差允许值(mm)

实际尺寸	形状误差允许值
$\phi14.982$	$\phi0$
$\phi14.990$	$\phi0.008$
$\phi14.995$	$\phi0.013$
$\phi15$	$\phi0.018$

采用包容要求的尺寸要素其实际轮廓应遵守最大实体边界,即其体外作用尺寸不超过最大实体尺寸,且其局部实际尺寸不超过最小实体尺寸。

对于内表面(孔), $D_{fe}\geqslant D_M=D_{min}$ 且 $D_a\leqslant D_L=D_{max}$

对于外表面(轴), $d_{fe}\leqslant d_M=d_{max}$ 且 $d_a\geqslant d_L=d_{min}$

例如,图3.41(a)中,孔的尺寸$\phi15_{-0.018}^{0}$Ⓔ表示采用包容要求,即实际尺寸应满足下列要求:

$$D_{fe}\geqslant D_M=D_{min}=\phi14.982 \quad 且 \quad D_a\leqslant D_L=D_{max}=\phi15mm$$

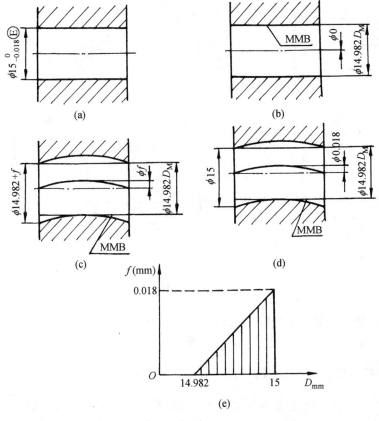

图 3.41 采用包容要求的尺寸要素标注示例

当孔处于最大实体尺寸时,不允许孔中心线有直线度误差之类的形状误差,而应具有理想形状。如图 3.41(b)所示。若被测要素偏离最大实体尺寸,如直径等于 $\phi(15+f)$ 时,则允许孔中心线的直线度误差达到 ϕf,见图 3.41(c)。显然,当孔尺寸处于最小实体尺寸 $\phi15mm$ 时,允许孔中心线的直线度误差值为 0.018mm,(即最大补偿值为尺寸公差值),如图 3.41(d)所示。直线度公差变化如图 3.41(e)。

如图 3.42(a)中所示的轴,图样上尺寸公差后标有 Ⓔ,表示应遵守包容要求,当轴处于最大实体尺寸时,不允许有如轴线直线度误差之类的形状误差,而应具有理想形状,如图 3.42(b)所示。若被测要素偏离最大实体尺寸,如直径等于 $\phi(15-f)$ 时,则允许轴线的直线度误差达到 ϕf,见图 3.42(c)。显然,当轴尺寸处于最小实体尺寸 $\phi14.982mm$ 时,允许轴线的直线度误差值为 0.018mm(即最大补偿值为尺寸公差值),如图 3.42(d)所示。直线度公差变化如图 3.42(e)。

表 3.20 实际尺寸与对应的形位误差允许值(mm)

实际尺寸	形状误差允许值
$\phi15$	$\phi0$
$\phi14.995$	$\phi0.005$
$\phi14.990$	$\phi0.010$
$\phi14.982$	$\phi0.018$

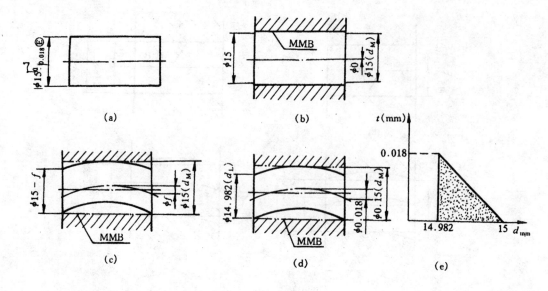

图 3.42　轴的尺寸标注示例

包容要求主要用于配合的极限间隙或极限过盈(配合性质)需要严格得到保证的要素。如滑动轴承与轴的配合,车床尾座孔与其套筒的配合等。

3.5.3.2　最大实体要求(MMR)及其应用

被测要素的实际轮廓应遵守其最大实体实效边界,当其实际尺寸偏离最大实体尺寸时,允许其形位误差值超出在最大实体状态下给出的公差值的一种要求。最大实体要求适用于中心要素。

最大实体要求应用于被测要素时,应在被测要素几何公差框格中的公差值后标注符号Ⓜ,最大实体要求应用于基准要素时,应在几何公差框格内相应的基准字母代号后标注符号Ⓜ,如图 3.43 所示。

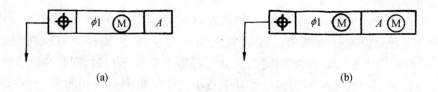

图 3.43　最大实体要求应用于基准要素

最大实体要求应用于被测要素时,被测要素的实际轮廓在给定的长度上处处不得超出最大实体实效边界,即其体外作用尺寸不应超出最大实体实效尺寸,且其局部实际尺寸不得超出最大实体尺寸和最小实体尺寸。

对于内表面(孔),$D_{fe} \geqslant D_{MV}$　且　$D_M = D_{min} \leqslant D_a \leqslant D_L = D_{max}$

对于外表面(轴),$d_{fe} \leqslant d_{MV}$　且　$d_M = d_{max} \geqslant d_a \geqslant d_L = d_{min}$

最大实体要求应用于被测要素时,被测要素的几何公差值是在该要素处于最大实体状态时给出的,当被测要素的实际轮廓偏离其最大实体状态,即其实际尺寸偏离最大实体尺寸时,形位误差值可以超出在最大实体状态下给出的形位公差值,即此时的形位公差值可以增大。

若被测要素采用最大实体要求时,其给出的形位公差值为零,则称为最大实体要求的零形位公差,并以 $0\textcircled{M}$ 表示。

示例1 轴线直线度公差采用最大实体要求。

图 3.44(a)表示 $\phi 20_{-0.3}^{0}$ 轴的轴线直线度公差采用最大实体要求 $\phi 0.1\textcircled{M}$。当该轴处于最大实体状态时,其轴线直线度公差为 $\phi 0.1$mm,如图 3.44(b)所示。若轴的实际尺寸向最小实体尺寸方向偏离最大实体尺寸,即小于最大实体尺寸 $\phi 20$mm,则其轴线直线度误差可以超出图样给出的公差值 $\phi 0.1$mm,但必须保证其体外作用尺寸 d_{fe} 不超出(不大于)轴的最大实体实效尺寸 $d_{mv}=d_m+\phi 0.1\textcircled{M}=20+0.1=20.1$mm。所以,当轴的实际尺寸处处相等时,它对最大实体尺寸的偏移量就等于轴线直线度公差的增加值。图 3.44(c)所示轴的实际尺寸处处相等,且对最大实体尺寸偏移 0.1mm,即轴为 $\phi 19.9$mm 时,其轴线直线度公差 $t=0.1+0.1=0.2$mm。图 3.44(d)轴的实际尺寸处处为最小实体尺寸 $\phi 19.7$mm,即处于最小实体状态时,其轴线直线度公差可达最大值等于尺寸公差与给出的直线度公差之和,$t=0.3+0.1=\phi 0.4$mm。图 3.44(e)表示直线度公差变化规律动态公差图。

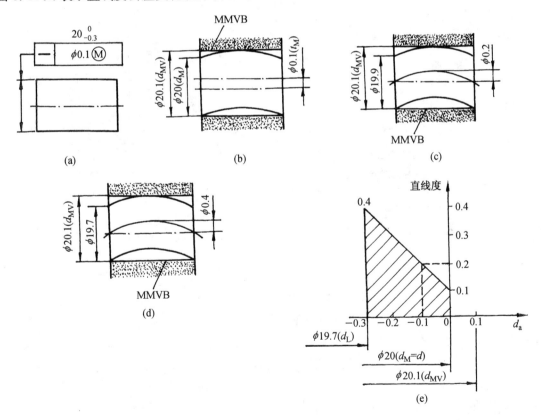

图 3.44 采用最大实体要求的轴线直线度公差

表 3.21　实际尺寸与对应的形位误差允许值　（mm）

轴实际尺寸	补偿值	轴直线度误差允许值
$\phi 20$	0	$\phi 0.1$
$\phi 19.9$	$\phi 0.1$	$\phi 0.2$
$\phi 19.8$	$\phi 0.2$	$\phi 0.3$
$\phi 19.7$	$\phi 0.3$	$\phi 0.4$

示例 2　孔的轴线垂直度公差采用最大实体要求。

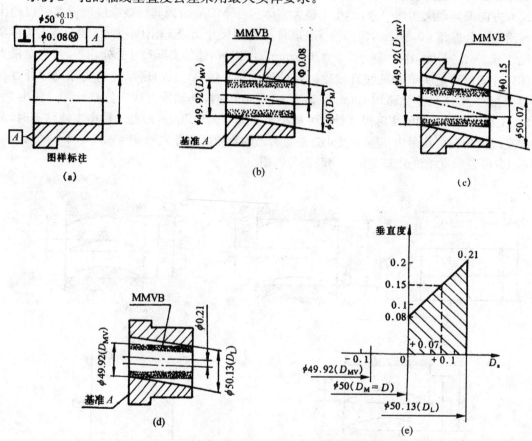

图 3.45　采用最大实体要求的孔的轴线垂直度公差

图 3.45(a)表示 $\phi 50^{+0.13}_{0}$ 孔的轴线对基准平面 A 的任意方向垂直度公差采用最大实体要求($\phi 0.08 Ⓜ$)。当该孔处于最大实体状态时,其轴线对基准平面 A 的任意方向垂直度公差为 $\phi 0.08mm$,如图 3.45(b)所示。若孔的实际尺寸向最小实体尺寸方向偏离最大实体尺寸,即大于最大实体尺寸 $\phi 50mm$,则其轴线对基准平面 A 的垂直度误差可以超出图样给出的公差值 $\phi 0.08mm$,但必须保证其体外作用尺寸 D'_{fe} 不超出(不小于)孔的最大实体实效尺寸 $D'_{mv}=D_m-tⓂ=50-0.08=49.92mm$。所以,当孔的实际尺寸处处相等时,它对最大实体尺寸 $\phi 50mm$ 的偏移量就等于轴线对基准平面 A 的垂直度公差的增加值。图 3.45(c)表示孔的实际尺寸处处相等,且对最大实体尺寸偏移 0.07mm,即为 $\phi 50.07mm$ 时,其轴线对基准平面 A

的垂直度公差 $t=0.08+0.07=\phi0.15\mathrm{mm}$。图 3.45(d)表示孔的实际尺寸处处为最小实体尺寸 $\phi50.13\mathrm{mm}$，即处于最小实体状态时，其轴线对基准平面 A 的垂直度公差可达最大值，且等于尺寸公差与给出的垂直度公差之和，$t=0.13+0.08=\phi0.21\mathrm{mm}$。图 3.45(e)表示垂直度变化规律的动态公差图。

表 3.22　实际尺寸与对应的形位误差允许值(mm)

孔实际尺寸	补偿值	孔直线度误差允许值
$\phi50$	0	$\phi0.08$
$\phi50.07$	$\phi0.07$	$\phi0.15$
$\phi50.13$	$\phi0.13$	$\phi0.21$

图 3.45(d)所示孔的尺寸与轴线对基准平面 A 的垂直度的合格条件是：

$$D_\mathrm{L}=D_\mathrm{max}=50.13\mathrm{mm}\geqslant D_\mathrm{a}\geqslant D_\mathrm{m}=D_\mathrm{min}=50\mathrm{mm}\quad\text{且}\quad D'_\mathrm{fe}\geqslant D'_\mathrm{mv}=49.92\mathrm{mm}$$

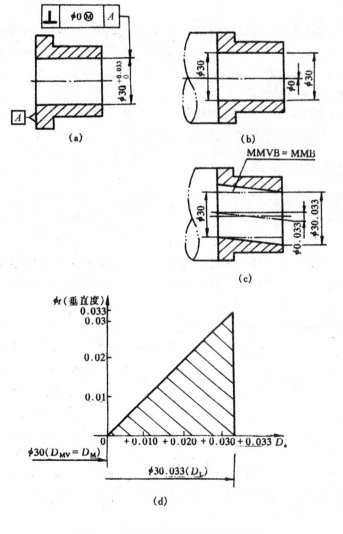

图 3.46　最大实体要求的零形位公差

示例 3 孔的轴线垂直度公差采用最大实体要求的零形位公差。

图 3.46(a)表示孔 $\phi 30^{+0.033}_{0}$mm 的轴线对基准 A 在任意方向的垂直度公差采用最大实体要求的零形位公差,即给出的形位公差值为零。在公差框格中加注"0Ⓜ"或"ϕ0Ⓜ"。该孔应满足下列要求:

表 3.23 实际尺寸与对应的形位误差允许值(mm)

孔实际尺寸	孔线垂直度误差允许值
$\phi 30$	$\phi 0$
$\phi 30.01$	$\phi 0.01$
$\phi 30.02$	$\phi 0.02$
$\phi 30.033$	$\phi 0.033$

实际轮廓不超出最大实体实效边界(此时,最大实体实效边界等于最大实体边界),$D_{MV} = D_M = 30$mm。

当该孔处于最大实体状态时,其轴应与基准 A 垂直,如图 3.46(b)所示;当该轴偏离最大实体状态,即实际尺寸偏离最大实体尺寸时,垂直度公差获得补偿值。当孔处于最小实体状态时,垂直度公差获得最大补偿值 $\phi 0.033$,即孔的尺寸公差值,如图 3.46(c)所示。图 3.46(d)是垂直度公差变化规律的动态公差图。

最大实体要求主要用于保证零件装配互换场合。如机器的箱盖上的光孔与箱体上的螺孔有装配关系,则两者分别采用最大实体要求,以保证装配。

3.5.3.3 最小实体要求(LMR)及其应用

被测要素的实际轮廓应遵守其最小实体实效边界,当其实际尺寸偏离最小实体尺寸时,允许其形位误差值超出在最小实体状态下给出的公差值的一种要求。它既可以应用于被测要素,也可以应用于基准要素(这里不作介绍)。

图样标注:最小实体要求的符号为Ⓛ。当应用于被测要素时,应在被测要素几何公差框格中的公差值后标注符号Ⓛ;当应用于基准要素时,应在几何公差框格内的基准字母代号后标注符号Ⓛ。见图 3.47。

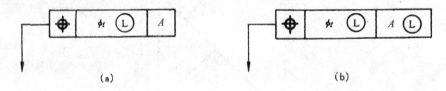

(a)   (b)

图 3.47 图样标注示例

最小实体要求应用于被测要素时,被测要素的实际轮廓在给定的长度上处处不得超出最小实体实效边界,即其体内作用尺寸不应超出最小实体实效尺寸,且其局部实际尺寸不得超出最大实体尺寸和最小实体尺寸。

对于内表面(孔),$D_{fi} \geqslant D_{Lv}$ 且 $D_M = D_{min} \leqslant D_a \leqslant D_L = D_{max}$

对于外表面(轴)，$d_{fi} \leqslant d_{Lv}$　且　$d_M = d_{max} \geqslant d_a \geqslant d_L = d_{min}$

最小实体要求应用于被测要素时，被测要素的几何公差值是在该要素处于最小实体状态时给出的，当被测要素的实际轮廓偏离其最小实体状态，即其实际尺寸偏离最小实体尺寸时，形位误差值可以超出在最小实体状态下给出的形位公差值，即此时的几何公差值可以增大。

若被测要素采用最小实体要求时，其给出的几何公差值为零，则称为最小实体要求的零形位公差，并以 0Ⓛ 表示。

如示例图 3.48(a) 表示 $\phi 8^{+0.25}_{0}$ 孔的轴线对基准 A 的位置度公差采用最小实体要求 $\phi 0.4$Ⓛ。当该孔处于最小实体状态时，其轴线对基准 A 的任意方向位置度公差为 $\phi 0.4$mm，如图 3.48(b) 所示。当该孔处于最大实体状态时，其轴线对 A 基准的位置度误差获得最大补偿值 0.25，即等于图样给出的位置度公差($\phi 0.4$mm)与孔的尺寸公差(0.25mm)之和 $\phi 0.65$mm，如图 3.48(c)。图 3.48(d) 给出了表达上述关系的动态公差图。

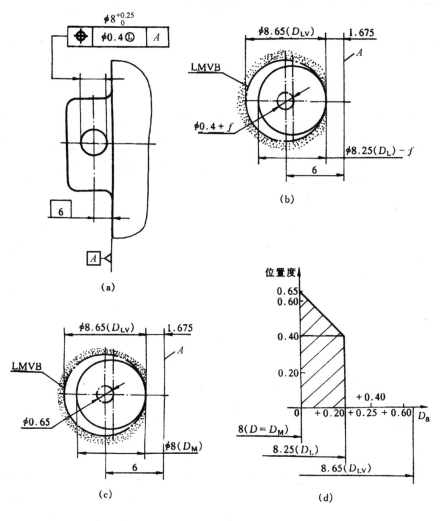

$$D_{Lv} = D_L + t = 8.25 + \phi 8.65 \text{mm}$$

图 3.48　最小实体标注示例(一)

表 3.24　实际尺寸与对应的形位误差允许值(mm)

孔实际尺寸	补偿值	位置度误差允许值
$\phi 8.25$	0	$\phi 0.4$
$\phi 8.20$	$\phi 0.05$	$\phi 0.45$
$\phi 8.10$	$\phi 0.15$	$\phi 0.55$
$\phi 8.00$	$\phi 0.25$	$\phi 0.65$

如示例,线位置度公差采用最小实体要求的零几何公差。如图 3.49(a)表示孔 $\phi 8^{+0.65}_{0}$ mm 的轴线对 A 基准的位置度公差采用最小实体要求的零几何公差。

当该孔处于最小实体状态时,其轴线对 A 基准的位置度误差应为零,如图 3.49(b)所示。当该孔处于最大实体状态时,其轴线对 A 基准的位置度误差允许达到最大值,即孔的尺寸公差 $\phi 0.65$ mm。图 3.49(c)表示了位置度公差变化规律的动态公差图。

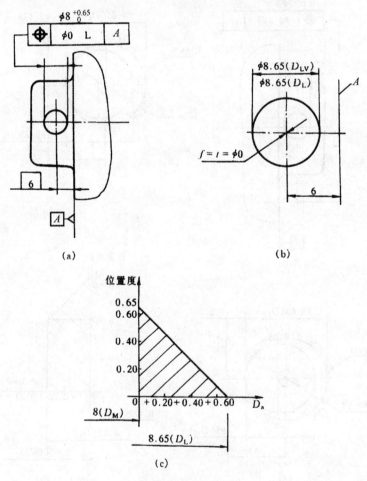

图 3.49　最小实体标注示例(二)

最小实体要求主要保证零件强度和最小壁厚。最小实体要求就是要求零件具有足够多的材料。被测要素的轮廓遵守最小实体实效边界,主要为了保证足够的强度。

3.5.4 可逆要求(RR)

在不影响零件功能的前提下,当被测轴线或中心平面的形位误差值小于给出的几何公差值时允许相应的尺寸公差增大的一种要求。它通常与最大实体要求和最小实体要求一起应用。

3.5.4.1 可逆要求用于最大实体要求

可逆要求用于最大实体要求时,被测要素的实际轮廓应遵守其最大实体实效边界。当其实际尺寸偏离最大实体尺寸时,允许其几何公差值超出在最大实体状态下给出的几何公差值,即几何公差值可以增大,当其形位误差值小于给出的几何公差值时,也允许其实际尺寸超出最大实体尺寸,即尺寸公差值可以增大。这种要求称之为"可逆的最大实体要求"。在图样上的形位公差框格中的形位公差后加注符号Ⓜ Ⓡ。

示例图 3.50(a)所示的 $\phi 20_{-0.3}^{0}$ 轴的轴线直线度公差采用可逆的最大实体要求($\phi 0.1$Ⓜ Ⓡ)。当轴的实际尺寸偏离最大实体尺寸时,其轴线的直线度公差增大,当轴的实际尺寸处处为最小实体尺寸 $\phi 19.7$mm,其轴的直线度误差可达最大值,且等于其尺寸公差与给出的直线度公差之和 $t = 0.3 + 0.1 = 0.4$mm。而当轴的轴线直线度误差值小于给出的直线度公差值时,也允许轴的实际尺寸超出(大于)其最大实体尺寸($d_m = d_{max} = \phi 20$mm),即允许其尺寸公差值增大,但必须保证其体外作用尺寸 d_{fe} 不超出(不大于)其最大实体实效尺寸 $d_{mv} = d_m + (t) = 20 + 0.1 = \phi 20.1$mm。给出的轴线直线度公差值与轴线直线度误差值之差就等于轴的尺寸公差的增加值,所以当轴的轴线直线度误差值为零时(即该轴具有理想形状),其实际尺寸可以等于轴的最大实体实效尺寸 $\phi 20.1$mm,即其尺寸公差可达最大值,且等于给出的尺寸公差与给出的轴线直线度公差之和 $T_d = 0.3 + 0.1 = 0.4$mm,如图 3.50(b)所示。图 3.50(c)是其动态公差图。

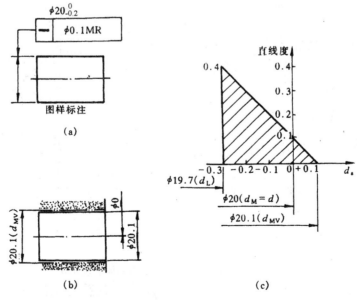

图 3.50 可逆要求用于最大实体要求示例

3.5.4.2　可逆要求用于最小实体要求

可逆要求用于最小实体要求时,被测要素的实际轮廓应遵守其最小实体实效边界。当其实际尺寸偏离最小实体尺寸时,允许其几何公差值超出在最小实体状态下给出的几何公差值,即几何公差值可以增大,当其形位误差值小于给出的几何公差值时,也允许其实际尺寸超出最小实体尺寸,即尺寸公差值可以增大。这种要求称为"可逆的最小实体要求",在图样上的几何公差框格中的几何公差值后加注符号Ⓛℝ。

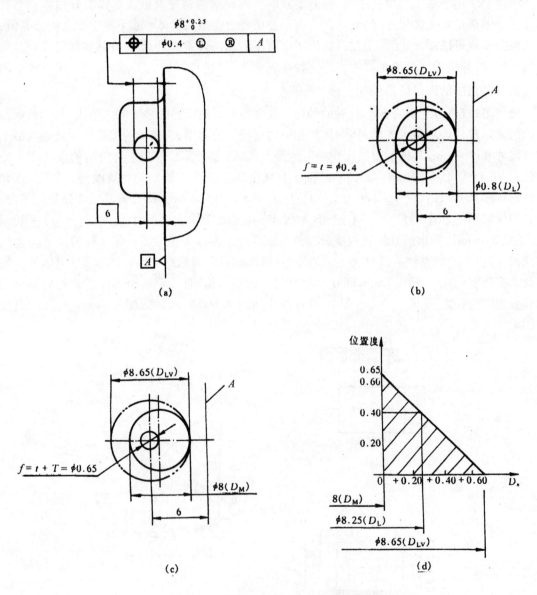

图 3.51　可逆要求用于最小实体要求示例

示例图3.51(a)所示的$\phi 8^{+0.25}_{0}$孔的轴线对基准A的任意方向位置度公差采用可逆的最小实体要求($\phi 0.4$Ⓛℝ)。当孔的实际尺寸偏离最小实体尺寸时,其轴线对基准A的位置度公差值增大,最大至 0.65mm。而当孔的轴线对基准 A 的位置度误差值小于给出的位置度公差值时,也允许孔的实际尺寸超出(大于)其最小实体尺寸($D_\text{L}=D_\text{max}=\phi 8.25\text{mm}$),即允许其尺寸公差值增大,但必须保证其定位体内作用尺寸 D'_fi 不超出(不大于)其定位最小实体实效尺寸 $D'_\text{lv}=D_\text{L}+(t)=8.25+0.4=8.65\text{mm}$。给出的孔轴线的位置度公差值与孔轴线的位置度误差值之差就等于孔的尺寸公差的增加值,所以,当孔的轴线对基准 A 的位置度误差值为零时(即该孔具有理想形状及位置),其实际尺寸可以等于孔的定位最小实体实效尺寸 $\phi 8.65\text{mm}$,即其尺寸公差可达最大值,且等于给出的尺寸公差与给出的位置度公差之和 $T_\text{D}=0.25+0.4=0.65\text{mm}$,如图 3.51(b)所示。图 3.51(d)是其动态公差图。

3.6 几何公差的选用

正确选用几何公差对提高产品质量和降低制造成本具有十分重要的意义。

形位公差的选用主要有:选择公差项目、公差原则、公差数值等三个内容。

3.6.1 几何公差项目的选择

选择几何公差项目可从以下几个方面考虑:

(1) 零件的几何特征。零件的几何特征不同,会产生不同的形位误差。如加工后的圆柱形零件会产生圆柱度误差,加工后的平面零件会产生平面度误差,槽类零件会产生对称度误差,阶梯孔、轴会存在同轴度误差等等。

(2) 零件的功能要求。根据对零件不同的功能要求,应给定不同的几何公差。例如齿轮箱两孔轴线的不平行,将影响齿轮正常啮合,降低承载能力,故应规定平行度公差;为了保证机床的回转精度和工作精度,应对机床主轴轴颈规定圆柱度和同轴度公差;为了使箱盖、法兰盘等零件上各螺栓孔能自由装配,应规定孔组的位置度公差;为了使结合平面的密封性良好,应给定平面度公差等等。

(3) 检测的方便性。在同样满足功能要求的前提下,为了检测方便,应该选用测量简便的项目代替测量较难的项目,有时可将所需的公差项目用控制效果相同或相近的公差项目来代替。例如,同轴度公差常常可以用径向圆跳动公差或径向全跳动公差代替,端面对轴线的垂直度公差可以用端面圆跳动公差或端面全跳动公差代替。这样,给测量带来了方便。不过应注意,径向跳动是同轴度误差与圆柱面形状误差的综合结果,故当同轴度由径向跳动代替时,给出的跳动公差应略大于同轴度公差值,否则就会要求过严。端面圆跳动代替端面垂直度有时并不可靠,而端面全跳动与端面垂直度因它们的公差带相同,故可以等价替换。

3.6.2 公差原则的选择

公差原则的选择,即选择独立原则,还是选择相关要求,主要根据被测要素的功能要求,各公差原则的应用场合(如独立原则主要应用在尺寸精度与形位精度要分别满足的地方或尺寸精度与形位精度要求相差较大或尺寸精度与形位精度无联系等场合。又如包容要求主要应用在保证《极限与配合》国标规定的配合性质或尺寸公差与形位公差间无严格比例关系要求等场合。再如最大实体要求和最小实体要求应用于被测中心要素和基准中心要素)。还有根据可行性和经济性等方面来考虑,也可参考表 3.25 公差原则的特点。

表 3.25 公差原则的主要特点

公差原则	独立原则	相关要求				
		包容要求	最大实体要求	最小实体要求	可逆要求	
					可逆的最大实体要求	可逆的最小实体要求
几何公差与尺寸公差的关系	无关	有关				
遵守边界		最大实体边界	最大实体实效边界	最小实体实效边界	同最大实体要求	同最小实体要求
图样标注	无符号	注 E	注 M	注 L	注 MR	注 LR
合格条件 尺寸 孔	$D_{min} \leqslant D_a \leqslant D_{max}$	$D_{fe} \leqslant D_M (D_{min})$ $D_a \leqslant D_L (D_{max})$	$D_{fe} \leqslant D_{Mv}$ $D_M \leqslant D_a \leqslant D_L$	$D_{fi} \leqslant D_{LV}$ $D_M \leqslant D_a \leqslant D_L$	同最大实体要求连用	同最小实体要求连用
合格条件 尺寸 轴	$d_{min} \leqslant d_a \leqslant d_{max}$	$d_{fe} \leqslant d_M (D_{min})$ $d_a \leqslant d_L (D_{max})$	$d_{fe} \leqslant d_{MV}$ $d_L \leqslant d_a \leqslant d_M$	$d_{fi} \geqslant d_{LV}$ $d_M \geqslant d_a \geqslant d_L$	同最大实体要求连用	同最小实体要求连用
合格条件 几何误差 f	$f \leqslant t$ （几何公差）	$f \leqslant 0 \sim T$ （几何公差）	$f \leqslant t \sim (T+t)$	$f \leqslant t \sim (T+t)$	同最大实体要求连用	同最小实体要求连用
检测手段 尺寸	两点法量仪	光滑极限量规	两点法通用量仪	用简接方法测量	同最大实体要求连用	同最小实体要求连用
检测手段 形位	通用量仪		位置量规			
主要应用场合	保证功能要求	保证配合性质要求	保证可装配性要求	保证强度要求	同最大实体要求连用	同最小实体要求连用

3.6.3 几何公差值(或公差等级)的选择

确定几何公差值可用类比法选择,选择的原则是:尽可能经济地满足零件使用功能的要求。

按《几何公差》标准的规定:零件所要求的几何公差值若用一般机床加工就能保证时,则不必在图纸上注出,按 GB/T1184—1996《形状和位置公差 未注公差的规定》确定其公差值,且生产中也不需要检查。除此以外,应在图纸上注出。其值应根据零件的功能要求,并考虑加工经济性和零件结构特点,按表 3.5,3.6,3.11,3.12 选取。

各种几何公差值分为 1～12 级,其中圆度、圆柱度公差值,为了适应精密零件的需要增加了一个 0 级。

按类比法确定公差值时,应考虑下列因素:

(1) 形状公差与位置公差的关系。同一要素上给定的形状公差值应小于位置公差值。如同一平面,平面度公差值应小于该平面对基准的平行度公差值。即应满足下列关系:$t_{形状} < t_{定向} < t_{定位}$。

(2) 形状公差和尺寸公差的关系。圆柱形零件的形状公差(轴线直线度除外)一般情况下应小于其尺寸公差值,平行度公差值应小于其相应的距离尺寸的公差值。

(3) 形状公差与表面粗糙度的关系。通常表面粗糙度的 R_a 值可约占形状公差值的

$(20\%\sim25\%)$。

（4）考虑零件的结构特点。对于刚性较差的零件（如细长轴）和结构特殊的要素（如跨距较大的孔、轴的同轴度公差等），在满足零件功能的前提下其公差值可适当降低 $1\sim2$ 级。此外，线对线和线对面相对于面对面的平行度或垂直度公差可适当降低 $1\sim2$ 级。

小结

本章重点介绍了 14 个几何公差项目，其中形状公差有 6 项，位置公差有 8 项。位置公差又分为定向、定位和跳动公差三类。对每一个几何公差项目应该记住它们的符号、公差带的特点，以及在图样上的正确标注方法和常用的测量方法。

在评定几何误差时应掌握"最小条件"的概念。所谓最小条件即在评定几何误差时，它使测得的误差值为最小。这样，最小条件便能最大限度地通过合格件，而不致使本来合格的零件认为不合格而误废。最小条件是通过对测量数据进行处理，找出被测要素的最小包容区域。最小包容区域在位置误差中表现为定向或定位最小包容区域。

在几何公差中也有未注公差的规定，即对那些在正常加工和工艺条件下，一般制造精度能够达到的公差，在图样上不必标注出来。未注公差分 H、K、L 三个公差等级。

几何公差与尺寸公差的关系，在图纸上是很密切的，对公差原则应有个基本的了解。公差原则分为独立原则和相关要求。相关要求又分为包容要求、最大实体要求、最小实体要求、可逆要求。要了解公差原则和公差要求的实质及其在图样上的标注。

几何公差共分 12 个公差等级，一般选用主要按经验类比法，但对重要的高精度零件，应根据功能要求进行必要的计算。选用公差值的大小应满足以下关系：$t_{形状} < t_{定向} < t_{定位} < t_{尺寸}$。

习题与思考题

1. 几何公差有哪些项目名称？各采用什么符号表示？
2. 什么是最小条件？什么是最小包容区域？评定形状误差和位置误差是否都必须符合最小条件？
3. 体外作用尺寸和体内作用尺寸与最大实体实效尺寸和最小实体实效尺寸有何区别？
4. 最大实体边界和最小实体边界与最大实体实效边界和最小实体实效边界有何区别？
5. 用文字解释图 3.52 中形位公差代号标注的含义。
6. 试将下列零件的技术要求，采用几何公差代号标注在图样上（见图 3.53）：
   （1）$\phi100h6$ 圆柱表面的圆柱度公差 0.005mm[见图 3.53(a)]；
   （2）$\phi100h6$ 轴线对 $\phi40P7$ 孔轴线的同轴度公差为 $\phi0.015$mm；
   （3）$\phi40P7$ 孔的圆柱度公差为 0.005mm；
   （4）左端的凸台平面对 $\phi40P7$ 孔轴线的垂直度公差为 0.01mm；
   （5）右凸台端面对左凸台端面的平行度公差为 0.02mm；
   （6）$2-\phi d$ 轴线对其公共轴线的同轴度公差为 $\phi0.02$mm；[见图 3.53(b)]；
   （7）ϕD 轴线对 $2-\phi d$ 公共轴线的垂直度公差为 $100:0.02$mm；
   （8）ϕD 轴线对 $2-\phi d$ 公共轴线的对称度公差为 0.02mm。

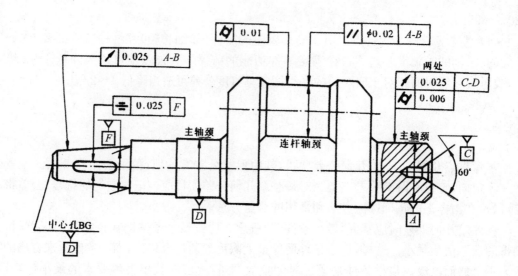

图 3.52 题 5 图

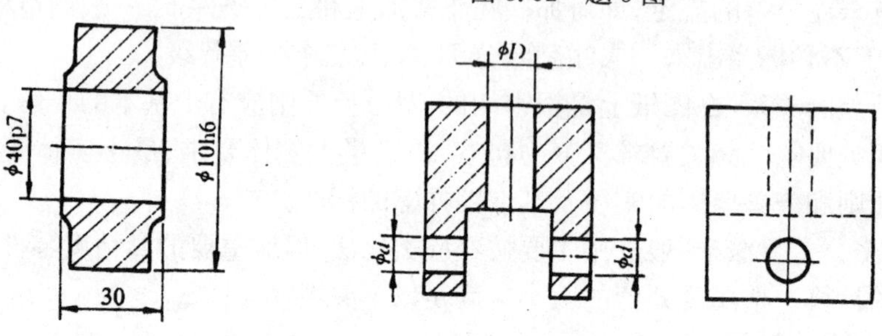

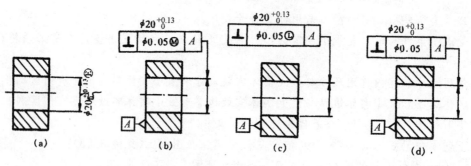

图 3.53 题 6 图

图 3.54 题 6(1)图

7. 试分析比较圆度与径向圆跳动两者公差带的异同；圆柱度与径向全跳动两者公差带的异同；端面对轴线的垂直度与端面全跳动两者公差带的异同。

8. 公差原则中，独立原则和相关要求的主要区别何在？

9. 图 3.54 所示轴套的四种标注方法，试分析说明它们所表示的要求有何不同（包括采用的公差原则、公差要求、理想边界尺寸、允许的垂直度误差值等）？并填入表 3.26 内。

表 3.26　题 9 表

图序号	采用的公差原则 或公差要求	孔为最大实体尺寸时 形位公差值	孔为最小实体尺寸时 允许的形位误差值	理想边界名称 和边界尺寸
a				
b				
c				
d				

10. 图 3.55 所示轴的四种标注方法,试分析说明它们所表示要求的差异(包括采用的公差原则、公差要求、理想边界尺寸、允许的垂直度误差值等),并填于表 3.27 内。

表 3.27　题 10 表

图序号	采用的公差原则 或公差要求	轴为最大实体尺寸时 形位公差值	轴为最小实体尺寸时 允许形位公差值	理想边界名称 和边界尺寸
a				
b				
c				
d				

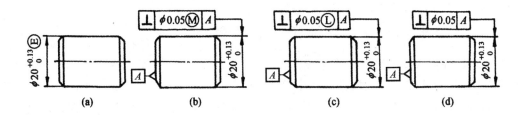

图 3.55　四种标注方法示例

4 表面粗糙度及检测

4.1 概述

4.1.1 表面粗糙度的概念

经机械加工后的零件表面,由于刀痕、切削过程中切屑分离时的塑性变形,刀具与已加工表面间的摩擦以及工艺系统中的振动等原因,会使被加工零件的表面出现宏观和微观的几何形状误差。我们把加工表面上具有的较小间距和峰谷所组成的微观几何形状误差称为表面粗糙度。

表面粗糙度与表面波纹度、表面形状误差的区别,通常按相邻两波峰或两波谷之间的距离,即按波距的大小来划分。一般而言,波距小于 1mm,大体呈周期性变化的属于表面粗糙度(即微观几何形状误差)的范围;波距在 1~10mm 之间并呈周期性变化的属于表面波纹度(即中间几何形状误差)的范围;波距在 10mm 以上而无明显周期性变化的属于表面形状误差(即宏观几何形状误差)的范围。

4.1.2 表面粗糙度对零件使用性能的影响

(1) 对零件耐磨性的影响。由于零件表面具有微观几何形状误差,粗糙不平,当两个零件作相互运动时,只能在轮廓的峰顶处发生接触,产生较大的摩擦阻力,使零件表面磨损速度增快,所消耗的能量增多。一般地说,表面越粗糙,摩擦阻力越大,耐磨性越低。但是表面粗糙度过小,不利于贮存润滑油,则两接触面会形成干摩擦或半干摩擦,反而使摩擦系数增大,加剧了表面磨损。

(2) 对接触刚度的影响。表面越粗糙,表面间的实际接触面积就越小,则单位面积上的压力就越大,使得峰顶处的局部塑性变形加剧,接触刚度下降,影响零件的工作精度和抗振性。

(3) 对配合性质的影响。表面粗糙度会影响配合性质的稳定性。对于间隙配合,会因微观不平度的峰尖在工作过程中很快磨掉而使间隙增大;对于过盈配合,则因装配时表面的峰顶被挤平,使有效实际过盈减小,降低联接强度;对于过渡配合,表面粗糙度也有使配合变松的影响。

(4) 对抗疲劳强度的影响。表面越粗糙,一般表面微观不平的凹痕就越深,当零件承受交变载荷时,应力集中就越严重,零件疲劳破坏的可能性就越大,疲劳强度就越低。

(5) 对抗腐蚀性的影响。表面越粗糙,腐蚀性气体或液体越易在谷底处聚集,并渗入到金属内部,造成零件表面锈蚀。

此外,表面粗糙度还影响结合面的密封性,影响零件的美观和散热性等等。所以,表面粗糙度是衡量产品质量的一个重要指标。

4.2 表面粗糙度的国家标准

表面粗糙度直接影响到机器、仪器或其他工业产品的使用性能和寿命,因此,应对零件的表面粗糙度加以合理规定。

表面粗糙度的国家标准共有三个,包括《GB3505-1983 表面粗糙度——术语、表面及其参数》、《GB/T1031-1995 表面粗糙度参数及其数值》、《GB/T131-1993 表面粗糙度符号、代号及其注法》。

4.2.1 有关表面粗糙度的术语和定义

(1)取样长度 l:在评定表面粗糙度时,为了限制和减弱宏观几何形状误差,尤其是表面波纹度对测量结果的影响,所规定的用以判别具有表面粗糙度特征的一段基准线长度,称为取样长度。标准规定取样长度按表面粗糙程度选取相应的取样长度数值,一般应包含五个以上的轮廓峰和轮廓谷,见表4.5。

(2)评定长度 l_n:由于加工表面的不均匀性,为了较客观地反映出表面粗糙度的全貌,应包含有几个取样长度量取粗糙度的平均值,作为该被测表面的测得值。我们把在评定和测量表面粗糙度时所必须的一段长度称为评定长度,它可以包括一个或几个取样长度,如图 4.1 所示。具体数值见表4.6。

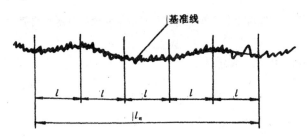

图 4.1 取样长度和评定长度

(3)评定基准线。在评定表面粗糙度时,需要在实际轮廓上规定一条参考线,作为计算表面粗糙度参数大小的基准线。标准规定以最小二乘中线作为基准线。

① 轮廓的最小二乘中线。具有几何轮廓形状并划分轮廓的基准线,在取样长度内使轮廓上各点至基准线的距离的平方和为最小,这条基准线称为轮廓的最小二乘中线。如图 4.2 所示。

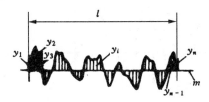

图 4.2 轮廓的最小二乘中线

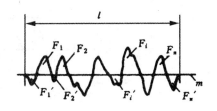

图 4.3 轮廓的算术平均中线

用最小二乘方法确定中线较为困难,实际应用中采用算术平均方法确定的中线是一种近似的图解法,较为方便并得到广泛的应用。

② 轮廓的算术平均中线。具有几何轮廓形状在取样长度内与轮廓走向一致的基准线,并由该线将轮廓划分为两半,上、下两边的面积相等,如图 4.3 所示,即

$$\sum_{i=1}^{n} F_i = \sum_{i=1}^{n} F_i'$$

式中:F_i 为轮廓峰面积;F_i' 为轮廓谷面积。

4.2.2 表面粗糙度评定参数

4.2.2.1 与高度特性有关的参数

(1)轮廓算术平均偏差 R_a。在取样长度 l 内,轮廓上各点至基准线的距离的绝对值的算

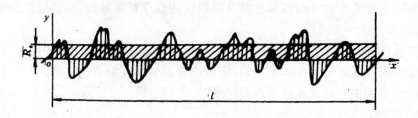

图 4.4 轮廓上各点至基准线距离的绝对值的算术平均值

术平均值,如图 4.4 所示。用公式表示为:

$$R_a = \frac{1}{l} \int_0^l |y| \, \mathrm{d}x$$

或近似值为

$$R_a = \frac{1}{n} \sum_{i=1}^{n} |y_i|$$

R_a 参数能充分反映表面微观几何形状高度方面的特性,测量方法也比较简单,所以是普遍采用的评定参数。R_a 值越大,表面越粗糙。

(2)微观不平度十点高度 R_z。在取样长度 l 内,五个最大的轮廓峰高和五个最大的轮廓谷深的平均值之和。如图 4.5 所示,用公式表示为

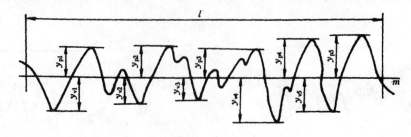

图 4.5 微观不平度十点高度

$$R_z = \frac{1}{5}\left(\sum_{i=1}^{5} y_{pi} + \sum_{i=1}^{5} y_{vi}\right)$$

式中：y_{pi}为第 i 个最大的轮廓峰高；y_{vi}为第 i 个最大的轮廓谷深(取正值)。

R_z 评定参数由于测量点不多，故在反映轮廓表面状况方面不如 R_a 充分，但是 y_p 和 y_v 值易于在光学仪器上测得，而且计算方便，因而应用较多，特别适合经超精加工的表面粗糙度测量。R_z 值越大，表面越粗糙。

(3) 轮廓最大高度 R_y。在取样长度 l 内，轮廓峰顶线和谷底线之间的距离。如图 4.6 所示，用公式表示为

$$R_y = y_{pmax} + y_{vmax}$$

式中：y_{pmax}为轮廓最大峰高；y_{vmax}为轮廓最大谷深(取正值)。

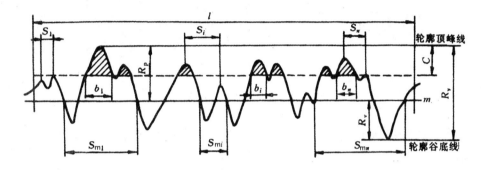

图 4.6　轮廓最大高度

峰顶线和谷底线，分别是指在取样长度内，平行于基准线并通过轮廓最高点和最低点的线。R_y 和 R_z 参数相比不如 R_z 参数反映的几何特性准确，但 R_y 值的测量最为简单，对于很短(只有几个轮廓峰、谷)的表面或需控制应力集中而导致疲劳破坏的表面，可选取 R_y 作为评定参数。此外，当被测表面很小，不适宜采用 R_a 或 R_z 评定时，也常采用 R_y 参数。

4.2.2.2　与间距特性有关的参数

(1) 轮廓微观不平度的平均间距 S_m。在取样长度内，轮廓微观不平度间距的平均值。轮廓微观不平度间距 S_{mi} 是指含有一个轮廓峰(与中线有交点的峰)和相邻轮廓谷(与中线有交点的谷)的一段中线长度，如图 4.7 所示，用公式表示为

$$S_m = \frac{1}{n}\sum_{i=1}^{n} S_{mi}$$

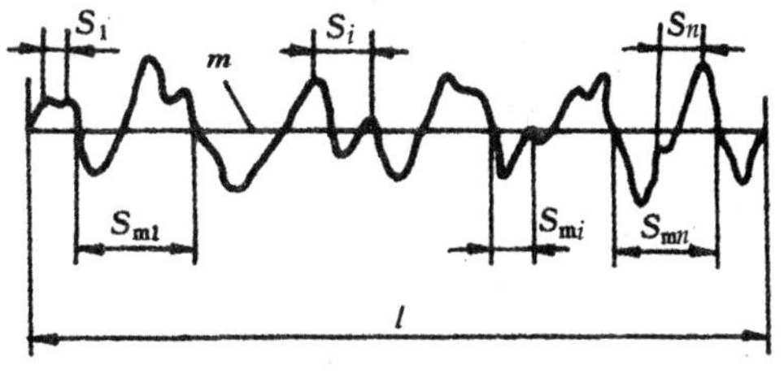

图 4.7　S_m 与 S

(2) 轮廓单峰平均间距 S。在取样长度内，轮廓的单峰间距的平均值。轮廓单峰是指两相邻轮廓最低点之间的轮廓部分，一个轮廓峰可能有一个或几个单峰。轮廓单峰间距 S_i 是指两相邻单峰的最高点在中线上投影之间的距离，如图 4.7 所示，用公式表示为

$$S = \frac{1}{n}\sum_{i=1}^{n}S_i$$

4.2.2.3　与形状特性有关的参数

轮廓支承长度率t_p。在取样长度内,一平行于中线的线与轮廓相截时所得到的各段截线长度之和与取样长度l之比,如图4.8所示,用公式表示为

$$t_p = \frac{1}{l}\sum_{i=1}^{n}b_i \times 100\%$$

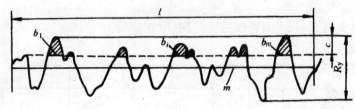

图4.8　轮廓支承长度率

由图4.8可以看出,b_i的大小与水平截距c的大小有关,所以,在选用t_p时应同时给出水平截距c值。

4.2.3　表面粗糙度的国家标准(GB/T1031—1995)

国家标准规定R_a,R_z,R_y是评定表面粗糙度的基本评定参数,评定表面粗糙度时应从这三个参数中选取,参数值见表4.1、表4.2。在高度特性参数常用的参数值范围内(R_a为$0.025\sim6.3\mu m$,R_z为$0.1\sim25\mu m$)推荐优先选用R_a。

表4.1　轮廓算术平均偏差R_a的数值(μm)

第1系列	第2系列	第1系列	第2系列	第1系列	第2系列	第1系列	第2系列
	0.008						
	0.010						
0.012			0.125		1.25	12.5	
	0.016		0.160	1.60			16.0
	0.020	0.20			2.0		20
0.025			0.25		2.5	25	
	0.032		0.32	3.2			32
	0.040	0.40			4.0		40
0.050			0.50		5.0	50	
	0.063		0.63	6.3			63
	0.080	0.80			8.0		
0.100			1.00		10.0	100	

表 4.2 微观不平度十点高度 R_z，轮廓最大高度 R_y 的数值（μm）

第1系列	第2系列	第1系列	第2系列	第1系列	第2系列	第1系列	第2系列	第1系列	第2系列	第1系列	第2系列
			0.125		1.25	12.5			125		1250
			0.160	1.60			16.0		160	1600	
		0.20			2.0		20	200			
0.025			0.25		2.5	25			250		
	0.032		0.32	3.2			32		320		
	0.040	0.40			4.0		40	400			
0.050			0.50		5.0	50			500		
	0.063		0.63	6.3			63		630		
	0.080	0.80			8.0		80	800			
0.100			1.00		10.0	100			1000		

　　根据表面功能的要求，除表面粗糙度高度参数外，可选用表面粗糙度的附加评定参数（S_m，S，t_p）。S_m 和 S 的数值见表 4.3，t_p 的数值见表 4.4，选用轮廓支承长度率 t_p 参数时必须同时给出轮廓水平截距 c 值，它可用微米或 R_y 的百分数表示。百分数系列如下：R_y 的 5，10，15，20，25，30，40，50，60，70，80，90（％）。

表 4.3 S_m 和 S 数值表（μm）

S_m，S	0.006	0.1	1.6
	0.0125	0.2	3.2
	0.025	0.4	6.3
	0.05	0.8	12.5

表 4.4 t_p 数值表（mm）

t_p％	10	15	20	25	30	40	50	60	70	80	90

　　轮廓的单峰谷（S）的最小间距规定为取样长度 l 的 1％。轮廓峰（谷、单峰、单谷）的最小高度规定为轮廓最大高度 R_y 的 10％，对 R_a，R_z，R_y 参数亦适用。

　　取样长度的数值 l 应从表 4.5 给出的系列中选取。

表 4.5 取样长度的选取值（mm）

l	0.08	0.25	0.8	2.5	8	25

　　一般情况下，在测量 R_a，R_z，R_y 时推荐按表 4.6 选用对应的取样长度，此时取样长度值的标注在图样上或技术文件中可省略。

表 4.6　R_a，R_z，R_y 的取样长度 l 与评定长度 l_n 的选用值

R_a (μm)	R_z，R_y (μm)	l （mm）	l_n（$=5l$） （mm）
≥0.008～0.020	≥0.025～0.100	0.08	0.4
>0.020～0.100	>0.100～0.50	0.25	1.25
>0.100～2.0	>0.50～10.0	0.8	4.0
>2.0～10.0	>10.0～50.0	2.5	12.5
>10.0～80.0	>50.0～320	8.0	

当有特殊要求时应给出相应的取样长度值，并在图样上或技术文件中注出。

对于微观不平度间距较大的端铣、滚铣及其他大进给走刀量的加工表面，应按标准中规定的取样长度系列中选取较大的取样长度值。

由于加工表面的不均匀性，在评定表面粗糙度时其评定长度应根据不同的加工方法和相应的取样长度来确定。一般情况下，当测量 R_a，R_z 和 R_y 时推荐按表 4.6 选取相应的评定长度值。如被测表面均匀性较好，测量时可选用小于 $5l$ 的评定长度值；均匀性较差的表面可选用大于 $5l$ 的评定长度值。

4.3　表面粗糙度的标注

GB/T131—1993 对表面粗糙度的符号、代号及其注法作了规定。

4.3.1　表面粗糙度的符号、代号

表面粗糙度的符号见表 4.7。图样上所标注的表面粗糙度符号、代号是该表面完工后的要求。有关表面粗糙度的各项规定应按功能要求给定。若仅需要加工（采用去除材料的方法或不去除材料的方法）但对表面粗糙度的其他规定没有要求时，允许只注表面粗糙度符号。当允许在表面粗糙度参数的所有实测值中超过规定值的个数少于总数 16% 时，应在图样上标注表面粗糙度参数的上限值或下限值。当要求在表面粗糙度参数的所有实测值中不得超过规定值时，应在图样上标注表面粗糙度参数的最大值或最小值。

表 4.7　表面粗糙度的符号及意义

符　　号	意义及说明
	基本符号，表示表面可用任何方法获得。不加注粗糙度参数值或有关说明（例如、表面处理、局部热处理状况等）时，仅适用简化代号标注
	基本符号加一短划，表示表面是用去除材料的方法获得。例如：车、铣、钻、磨、剪切、抛光、腐蚀、电火花加工、气割等
	基本符号加一小圆，表示表面是用不去除材料的方法获得。例如：铸、锻、冲压变形、热轧、冷轧、粉末冶金等。 或者是用于保持原供应状况的表面（包括保持上道工序的状况）

符　号	意义及说明
 √　▽　√	在上述三个符号的长边上均可加一横线,用于标注有关参数和说明
 √　▽　√	在上述三个符号上均可加一小圆,表示所有表面具有相同的表面粗糙度要求

表 4.8　表面粗糙度要求在图中注法及意义

序号	代号	意　义
1	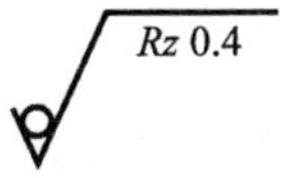 √ Rz 0.4	表示不允许去除材料,单向上限值,默认传输带,轮廓的最大高度 0.4μm,评定长度为 5 个取样长度(默认),"16%规则"(默认)
2	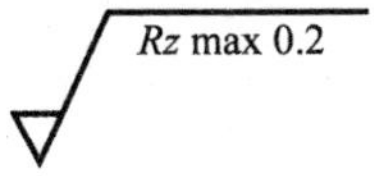 √ Rz max 0.2	表示去除材料,单向上限值,默认传输带,轮廓最大高度的最大值 0.2μm,评定长度为 5 个取样长度(默认),"最大规则"
3	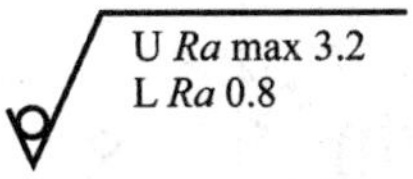 √ U Ra max 3.2 L Ra 0.8	表示不允许去除材料,双向极限值,两极限值均使用默认传输带,上限值:算术平均偏差 3.2μm,评定长度为 5 个取样长度(默认),"最大规则";下限值:算术平均偏差 0.8μm,评定长度为 5 个取样长度"默认","16%规则"(默认)
4	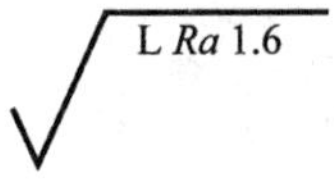 √ L Ra 1.6	表示任意加工方法,单向下限值,默认传输带,算术平均偏差 1.6μm,评定长度为 5 个取样长度(默认),"16%规则"(默认)
5	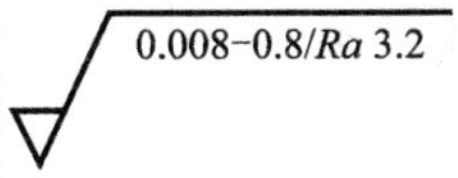 √ 0.008-0.8/Ra 3.2	表示去除材料,单向上限值,传输带 0.008~0.8mm,算术平均偏差 3.2μm,评定长度为 5 个取样长度(默认),"16%规则"(默认)
6	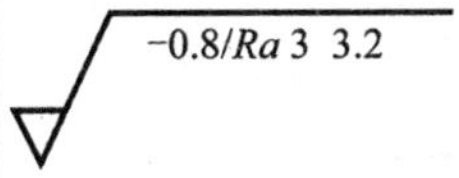 √ -0.8/Ra 3　3.2	表示去除材料,单向上限值,传输带:根据 GB/T 6062,取样长度 0.8mm,算术平均偏差 3.2μm,评定长度包含 3 个取样长度(即 $ln=0.8mm×3=2.4mm$),"16%规则"(默认)
7	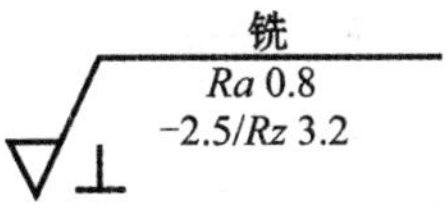 铣 √ Ra 0.8 -2.5/Rz 3.2 ⊥	表示去除材料,两个单向上限值:①默认传输带和评定长度,算术平均偏差 0.8μm,"16%规则"(默认);②传输带为 -2.5mm,默认评定长度,轮廓的最大高度 3.2μm,"16%规则"(默认)。表面纹理垂直于视图所在的投影面。加工方法为铣削
8	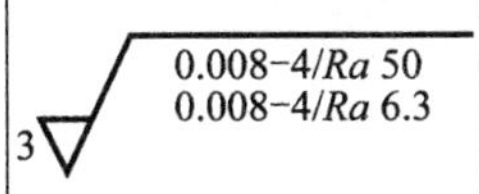 √ 0.008-4/Ra 50 0.008-4/Ra 6.3　3	表示去除材料,双向极限值:上限值 $Ra=50μm$,下限值 $Ra=6.3μm$;上、下极限传输带均为 0.008~4mm;默认的评定长度均为 $l_n=4×5=20mm$;"16%规则"(默认)。加工余量为 3mm
9	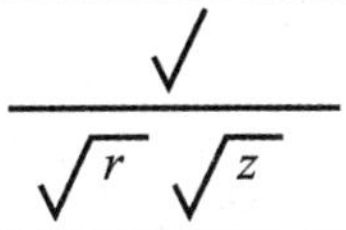 √ √r √z	简化符号:符号及所加字母的含义由图样中的标注说明

若需标注表面粗糙度其他数值及其补充要求时,其注写方法见图4.9。

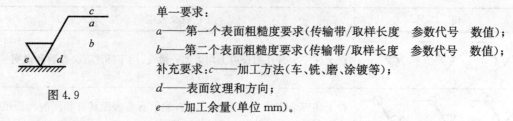

单一要求:

a——第一个表面粗糙度要求(传输带/取样长度　参数代号　数值);

b——第二个表面粗糙度要求(传输带/取样长度　参数代号　数值);

补充要求:*c*——加工方法(车、铣、磨、涂镀等);

d——表面纹理和方向;

e——加工余量(单位 mm)。

图 4.9

4.3.2　表面粗糙度的标注方法

表面粗糙度代(符)号应注在可见轮廓线、尺寸界线或它们的延长线上,有时也可标注在尺寸线上。符号的尖端必须从材料外指向表面,代号中数字及符号的方向必须与尺寸数字方向一致,如图 4.10 所示。

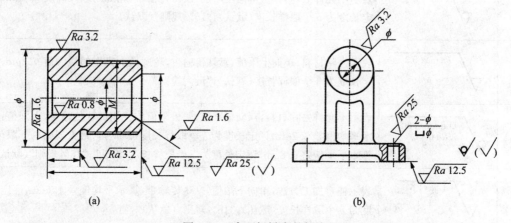

图 4.10　表面粗糙度的标注

当零件的大部分表面具有相同的表面粗糙度要求时,对其中使用最多的一种代号可以统一注在图样的右下角,如图 4.10 所示。

齿轮、螺纹等工作表面没有画齿形(牙形)时,其表面粗糙度代号可按图 4.12 的形式标注。

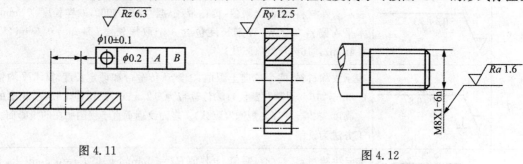

图 4.11

图 4.12

尽量采用简化标注。可按图 4.11、图 4.13 标注。

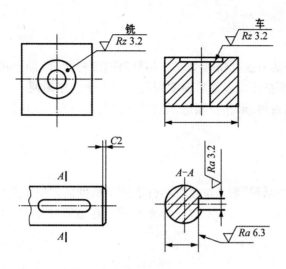

图 4.13　简化标注

4.4　表面粗糙度参数值的选择

零件表面粗糙度参数值的选择既要满足零件表面的功能要求,也要考虑到经济性,具体选择时可用类比法确定,一般选择原则如下:

(1) 在满足零件功能要求的情况下,尽量选用较大的表面粗糙度参数值。

(2) 同一零件上,工作表面的粗糙度应小于非工作表面的粗糙度。

(3) 摩擦表面比非摩擦表面的粗糙度要小;滚动摩擦表面比滑动摩擦表面的粗糙度要小;运动速度高,单位压力大的摩擦表面应比运动速度低,单位压力小的摩擦表面粗糙度要小。

(4) 受交变载荷的表面和易引起应力集中的部位(如圆角、沟槽),表面粗糙度要小。

(5) 配合性质要求高的结合表面、配合间隙小的配合表面以及要求联接可靠、受重载荷的过盈配合表面等,都应取较小的表面粗糙度。

(6) 配合性质相同,一般情况下,零件尺寸越小,粗糙度也小,同一精度等级,小尺寸比大尺寸、轴比孔的粗糙度要小。

通常尺寸公差、表面形状公差小时,表面粗糙度参数值也小。但表面粗糙度参数值和尺寸公差、表面形状公差之间并不存在确定的函数关系,如手轮、手柄的尺寸公差较大,但表面粗糙度参数值却较小。一般情况下它们之间有一定的对应关系。设表面形状公差值为 T,尺寸公差值为 IT,它们之间可参照以下对应关系:

若 $T \approx 0.6\text{IT}$,则 $R_a \leqslant 0.055\text{IT}$;$R_z \leqslant 0.2\text{IT}$。

$T \approx 0.4\text{IT}$,则 $R_a \leqslant 0.025\text{IT}$;$R_z \leqslant 0.1\text{IT}$。

$T \approx 0.25\text{IT}$,则 $R_a \leqslant 0.012\text{IT}$;$R_z \leqslant 0.05\text{IT}$。

$T < 0.25\text{IT}$,则 $R_a \leqslant 0.15\text{IT}$;$R_z \leqslant 0.6\text{IT}$。

4.5　表面粗糙度的测量

目前常用的表面粗糙度的测量方法有下述几种。

4.5.1 比较法

比较法是车间常用的方法。将被测表面对照粗糙度样板,借助于检测人员的肉眼观察和手摸感触进行比较,从而估计出表面粗糙度程度。该方法使用简便。

表面粗糙度样板的材料、形状及制造工艺尽可能与工件相同,这样才便于比较,否则往往会产生较大的误差。

4.5.2 光切法

光切法是利用"光切原理"来测量被测零件表面粗糙度的方法。工厂计量室用的光切显微镜(又称双管显微镜)就是应用这一原理设计而成的。它适宜测量 R_z 和 R_y 值,测量范围一般为 $0.5 \sim 60 \mu m$。

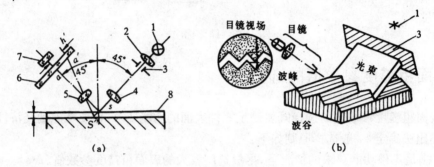

图 4.14 光切法的测量

1. 光源;2. 聚光镜;3. 狭缝;4、5. 物镜;6. 分划板;7. 目镜;8. 被测表面

光切法测量原理如图 4.14。光学显微镜光学系统由两个互成 $90°$ 的光管组成,一个为照明光管,另一个为观察光管。从光源 1 发出的光,经聚光镜 2、狭缝 3 和物镜 4 后,变成一扁平光束,以 $45°$ 倾角的方向投射到被测表面 8 上。再经被测表面反向,通过物镜 5,在目镜视场中可以看到一条狭亮光带,光带的边缘为经过放大了的、光束与被测表面相交的廓线(即被测表面在 $45°$ 斜向截面上的轮廓线)。也就是被测表面的波峰 S 与波峰 S' 通过物镜 5 分别成像在分划板 6 上的 a 和 a' 点,因此从 a 和 a' 点之间的距离可以求出被测表面不平度 h。

$$h = \frac{h'}{v}\cos 45° \qquad (4.1)$$

式中 v 为物镜实际放大倍数,可通过仪器所附的一块"标准玻璃刻度尺"来确定。目镜中影像高度 h' 可用测微目镜千分尺测出。

光切显微镜的外形结构,如图 4.15 所示。整个光学系统装在一个封闭的壳体 9 内,其上装有目镜 7 和可换物镜组 12。可换物镜组有 4 组,可按被测表面粗糙度大小选用,并由手柄 10 借助弹簧力固紧。被测工件安放在工作台 13 上,要使其加工纹理方向与光带垂直。松开锁紧旋手 6,转动粗调螺母 3 可使横臂 5 连同壳体 9 沿立柱上下移动,进行显微镜的粗调焦。旋转微调手轮 4,进行显微镜的精细调焦。经过仔细调焦后,在目镜视场中可看到清晰的狭亮光带。转动目镜千分尺 8,分划板上的十字线就会移动,就可测量影响高度 h'。

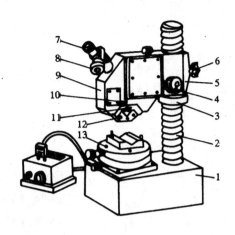

图 4.15　光切显微镜

1. 底座；2. 立柱；3. 粗调螺母；4. 微调手轮；5. 横臂；6. 锁紧旋手；7. 目镜；8. 目镜千分尺；
9. 壳体；10. 手柄；11. 滑板；12. 可换物镜组；13. 工作台

　　如图 4.16 所示,测量时调节目镜千分尺,使十字线的一条水平线与光带边缘最高点相切,记下读数;然后再调节目镜千分尺,使水平线与同一条光带边缘最低点相切,再次读数。由于读数是在测微目镜千分尺轴线(与十字线的水平线成 $45°$)方向测的,因此两次读数差 a 与目镜中影像 h' 的关系为:

$$h' = a\cos 45° \tag{4.2}$$

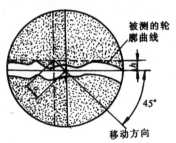

图 4.16　测量时目镜的调节

将式(4.2)代入式(4.1)得:

$$h = \frac{a}{v}\cos 45° \cdot \cos 45° = \frac{a}{2v}$$

　　要注意测量 a 值时,应选择两条光带边缘中比较清晰的一条边缘进行测量,不要把光带宽度测量进去。

4.5.3　干涉法

　　干涉法是利用光波干涉原理来测量表面粗糙度数值。干涉法所用仪器是干涉显微镜,通常用来测量 R_z 和 R_y 值,测量范围一般为 R_z 值 $0.03\sim1\mu m$。

　　干涉显微镜光学系统原理如图 4.17(a)所示,光源 L 发出平行光,经分光镜 M 分为两束

相干光,一束射向参考平面反射镜R;另一束射向被测表面,各自反射后汇合产生干涉,经过物

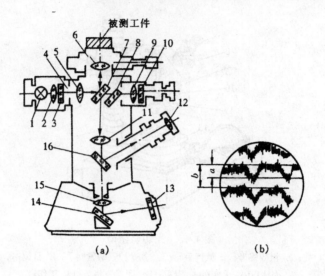

图 4.17　干涉显微镜原理

镜O,射向目镜。从目镜中可以看到放大了的干涉图像,见图 4.17(b)。若被测表面为理想平面,则干涉条纹为一组相等距离的平行光带;若被测表面粗糙不平,干涉带即成弯曲形状。由于光程差每增加光波半波长$\lambda/2$,就形成一条干涉带,故被测表面的不平高度(即峰、谷高度差)h 为:

$$h = \frac{a}{b} \cdot \frac{\lambda}{2} \tag{4.3}$$

式中:a 为干涉条纹的弯曲量;b 为相邻干涉条纹的间距;λ 为光波波长(绿色光 $\lambda=0.53\mu\mathrm{m}$)。

　　利用测微目镜测出 a,b 值,按式(4.3)算出 h 值。干涉法的测量精度较高,适用于测量 R_z 小于 $1\mu\mathrm{m}$ 的微观不平度。

4.5.4　针描法

　　针描法是利用仪器的测针与被测表面相接触并使测针沿其表面轻轻划过,从而测出表面粗糙度的 R_a 值。

　　电动轮廓仪就是利用针描法来测量表面粗糙度。

小结

　　本章重点介绍了表面粗糙度的概念、评定表面粗糙度的基本评定参数和附加参数,表面粗糙度的国家标准、表面粗糙度的标注及参数选择、表面粗糙度的检测等。

　　(1) 表面粗糙度的概念:理解表面粗糙度的含义以及与形状误差、表面波纹度的区别。

　　(2) 评定表面粗糙度的有关术语。取样长度、评定长度、轮廓的最小二乘中线等术语是表面粗糙度国家标准中的常用术语。

　　(3) 表面粗糙度的评定参数:

① 与高度特性有关的参数(基本评定参数)有:轮廓算术平均偏差 R_a、微观不平度十点高度 R_z、轮廓最大高度 R_y。

② 与间距特性或形状特性有关的参数(附加参数)有:轮廓微观不平度的平均间距 S_m、轮廓的单峰平均间距 S、轮廓的支承长度率 t_p。

(4) 表面粗糙度在图样的标注,参见教材中有关图标。

(5) 表面粗糙度的检测。常用的检测方法:比较法、光切法、光波干涉法、针描法等。它们均有各自的测量原理及适用范围,使用时应注意正确选择。

习题与思考题

1. 表面粗糙度的含义是什么。它与形状误差和表面波纹度有何区别?

2. 表面粗糙度对零件的使用性能有何影响?

3. 什么是轮廓中线?为什么要规定取样长度和评定长度?分别如何确定?

4. 表面粗糙度评定参数有哪些?说出高度参数的名称、代号、含义及其特点。

5. 选择零件的表面粗糙度时应考虑哪些原则?

6. 在一般情况下,$\phi40H7$ 与 $\phi8H7$ 相比、$\phi40H6/f5$ 和 $\phi40H6/r5$ 中的两根轴相比,何者应选用较小的粗糙度允许值?

7. 解释图 4.18 中两零件图上表面粗糙度标注符号的含义。

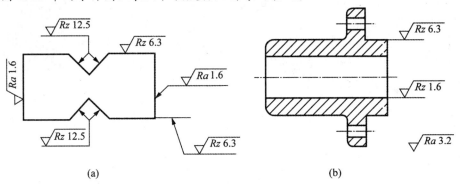

(a)   (b)

图 4.18 题 7 图

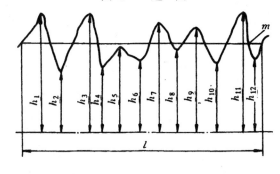

图 4.19

8. 某零件要求表面粗糙度 R_z 的最大值为 $10\mu m$，现用光切显微镜测得表面粗糙度数据如下：

表 4.9 题 8 表

序号	h_1	h_2	h_3	h_4	h_5	h_6	h_7	h_8	h_9	h_{10}	h_{11}	h_{12}
μm	26	13	26	14	19	16	24	18	23	15	26	16

试计算 R_z 值，并判断该零件表面粗糙度是否合格？

5　测量技术基础

5.1　技术测量的基本知识

5.1.1　概述

在机械制造中,技术测量主要是研究对零件几何参数进行测量和检验的问题。

所谓测量就是将被测量(如长度、角度等)与具有计量单位的标准量进行比较,从而确定其量值的过程。

检验是与测量相似的概念,确定被测量是否在规定的验收极限范围内,以便作出零件是否合格的判断,而不一定要确定其量值。

一个完整的测量过程包括四个要素,即被测对象、计量单位、测量方法和测量精度。

被测对象:这里指几何量,即长度、角度、表面粗糙度和形位误差等。

计量单位:长度计量的基本单位是米(m),在机械制造中常用的单位是毫米(mm),在几何精密测量中,长度单位用微米(μm),角度单位用度(°)、分(′)、秒(″)。

测量方法:是指在进行测量时所采用的测量原理、测量器具和测量条件的总和。

测量精度:是指测量结果与真值的一致程度,它体现了测量结果的可靠性。

测量条件:是指测量时零件和测量器具所处的环境,如温度、湿度、振动和灰尘等。测量时基准温度为 20℃。一般计量室的温度是控制在 $20\pm(2\sim0.5)$℃,精密计量室的温度控制在 $20\pm(0.05\sim0.03)$℃,同时还要尽可能使被测零件与计量器具在相同温度下进行测量,计量室的相对湿度应以 50%～60% 为适宜,还应远离振动源,清洁度要高等。

5.1.2　长度基准和长度量值传递系统

5.1.2.1　长度单位和基准

我国法定基本计量单位是米(m),在机械制造中,常用单位有毫米(mm)和微米(μm),1m＝1000mm,1mm＝1000μm。

"米"的定义经历了一个随科学技术进步而发展的过程,最初是由法国创立的。1889 年第一届国际计量大会批准了米原器,并规定 1 米的定义为"在标准大气压和 0℃时,国际米原器上两条规定刻线间的距离"。国际米原器用铂铱合金制成,存放在巴黎国际计量局,各参加国复制副原器作为国家基准米原器。由于金属内部的不稳定性及周围环境的影响,国际米原器稳定性并不高,而且各国要定期将国家基准米原器送往巴黎核对也很不方便。因此,1960 年召开的第十一届国际计量大会将米的定义改为"米的长度等于 K_r^{86} 原子在真空中从能级 $2p_{10}$ 至 $5d_5$ 跃迁时所辐射的谱线波长的 1650763.73 倍"。采用辐射线波长作为长度基准,不仅可以提高长度基准的稳定性和可靠性,而且使用方便,这是一次将米的定义从建立在实物基准

（米原器）上改为建立在自然基准（辐射线波长）上的重大变革。1983 年 10 月第十七届国际计量大会通过了米的新定义"一米是光在真空中 1/299792458s 时间间隔内行程的长度。"这是又一次将米的定义从建立在自然基准上改为建立在基本物理常数（光速）上的重大变革，为进一步提高长度基准的复现精度展示了更广阔的前景。

5.1.2.2　长度量值传递系统

在生产中，除特别精密零件的测量外，一般不直接用基准光波波长测量零件。为了保证量值的统一，必须把国家基准所复现的长度计量单位量值准确地传递到生产中的计量器具和工件上去，以保证对被测对象所测得的量值的准确和一致。为此，需要在全国范围内从组织到技术上建立起一套严密而完整的体系，即长度量值传递系统。如表 5.1 所示，这个系统的传递媒介是量块和线纹尺，它们是机械制造中的实用长度标准，由国家技术监督局到地方各级计量管理机构逐级传递和定期检定。

表 5.1　尺寸传递系统

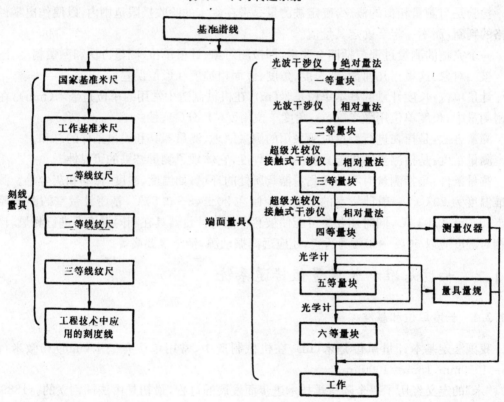

5.1.3　量块及其选用

量块又称块规，是无刻度的平面平行端面量具。用耐磨材料（一般为 CrWMn 钢）制成，材质稳定，硬度高，线膨胀系数小，不易变形。量块除作为工作基准外，还作为标准器用于检定和校准计量器具、调整机床、精密划线，有时也用作精密测量。

量块的形状有长方体和圆柱体两种,常用的是长方体,如图 5.1 所示。其中上、下两面为测量面,是经过精密加工的很平、很光的平行平面。

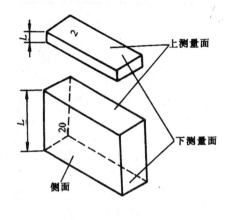

图 5.1　量块外形

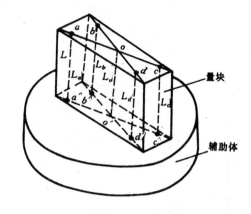

图 5.2　量块长度

5.1.3.1　量块的尺寸

量块的尺寸包括量块中心长度和量块长度。量块的精度虽然很高,但是上、下测量面也不是绝对平行的,因此量块的工作尺寸以量块的中心长度来代表。量块中心长度是指量块一个测量面的中心点到此量块另一测量面之间的垂直距离。量块长度是指量块一个测量面上的一点至此量块另一测量面相研合的辅助体表面之间的垂直距离,如图 5.2 所示,其中最大长度与最小长度之差称为量块长度变动。

5.1.3.2　量块的研合性

由于量块的测量面都是经过超精研制成的,使测量面十分光滑和平整,将一量块的测量面沿着另一量块的测量面滑动,同时用手稍加压力,两量块便能粘合在一起,量块的这种通过分子吸力的作用而粘合的性能称为量块的研合性。它使量块可以组合使用,即将几个量块研合在一起组成需要的尺寸,因此量块是成套供应的。常用成套量块的标称尺寸见表 5.2。

表 5.2　常用成套量块尺寸表(摘自 GB/T 6093—2001)

套　别	总块数	级　别	尺寸系列(mm)	间隔(mm)	块　数
1	91	00,0,1	0.5	—	1
			1	—	1
			1.001,1.002,…,1.009	0.001	9
			1.01,1.02,…,1.49	0.01	49
			1.5,1.6,…,1.9	0.1	5
			2.0,2.5,…,9.5	0.5	16
			10,20,…,100	10	10

套　别	总块数	级　别	尺寸系列(mm)	间隔(mm)	块　数
2	83	00,0,1,2,(3)	0.5	—	1
			1	—	1
			1.005	—	1
			1.01,1.02,…,1.49	0.01	49
			1.5,1.6,…,1.9	0.1	5
			2.0,2.5,…,9.5	0.5	16
			10,20,…,100	10	10
3	46	0,1,2	1	—	1
			1.001,1.002,…,1.009	0.001	9
			1.01,1.02,…,1.09	0.01	9
			1.1,1.2,…,1.9	0.1	9
			2,3,…,9	1	8
			10,20,…,100	10	10
4	38	0,1,2,(3)	1	—	1
			1.005	—	1
			1.01,1.02,…,1.09	0.01	9
			1.1,1.2,…,1.9	0.1	9
			2,3,…,9	1	8
			10,20,…,100	10	10

注:带( )的等级,根据订货供应。

为了减少量块组合时的误差,组合的原则应是以尽可能少的块数组合成所需要的尺寸,一般量块数不多于4～5块。组合量块时首先选择能去除最后一位小数的量块,然后逐级递减选取。

例 5.1　选用 83 块的成套量块组成 58.885mm 尺寸的量块组。

解:量块组合如下:

```
     58.885
   一) 1.005    ……第一块量块尺寸
     57.88
   一) 1.38     ……第二块量块尺寸
     56.5
   一) 6.5      ……第三块量块尺寸
     50         ……第四块量块尺寸
```

5.1.3.3　量块的精度

量块按制造精度分为 00,0,1,2,3 五个级别,其中 00 级精度最高,精度依次降低,3 级最低。

量块按检定精度分为 1,2,3,4,5,6 六等,其中 1 等精度最高,6 等最低。

量块是精密量具,使用时要注意防锈蚀、防划伤、切不可撞击。

5.2 计量器具与测量方法的分类

5.2.1 计量器具的分类

计量器具分为量具和量仪两大类。

(1) 量具:是以固定形式复现量值的计量器具,包括标准量具、专用量具和通用量具等。

标准量具是用作计量标准,供量值传递用的量具,如量块、线纹尺等。

专用量具是用来专门检测某种几何量的测量器具,如光滑极限量规、花键量规、螺纹量规等。

通用量具是指应用范围广、通用性强、可测量一定尺寸范围内的几何量,且能获得具体数值的测量器具,如游标卡尺、千分尺等。

(2) 量仪:是指能将被测的量转换成可直接观测的指示值或等效信息的计量器具。按照工作原理和结构特征,量仪可分为机械式、光学式、气动式以及它们的组合形式,如光电式等。

5.2.2 测量方法的分类

根据不同的测量目的,测量方法有不同的分类。

(1) 按是否直接测量被测参数可分为直接测量和间接测量。

直接测量。直接测量被测参数来获得被测尺寸。如用游标卡尺测量轴径。

间接测量。测量与被测参数有一定函数关系的其他参数,然后通过函数关系计算出被测量值。如图5.3所示,测量大尺寸的圆弧直径 D,可通过测量弦长 L 和弓形高度 H 计算出直径 D,即 $D = H + L^2/4H$。

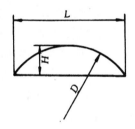

图5.3 间接测量示例

直接测量的测量过程简单,其测量精度只与这一测量过程有关,而间接测量比较麻烦,其测量精度不仅取决于有关量的测量精度,还与计算精度有关。一般当被测尺寸不易直接测量或用直接测量达不到精度要求时,可采用间接测量。

(2) 按计量器具的读数是否直接表示被测尺寸分为绝对测量和相对测量。

绝对测量。计量器具的读数值直接表示被测尺寸,如用游标卡尺、千分尺测量轴径。

相对测量。又称比较测量,计量器具的读数值只表示被测尺寸相对于标准量的偏差值。被测量的整个数值等于量仪所示偏差值与标准量的代数和。如用比较仪测量轴径,须先用量块将比较仪调零,然后进行测量,从比较仪上读到的是被测轴的直径与量块尺寸的偏差值。一般说来,相对测量的测量精度比较高,但测量较麻烦。

(3) 按被测表面与计量器具的测量头是否接触可分为接触测量和非接触测量。

接触测量。计量器具的测量头与被测表面直接接触,并存在一定的机械测量力。

非接触测量。计量器具的测量头与被测表面不直接接触。非接触测量没有测量力引起的误差。例如,用光切显微镜测量表面粗糙度。

(4) 按零件上同时被测的参数多少可分为单项测量和综合测量。

单项测量。分别单独测量零件的各个参数。例如,用工具显微镜分别测量螺纹的实际中径、螺距和牙型半角等。

综合测量。测量反映零件有关参数的综合指标。例如,用螺纹量规综合检验螺纹各参数。

(5) 按技术测量在加工过程中所起的作用可分为主动测量和被动测量。

主动测量。在零件加工过程中进行的测量。其测量结果直接用来控制零件的加工过程,从而防止废品的发生。

被动测量。在零件加工后进行的测量。此种测量只能判别零件是否合格,仅在于发现并剔除废品。

(6) 按被测零件在测量过程中所处的状态可分静态测量和动态测量。

静态测量。测量时被测表面与测量头是相对静止的。例如,用千分尺测量轴径。

动态测量。测量时被测表面与测量头处于相对运动状态。例如,用动态丝杠检查仪测量丝杠的参数。

5.3　计量器具与测量方法的常用术语

(1) 刻度间距 c。计量器具标尺上两相邻刻线中心线之间的距离或圆弧长度。为了便于目力观察,一般间距在 $1\sim2.5$mm。

(2) 分度值 i。计量器具标尺上两相邻刻线间的距离所代表的量值。

(3) 示值范围。由计量器具所显示或指示的最低值到最高值的范围。

(4) 测量范围。在允许误差限内,计量器具所能测出的被测量的范围。测量范围不仅包括示值范围,而且还包括仪器的悬臂或尾座等的调节范围。

(5) 示值误差。计量器具的示值与被测量的真值之间的差值。

(6) 示值变动性。在相同的测量条件下,对同一被测量进行多次重复测量时,计量器具所指示的最大差值。

(7) 回程误差。在相同条件下,当被测量不变时,计量器具沿正、反行程在同一测量点上所指示的最大差值。

(8) 测量力。测量过程中测量器具与被接触工件之间的接触力。测量力太大太小都将影响测量精度,所以大小要合适。

(9) 计量器具的不确定度。它表示计量器具在内在误差的影响下而使测量结果不能肯定的一个误差极限。一般包括计量器具的示值误差和校正零位用的标准器的误差。

5.4　测量误差和数据处理

5.4.1　测量误差的基本概念及产生的原因

5.4.1.1　测量误差的概念

不管我们使用多么精确的测量器具,采用多么可靠的测量方法,都不可避免地会产生一些

误差。测量误差 δ 是指测量结果 l 与被测量的真值 L 之差,即

$$\delta = l - L$$

由于 l 可能大于 L,也可能小于 L,因此测量误差 δ 可能是正值或负值。测量误差绝对值的大小决定了测量精度的高低。误差的绝对值愈大,测量精度愈低,反之愈高。

上述测量误差又称绝对误差。若对大小不同的同类量进行测量,要比较其精度,就需采用测量误差的另一种表示方法,即相对误差 f,它等于测量的绝对误差与被测量的真值之比,即

$$f = \frac{\delta}{L} \approx \frac{\delta}{l}$$

相对误差通常用百分数表示。

5.4.1.2 测量误差产生的原因

测量误差产生的原因归纳起来有以下几个方面:

(1)基准件误差。任何基准件都不可避免地存在误差,基准件误差会带入到测量值中。一般来说,基准件的误差不应超过总测量误差的 1/5～1/3。

(2)计量器具误差。计量器具误差是计量器具内在因素所引起的误差,包括设计原理、制造、装配调整存在的误差。

量仪设计时,经常采用近似机构代替理论上所要求的运动机构,用均匀刻度的刻度尺近似地代替理论上要求非均匀刻度的刻度尺,或者仪器设计时违背阿贝原则等,这样的误差称为理论误差。

仪器零件的制造误差和装配调整误差都会引起仪器误差。例如,仪器读数装置中刻度尺、刻度盘等的刻度误差和装配时的偏斜或偏心引起的误差;仪器传动装置中杠杆、齿轮副、螺旋副的制造误差以及装配误差;光学系统的制造、调整误差;传动件间的间隙、导轨的平面度、直线度误差等都会影响仪器的示值误差和稳定性。引起仪器制造、装配误差的因素很多,情况比较复杂,也难以消除掉。最好的方法是对仪器进行检定,掌握它的示值误差,并列出修正表,以消除其系统误差。另外,用多次重复测量取平均值的方法减小其随机误差。

(3)方法误差。方法误差是指测量时由于采用不完善的测量方法而引起的误差。采用的测量方法不同,产生的测量误差也不一样。直接测量与间接测量相比较,前者的误差只取决于被测参数本身测量时的计量器具与测量环境和条件所引起的误差;而后者除取决于与被测参数有关的各个间接测量参数的计量器具与测量环境和条件所引起的误差外,还取决于它们之间的函数关系所带来的计算误差。

(4)环境误差。环境误差是指由于环境因素的影响而产生的误差。环境条件包括温度、湿度、气压以及灰尘等。在这些因素中,温度引起的误差是主要误差来源。测量时,由于室温偏离基准温度($20℃$),且基准件和被测件的温度不同,线膨胀系数也不同时,测量误差可按下式计算:

$$\Delta = L(a\Delta t - a_0 \Delta t_0) = L[(a - a_0)\Delta t + a_0(\Delta t - \Delta t_0)]$$

式中:L 为被测长度;a_0,a 为分别为基准件和被测件的线膨胀系数;Δt_0,Δt 为分别为基准件和被测件的温度对基准温度的偏离。

为了减少温度引起的测量误差,一般高精度测量均在恒温下进行,并要求被测工件与计量器具温度一致。

(5) 人员误差。人员误差是指人为的原因所引起的测量误差。如测量者的估读判断能力；眼睛的分辨力；测量技术熟练程度；测量习惯等因素所引起的测量误差。

造成测量误差的因素很多。测量者应了解产生测量误差的原因，并进行分析，掌握其影响规律，设法消除或减小其对测量结果的影响，从而保证测量的精度。

5.4.2　测量误差的分类

根据测量误差的性质和特点，可分为系统误差、随机误差和粗大误差。

(1) 系统误差：可分为已定系统误差和未定系统误差。已定系统误差是指在同一条件下，多次测量同一量值时，误差的绝对值和符号恒定不变，或在条件改变时，按某一规律变化的误差。例如，用比较仪测量零件时，调整仪器所用的量块的误差，对每次测量结果的影响是相同的。未定系统误差是指在同一测量条件下，多次测量同一量值时，误差对每一个测得值的影响是按一定规律变化的，但大小和符号难以确定。例如，指示表的表盘安装偏心所引起的示值误差是按正弦规律作周期性变化的。

已定系统误差，由于规律是确定的，我们可以设法消除或在测量结果中加以修正。但未定系统误差，由于其变化规律未掌握，往往无法消除，因而常按随机误差处理。

(2) 随机误差：是指在相同条件下，多次测量同一量值时，绝对值和符号以不可预定的方式变化着的误差。随机误差是由许许多多微小的随机因素造成的，在单次测量中，其误差出现是无规律可循的，但若进行多次重复测量时，则发现随机误差完全服从统计规律，其误差的大小和正负符号的出现具有确定的概率，因此常用概率论和统计原理对它进行处理，设法减少其对测量结果的影响。

(3) 粗大误差：是指由于测量不正确等原因引起的明显超出规定条件预计误差限的那种误差。例如，工作上的疏忽、经验不足、过度疲劳以及外界条件变化等引起的误差。由于粗大误差明显歪曲了测量结果，应剔出带有粗大误差的测得值。

系统误差和随机误差不是绝对的，它们在一定条件下可以相互转化。例如，量块的制造误差，对量块制造厂来说是随机误差，但如果以某一量块作为基准去成批地测量零件，则为被测零件的系统误差。

5.4.3　测量精度

精度是误差的相对概念，而误差即是不准确、不精确的意思，指测量结果偏离真值的程度。由于误差包含着系统误差和随机误差两个部分，因此笼统的精度概念不能反映上述误差的差异，从而引出以下概念。

(1) 精密度：表示测量结果中的随机误差大小的程度。它是指在一定的条件下进行多次测量时，所得测量结果彼此之间的符合程度。精密度可简称"精度"，通常用随机不确定度来表示。

(2) 正确度：表示测量结果中其系统误差大小的程度。理论上可用修正值来消除。

(3) 精确度（或称准确度）：表示测量结果中系统误差与随机误差的综合反映。说明测量结果与真值的一致程度。

正确度高，精密度不一定高，反之亦然。只有精确度高，精密度和正确度都高。图 5.4 的打靶例子，圆圈表示靶心，黑点表示弹孔。如 5.4(a)表示随机误差小，而系统误差大，即精密度高而正确度低。图 5.4(b)表示系统误差小,而随机误差大,即正确度高而精密度低。图 5.4(c)表示随机误差和系统误差都大,即精确度低,正确度和精密度也低。

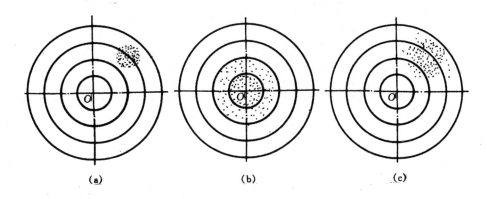

图 5.4　精确度示例

5.4.4　随机误差的特性与处理

我们做如下实验:对一个零件的某一部位在相同条件下进行 150 次重复测量,可得 150 个测量值,然后将测得的尺寸进行分组,从 7.131mm 到 7.141mm 每隔 0.001mm 为一组,共分 11 组,各测得值及出现次数见表 5.3。

表 5.3　零件测量数值表(mm)

测量值范围	测量中值	出现次数 n_i	相对出现次数 n_i/N
7.1305~7.1315	$x_1 = 7.131$	$n_1 = 1$	0.007
7.1315~7.1325	$x_2 = 7.132$	$n_2 = 3$	0.020
7.1325~7.1335	$x_3 = 7.133$	$n_3 = 8$	0.054
7.1335~7.1345	$x_4 = 7.134$	$n_4 = 18$	0.120
7.1345~7.1355	$x_5 = 7.135$	$n_5 = 28$	0.187
7.1355~7.1365	$x_6 = 7.136$	$n_6 = 34$	0.227
7.1365~7.1375	$x_7 = 7.137$	$n_7 = 29$	0.193
7.1375~7.1385	$x_8 = 7.138$	$n_8 = 17$	0.113
7.1385~7.1395	$x_9 = 7.139$	$n_9 = 9$	0.060
7.1395~7.1405	$x_{10} = 7.140$	$n_{10} = 2$	0.013
7.1405~7.1415	$x_{11} = 7.141$	$n_{11} = 1$	0.007

若以横坐标表示测得值 x_i,纵坐标表示相对出现次数 n_i/N(n_i 为某一测得值出现的次数,N 为测量总次数),则得如图 5.5(a)所示的图形。连接每个小方图的上部中点,得一折线,称为实际分布曲线。如果将测量总次数 N 无限增大($N \to \infty$),而分组间隔 Δx 无限缩小($\Delta x \to 0$),且用误差 δ 来代替尺寸 x,则可得到如图 5.5(b)所示的光滑曲线,即随机误差的正态分布曲线,也称高斯曲线。从这一分布曲线可以看出,服从正态分布规律的随机误差具有以下四大特性:

(1)对称性。绝对值相等的正误差与负误差出现的概率相等。

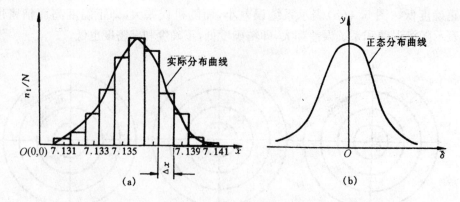

图 5.5 测量值的分布

（2）单峰性。绝对值小的误差出现的概率比绝对值大的误差出现的概率大。

（3）有界性。在一定的测量条件下，误差的绝对值不会超过一定的界限。

（4）抵偿性。在相同条件下，对同一量进行重复测量时，其随机误差的算术平均值随测量次数的增加而趋近于零。

根据概率论原理，正态分布曲线可用下列数学公式表示，即

$$y = \frac{1}{\sigma\sqrt{2\pi}} e^{\frac{\delta^2}{2\sigma^2}} \qquad (5.1)$$

式中：y 为概率密度；σ 为标准偏差；e 为自然对数的底（$e=2.71828$）；δ 为随机误差。

由式（5.1）可知，当 $\delta=0$ 时，正态分布的概率密度最大，即 $y_{\max} = \frac{1}{\sigma\sqrt{2\pi}}$。如图 5.6 所示，若 $\sigma_1 < \sigma_2 < \sigma_3$，那么 $y_{1\max} > y_{2\max} > y_{3\max}$，即 σ 愈小，$y_{\max}$ 愈大，正态分布曲线愈陡，随机误差的分布愈集中，测量的精密度愈高；反之，σ 愈大，则 $y_{\max}$ 愈小，正态分布曲线愈平坦，随机误差的分布愈分散，测量的精密度愈低。因此标准偏差 σ 的大小反映了随机误差的分散特性和测量精密度的高低。标准偏差的计算为

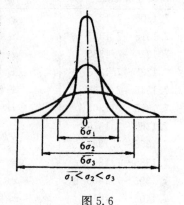

$$\sigma = \sqrt{\frac{\delta_1^2 + \delta_2^2 + \cdots + \delta_n^2}{n}} = \sqrt{\frac{\sum\limits_{i=1}^{n}\delta_i^2}{n}}$$

根据概率理论，正态分布曲线下所包含的全部面积等于各随机误差 δ_i 出现的概率 P 的总和，即

图 5.6

$$P = \int_{-\infty}^{+\infty} y\mathrm{d}\delta = \frac{1}{\sigma\sqrt{2\pi}}\int_{-\infty}^{+\infty} e^{\frac{\delta^2}{2\sigma^2}}\mathrm{d}\delta = 1$$

上式说明，随机误差落在 $-\infty\sim+\infty$ 范围内的概率 $P=1$，即是说全部随机误差出现的概率为 100%。如果我们研究误差落在区间（$-\delta$、$+\delta$）之中的概率，则上式变为

$$P = \int_{-\delta}^{+\delta} y\mathrm{d}\delta = \frac{1}{\sigma\sqrt{2\pi}}\int_{-\delta}^{+\delta} e^{\frac{\delta^2}{2\sigma^2}}\mathrm{d}\delta$$

将上式进行变量置换，设 $t=\dfrac{\delta}{\tau}$，则

$$dt = \frac{d\delta}{T}$$

即

$$P = \frac{1}{\sqrt{2\pi}}\int_{-t}^{+t} e^{-\frac{t^2}{2}}\, dt$$

这样我们就可以求出积分值 P。表 5.4 为概率函数积分表。由于函数是对称的，因此表中列出的值是由 $0\sim t$ 的积分值 $\phi(t)$，而整个面积的积分值 $P=2\phi(t)$。当 t 值一定时 $\phi(t)$ 值可由概率函数积分表中查出。

由表中查出，$\pm 1\sigma$ 范围的概率为 68.26%，即有 1/3 测量次数的误差是要超出 $\pm 1\sigma$ 的范围；$\pm 3\sigma$ 范围内的概率为 99.73%，即只有 0.27% 测量次数的误差要超出 $\pm 3\sigma$ 范围，因为很小，在实践中可近似认为不会发生超出的现象。所以，通常评定随机误差时就以 $\pm 3\sigma$ 作为单次测量的极限误差，如图 5.7 所示，即

$$\delta_{\text{lim}} = \pm 3\sigma$$

表 5.4　概率函数积分表

1	2	3	4	5
t	δ	$\phi(t)$	不超出 δ 的概率 P	超出 δ 的概率 $P'=1-P$
1	σ	0.341	0.6826	0.3174
2	2σ	0.4772	0.9544	0.0456
3	3σ	0.49865	0.9973	0.0027
4	4σ	0.499968	0.99936	0.00064

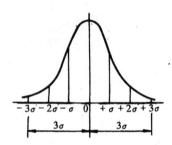

图 5.7　误差分布曲线

由于被测量的真值是未知量，在实际应用中常常进行多次测量，当测量次数 n 足够多时，可以测量列 $x_1, x_2, \cdots, x_n$ 的算术平均值 $\overline{x}$ 作为最近真值，即

$$\overline{x} = \frac{1}{n}(x_1 + x_2 + \cdots + x_n) = \frac{1}{n}\sum_{i=1}^{n} x_i$$

测量列中各测得值 x 与测量列的算术平均值的代数差，称为残余误差 v_i，即

$$v_i = x_i - \overline{x}$$

用残余误差估算标准偏差，常用贝塞尔公式计算，即

$$\sigma = \sqrt{\frac{\sum\limits_{i=1}^{n} v_i^2}{n-1}}$$

5.4.5 系统误差

系统误差的数值往往比较大,因而在测量数据中如何发现与消除系统误差,是提高测量精确度的一个重要问题。常用的方法是"残余误差观察法",即根据系列测得值的残余误差,列表或作图进行观察,若残余误差大体正负相间,无显著变化,则可认为不存在系统误差;若残余误差数值有规律地递增或递减,则存在线性变化系统误差;若残余误差有规律地逐渐由负变正或由正变负,则存在周期性变化系统误差。但这种方法不便发现已定系统误差。

若发现系统误差存在,必须采取技术措施加以消除,或使其减少到最低限度,然后作为随机误差来处理。

5.4.6 粗大误差

粗大误差的数值比较大,它是由测量过程中各种错误造成的,对测量结果有明显的歪曲,必须避免,如果存在,应予以剔除。粗大误差的判断准则有:拉依达准则、肖维勒准则、格拉布斯准则等。

常用的是拉依达准则,又称 3σ 准则,当测量列中某个值的残余误差 v_i 的绝对值大于 3σ 时,即 $|v_i| > 3\sigma$,则此测量值就被认为是具有粗大误差的测量值,应予以剔除。然后重新计算标准偏差 σ,再将新算出的残余误差进行判断直到剔除完为止。

5.4.7 函数误差(即间接测量误差的合成)

设间接测量的函数关系为

$$y = F(x_i)$$

式中:y 为用间接测量求出的量值;x_i 为用直接测量测得的各分量的量值。

5.4.7.1 已定系统误差的合成

$$\Delta y = \frac{\partial F}{\partial x_1} \Delta x_1 + \frac{\partial F}{\partial x_2} \Delta x_2 + \cdots + \frac{\partial F}{\partial x_n} \Delta x_n$$
$$= C_1 \Delta x_1 + C_2 \Delta x_2 + \cdots + C_n \Delta x_n$$

式中:Δy 为间接测量求得的 y 的系统误差;Δx_i 为直接测量各分量 x_i 的已定系统误差;C_i 为函数 F 对 x_i 的偏导数,称为误差传递系数。

5.4.7.2 随机误差与未定系统误差的合成

$$\sigma_y = \sqrt{\left(\frac{\partial F}{\partial x_1}\right)^2 \sigma_{x_1}^2 + \left(\frac{\partial F}{\partial x_2}\right)^2 \sigma_{x_2}^2 + \cdots + \left(\frac{\partial F}{\partial x_n}\right)^2 \sigma_{x_n}^2}$$
$$= \sqrt{C_1^2 \sigma_{x_1}^2 + C_2^2 \sigma_{x_2}^2 + \cdots + C_n^2 \sigma_{x_n}^2}$$

当误差分量均接近正态分布时

$$\delta_{\mathrm{lim}y} = \sqrt{\left(\frac{\partial F}{\partial x_1}\right)^2 \delta_{\mathrm{lim}x_1}^2 + \left(\frac{\partial F}{\partial x_2}\right)^2 \delta_{\mathrm{lim}x_2}^2 + \cdots + \left(\frac{\partial F}{\partial x_n}\right)^2 \delta_{\mathrm{lim}x_n}^2}$$

$$= \sqrt{C_1^2 \delta_{\text{lim}x_1}^2 + C_2^2 \delta_{\text{lim}x_2}^2 + \cdots + C_n^2 \delta_{\text{lim}x_n}^2}$$

式中：σ_y 为测量求得的 y 的标准偏差；$\delta_{\text{lim}y}$ 为间接测量求得的 y 的极限误差；σ_{x_i} 为各直接测量分量 x_i 的标准偏差；$\delta_{\text{lim}xi}$ 为各直接测量分量 x_i 的极限误差；C_i 为函数 F 对 x_i 的偏导数。

例 5.2　用弓高弦长法间接测量样板的圆弧直径。若测得 $L=100\text{mm}$，如图 5.3 所示，

$$\Delta L = 5\mu\text{m}, \delta_{\text{lim}L} = \pm 2\mu\text{m}; \quad H = 20\text{mm}, \Delta H = 4\mu\text{m}, \quad \delta_{\text{lim}H} = \pm 1\mu\text{m},$$

试计算直径 D 的系统误差和测量极限误差。

解：由几何关系可知

$$D = \frac{L^2}{4H} + H$$

$$\frac{\partial F}{\partial L} = \frac{1}{4H} \times 2L = \frac{200}{80} = 2.5$$

$$\frac{\partial F}{\partial H} = -\frac{L^2}{4H^2} + 1 = -\frac{100}{4 \times 20^2} + 1 = -5.25$$

$$\Delta D = \left(\frac{\partial F}{\partial L}\right)\Delta L + \left(\frac{\partial F}{\partial H}\right)\Delta H$$

$$= 2.5 \times 5 + (-5.25) \times 4 = -8.5\mu\text{m}$$

$$\delta_{\text{lim}D} = \sqrt{\left(\frac{\partial F}{\partial L}\right)^2 \delta_{\text{lim}L}^2 + \left(\frac{\partial F}{\partial H}\right)^2 \delta_{\text{lim}H}^2}$$

$$= \sqrt{2.5^2 \times 2^2 + (-5.25)^2 \times 1^2} \approx \pm 7.25\mu\text{m}$$

5.4.8　等精度测量结果的处理

下面通过例题说明测量结果的处理步骤。在同一条件下（等精度条件下），对某一量进行多次测量，测量列 l_i 列于表 5.5，试求测量结果。

表 5.5　等精度测量数值表（mm）

序　号	l_i	$v_i = l_i - \overline{L}$	v_i^2
1	30.049	+0.001	0.000001
2	30.047	-0.001	0.000 001
3	30.048	0	0
4	30.046	-0.002	0.000 004
5	30.050	+0.002	0.000 004
6	30.051	+0.003	0.000 009
7	30.043	-0.005	0.000 025
8	30.052	+0.004	0.000 016
9	30.045	-0.003	0.000 009
10	30.049	+0.001	0.000 001
	300.48		
	$\overline{L} = \dfrac{\sum l_i}{n} = 30.048$	$\displaystyle\sum_{i=1}^{n} v_i = 0$	$\displaystyle\sum_{i=1}^{n} v_i^2 = 0.000\,07$

（1）判断系统误差。根据发现系统误差的有关判断，测量列中无系统误差。

（2）计算算术平均值：

$$\bar{L} = \frac{1}{n}\sum_{i=1}^{n} l_i = 30.048$$

（3）求残余误差：

$$v_i = l_i - \bar{L}$$

根据残余误差观察法进一步判断测量列中也不存在系统误差。

（4）求单次测量的标准偏差：

$$\sigma = \sqrt{\frac{1}{n-1}\sum_{i=1}^{n} v_i^2} = \sqrt{\frac{0.00007}{9}} = 0.002\,8\text{mm}$$

（5）判断粗大误差。

用拉依达准则判断，因 $3\sigma = 0.008\,4\text{mm}$，故不存在粗大误差。

（6）求算术平均值的标准偏差：

$$\sigma_L = \frac{\sigma}{\sqrt{n}} = \frac{0.0028}{\sqrt{10}} = 0.000\,89\text{mm}$$

（7）测量结果的表示：

$$L = \bar{L} \pm 3\sigma_L = 30.048 \pm 0.002\,7\text{mm}$$

5.5 计量器具的选择原则与维护保养

5.5.1 计量器具的选用

计量器具选择是根据被测零件的数量、材质特性、公差大小以及几何形状特点等。在确保测量精度的前提下，兼顾测量工艺实施的可能性和经济性来选择量具和量仪。

计量器具的精度应该与被测零件的公差大小相适应。但是，不管采用什么样的仪器，都存在着测量误差。由于测量误差的存在，如果用工件的最大、最小极限尺寸作为验收极限，生产中可能造成误判，或将合格品判为废品，或将废品判为合格品。前者称为"误废"，后者称为"误收"。因此，为了保证零件实际尺寸使用可靠，验收极限可以按照下列两种方式之一确定。

（1）验收极限是从规定的最大实体极限（MML）和最小实体极限（LML）分别向工件公差带内移动一个安全裕度（A）来确定，如图 5.8 所示。A 值按工件公差（T）的 1/10 确定。
孔尺寸的验收极限：

上验收极限＝最小实体极限（LML）－安全裕度（A）

下验收极限＝最大实体极限（MML）＋安全裕度（A）

轴尺寸的验收极限：

上验收极限＝最大实体极限（MML）－安全裕度（A）

下验收极限＝最小实体极限（LML）＋安全裕度（A）

（2）验收极限等于规定的最大实体极限（MML）和最小实体极限（LML），即 A 值等于零。

从图中可以看出，有了安全裕度 A 可确保零件的使用质量和互换性，防止"误收"。但 A 值的确定必须从技术和经济方面进行综合分析，A 值过大，会使生产公差缩小，给生产带来困

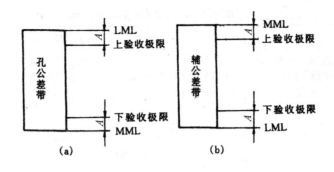

图 5.8

难;A 值过小,要求测量精度高。A 值与零件公差的关系,可参考表 5.6。

表 5.6 安全裕度及计量器具不确定度的允许值(mm)

零件公差值 T		安全裕度 A	计量器具的不确定度的允许值 U_1
大 于	至		
0.009	0.018	0.001	0.0009
0.018	0.032	0.002	0.0018
0.032	0.058	0.003	0.0027
0.058	0.100	0.006	0.0054
0.100	0.180	0.010	0.0090
0.180	0.320	0.018	0.0160
0.320	0.580	0.032	0.0290
0.580	1.000	0.060	0.0540
1.000	1.800	0.100	0.0900
1.800	3.200	0.180	0.1600

测量不确定度由两部分组成,主要部分是计量器具的不确定度(包括校正零位用标准器具的不确定度),其允许值约为 $0.9A$,其次是由温度、工件形状误差及压陷效应等引起的不确定度,其允许值约为 $0.45A$,采用平方和合成,即

$$\sqrt{(0.9A)^2 + (0.45A)^2} \approx 1.00A$$

选用计量器具时,应使所选用计量器具的不确定度 U_1' 小于或等于表 5.6 所规定的计量器具不确定度允许值 U_1。普通计量器具的不确定度 U_1' 见表 5.7、表 5.8、表 5.9。

对于标准使用范围以外的计量器具的选用,一般应使所选用的计量器具的极限误差约占被测工件公差的 1/10~1/3,其中对低精度的工件采用 1/10,对高精度的工件采用 1/3。因为工件精度愈高,对计量器具的精度要求也愈高,而高精度的测量器具难以制造,使用操作难度大且成本高,所以只好增大其极限误差占工件公差的比例来满足要求。

表 5.7　比较仪的不确定度(mm)

尺寸范围		所 使 用 的 计 量 器 具			
		分度值为 0.000 5mm(相当于放大倍数 2000 倍)的比较仪	分度值为 0.001mm(相当于放大倍数 1000 倍)的比较仪	分度值为 0.002mm(相当于放大倍数 400 倍)的比较仪	分度值为 0.005mm(相当于放大倍数 250 倍)的比较仪
大于	至	不 确 定 度			
	25	0.000 6	0.001 0	0.001 7	0.003 0
25	40	0.000 7			
40	65	0.000 8	0.001 1	0.001 8	
65	90	0.000 8			
90	115	0.000 9	0.001 2	0.001 9	
115	165	0.001 0	0.001 3		
165	215	0.001 2	0.001 4	0.002 0	0.003 5
215	265	0.001 4	0.001 6	0.002 1	
265	315	0.001 6	0.001 7	0.002 2	

注:测量时,使用的标准器由 4 块 1 级(或 4 等)量块组成。

表 5.8　千分尺和游标卡尺的不确定度(mm)

尺寸范围	计量器具类型			
	分度值 0.01(外径千分尺)	分度值 0.01(内径千分尺)	分度值 0.02(游标卡尺)	分度值 0.05(游标卡尺)
≤50	0.004	0.008	0.020	0.050
>50～100	0.005			
>100～150	0.006			
>150～200	0.007			
>200～250	0.008	0.013		
>250～300	0.009			
>300～350	0.010	0.020		0.100
>350～400	0.011			
>400～450	0.012			
>450～500	0.013	0.025		
>500～600		0.030		
>600～700				
>700～1000				0.150

注:① 当采用比较测量时,千分尺的不确定度可小于本表规定的数值。

② 当所选用的计量器具达不到 GB3177-82 规定的 u_1 值时,在一定范围内,可以采用大于 u_1 的数值 u_1',此时需按下式重新计算出相应的安全裕度(A' 值)再由最大极限尺寸和最小极限尺寸分别向公差带内移动 A' 值,定出验收极限。

$$A' = \frac{1}{0.9} u_1'$$

表 5.9 指示表的不确定度(mm)

尺寸范围	所使用的计量器具			
	分度值为0.001的千分表(0级在全程范围内 1级在0.2mm内),分度值为0.002的千分表(在1转范围内)	分度值为 0.001、0.002、0.005的千分表(1级在全程范围内),分度值为0.01的百分表(0级在任意1mm内)	分度值为0.01的百分表(0级在全程范围内,1级在任意1mm内)	分度值为0.01的百分表(1级在全程范围内)
≤25	0.005	0.010	0.018	0.030
>25～40				
>40～65				
>65～90				
>90～115				
>115～165	0.006			
>165～215				
>215～265				
>265～315				

注:测量时,使用的标准器由 4 块 1 级(或 4 等)量块组成。

例 5.3 工件尺寸为 ϕ50f8,试确定其验收极限并选择计量器具。

解:查表 2.5 和表 2.3,得 es$=-0.025$mm,IT8$=0.039$mm,ei$=-0.064$mm

(1) 确定安全裕度 A。根据工件公差 IT8$=0.039$mm,查表 5.6 得 $A=0.003$mm,计量器具不确定度 $U_1=0.0027$mm。

(2) 确定验收极限,见图 5.9。

$$上验收极限 = 最大极限尺寸 - A$$
$$= (50-0.025)-0.003 = 49.972\text{mm}$$
$$下验收极限 = 最小极限尺寸 + A$$
$$= (50-0.064)+0.003$$
$$= 49.939\text{mm}$$

(3) 选择计量器具。查表 5.7,分度值 $i=0.002$mm,放大倍数为 400 倍的比较仪可满足要求,其不确定度为0.0018mm(0.0018<0.0027)。

例 5.4 工件与上例相同,因缺乏比较仪,现采用分度值为 0.01mm 的外径千分尺测量,试确定其验收极限。

解:(1) 若用分度值为 0.01mm 的外径千分尺作绝对测量,查表 5.8 得知,$U_1'=0.004$mm>0.0027mm。按表 5.8 附注 2 的说明,用扩大 A 值来满足要求。

$$A' = \frac{U_1'}{0.9} = \frac{0.004}{0.9} = 0.0044 \approx 0.004\text{mm}$$

验收极限按计算的安全裕度 A' 来确定。

$$上验收极限 = 最大极限尺寸 - A'$$
$$= (50-0.025)-0.004 = 49.971\text{mm}$$

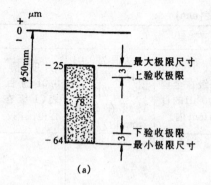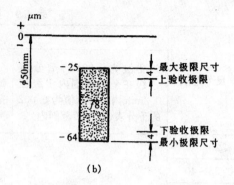

图 5.9 验收极限示意图

$$下验收极限 = 最小极限尺寸 + A'$$
$$= (50 - 0.064) + 0.004 = 49.940 \text{mm}$$

（2）若用分度值为 0.01mm 的外径千分尺以量块为标准器作比较测量,千分尺的不确定度可减小至 60%,即千分尺不确定度 $U_1' = 0.004 \times 60\% = 0.0024 < 0.0027$,能满足使用要求。验收极限与例 5.3 相同。

5.5.2 计量器具的维护与保养

为了保证计量器具的精度和工作可靠性,必须做好计量器具的维护和保养工作。

（1）测量前应先将计量器具的测量面和工件的被测表面擦试干净,以免脏物存在而影响测量精度,擦伤测量面。

（2）温度对计量器具影响很大,精密量仪应放在恒温室内,维持室温在 20℃左右,且相对湿度不超过 60%。计量器具不能放在热源附近,以免受热变形而失去精确度。

（3）不要把计量器具放在磁场附近,以免使计量器具磁化。

（4）发现精密计量器具有不正常现象时,不允许使用者私自拆修,应送计量室检修。

（5）量具不能当作其他工具使用。

（6）计量器具在使用过程中,不能和刀具堆放在一起,以免碰伤计量器具。也不能随便放在机床上,避免因机床振动使计量器具摔坏。

（7）计量器具应经常保持清洁,使用后及时擦拭干净,并涂上防锈油,放在专用盒子里,存放在干燥的地方。

（8）清洗光学量仪外表面时,宜用脱脂软细毛的毛笔轻轻拂去浮灰,再用柔软清洁的亚麻布或镜头纸揩拭。

（9）计量器具应定期送计量室检定,以免其示值误差超差而影响测量结果。

5.6 光滑极限量规

5.6.1 概述

光滑极限量规是一种没有刻度的专用检验工具,用它来检验工件时,只能判断工件是否在规定的检验极限范围内,而不能测量出工件的实际尺寸。光滑极限量规结构简单,使用方便,检验可靠,效率高,故在成批、大量生产中得到广泛应用。

光滑极限量规一般是通规(端)和止规(端)成对使用。通规用来检验孔或轴的作用尺寸是否超出最大实体尺寸;止规用来检验孔或轴的实际尺寸是否超出最小实体尺寸。因此,通规应按工件的最大实体尺寸制造;止规应按工件的最小实体尺寸制造。检验时,若通规能通过工件,止规不能通过,则表明孔、轴的作用尺寸和局部实际尺寸均在规定的极限尺寸范围内,则工件合格;否则工件就不合格。

光滑极限量规的外形与被检验对象相反。检验孔的量规称为塞规,如图 5.10 所示,它的通规是根据孔的最小极限尺寸设计的,用来检验孔的作用尺寸是否小于孔的最小极限尺寸;止规是根据孔的最大极限尺寸设计的,用来检验孔的局部实际尺寸是否大于孔的最大极限尺寸。

检验轴的量规称为卡规(或环规),如图 5.11 所示,它的通规是根据轴的最大极限尺寸设计的,用来检验轴的作用尺寸是否大于轴的最大极限尺寸;止规是根据轴的最小极限尺寸设计的,用来检验轴的局部实际尺寸是否小于轴的最小极限尺寸。

根据用途的不同,光滑极限量规可分为工作量规、验收量规和校对量规三种。

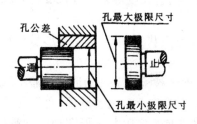

图 5.10 塞规

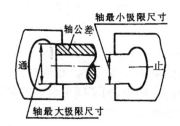

图 5.11 卡规

(1) 工作量规:是生产工人在制造过程中,用来检验工件时使用的量规。生产工人应该使用新的或磨损较少的通规。工作量规的通规用“T”表示;止规用“Z”表示。

(2) 验收量规:是指检验人员或用户代表验收产品时使用的量规。验收量规一般不另行制造。检验人员应该使用与生产工人相同类型且已磨损较多但未超过磨损极限的通规,这样由生产工人自检合格的工件,检验人员验收时一定合格。用户代表在用量规验收工件时,通规应接近工件的最大实体尺寸,止规应接近工件的最小实体尺寸。

(3) 校对量规:是用来检验工作量规是否合格的量规。由于孔用工作量规测量方便,不需要校对量规,所以只有轴用量规才使用校对量规。

5.6.2 光滑极限量规的设计原则

由于形状误差的存在,加工出来的孔或轴的实际形状不可能是一个理想的圆柱体。所以工件的实际尺寸即使位于极限尺寸范围内也有可能装配困难,何况工件上各处的实际尺寸往往不相等。因此,为了正确地评定被测工件是否合格,是否能装配,光滑极限量规的设计应遵循泰勒原则。

所谓泰勒原则,是指孔或轴的作用尺寸($D_{作用}$,$d_{作用}$)不允许超过最大实体尺寸,在任何位置上的实际尺寸($D_{实际}$,$d_{实际}$)不允许超过最小实体尺寸,如图 5.12 所示,用公式表示为

对于孔:

$$D_{作用} \geqslant D_{min}$$

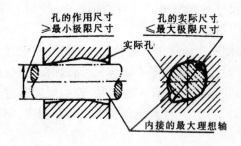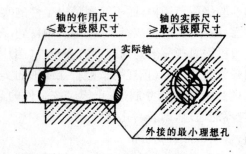

图 5.12 极限尺寸判断原则

$$D_{实际} \leqslant D_{max}$$

对于轴：

$$d_{作用} \leqslant d_{max}$$

$$d_{实际} \geqslant d_{min}$$

用光滑极限量规检验工件时，符合泰勒原则的量规如下：

通规用来控制工件的作用尺寸，它的测量面理论上应具有与孔或轴形状相对应的完整表面（通常称全形量规），其尺寸等于孔或轴的最大实体尺寸，且长度等于配合长度。通规与工件是面接触。

止规用来控制工件的实际尺寸，它的测量面理论上是点状的（通常称不全形量规），其尺寸等于工件的最小实体尺寸。止规与工件是点接触。

在实际应用中，为了便于量规的制造和使用，可在保证被检验工件的形状误差不致影响配合性质的条件下，使用偏离泰勒原则的量规。例如，为了用已标准化的量规，允许通规的长度小于配合长度；为了减轻重量和便于使用，大尺寸的塞规通常采用非全形塞规或球端杆规；环规通规不便于检验曲轴，允许用卡规代替；对于止规来说，由于点接触容易磨损，一般常用小平面、圆柱面或球面代替两点；检验小孔的止规，常采用便于制造的全形塞规等。

5.6.3 量规公差带

5.6.3.1 工作量规公差带

工作量规的公差带由两部分组成。

（1）制造公差。量规在制造过程中同样也不可避免地会产生误差，因此，必须规定制造公差。量规制造公差的大小决定了量规制造的难易程度。

（2）磨损公差。通规在检验时，经常要通过被检验工件，其工作表面不可避免地会发生磨损，为了使通规有一合理的使用寿命，国家标准还规定了磨损公差。磨损公差的大小，决定了量规的使用寿命。而止规由于不经常通过被检验工件，磨损较少，故不需规定磨损公差。

图 5.13 为光滑极限量规公差带图，国标规定量规公差带以不超越工件极限尺寸为原则，通规的制造公差带对称于 Z 值（该值系通规制造公差带中心到工件最大实体尺寸之间的距离），其磨损极限与工件的最大实体尺寸重合，止规的制造公差带，是从工件的最小实体尺寸起，向工件的公差带内分布。

制造公差 T 值和通规公差带位置要素 Z 值是综合考虑了量规的制造工艺水平和一定的使用寿命，按工件的基本尺寸，公差等级给出，具体数值见表 5.10。

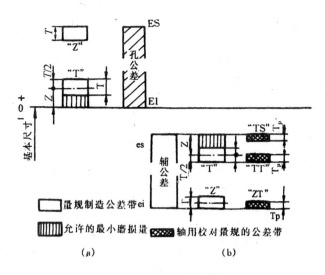

图 5.13 量规公差带图

(a) 孔用量规；(b) 量规公差带图

量规制造公差带 ei　　允许的最小磨损量　　轴用校对量规的公差带

表 5.10　IT6～IT16 级工作量规制造公差和位置要素值(摘要)(μm)

工件基本尺寸 D(mm)	IT6			IT7			IT8			IT9			IT10			IT11			IT12			IT13			IT14		
D(mm)	IT6	T	Z	IT7	T	Z	IT8	T	Z	IT9	T	Z	IT10	T	Z	IT11	T	Z	IT12	T	Z	IT13	T	Z	IT14	T	Z
～3	6	1	1	10	1.2	1.6	14	1.6	2	25	2	3	40	2.4	4	60	3	6	100	4	9	140	6	14	250	9	20
大于3～6	8	1.2	1.4	12	1.4	2	18	2	2.6	30	2.4	4	48	3	5	75	4	8	120	5	11	180	7	16	300	11	25
D(mm)	IT6	T	Z	IT7	T	Z	IT8	T	Z	IT9	T	Z	IT10	T	Z	IT11	T	Z	IT12	T	Z	IT13	T	Z	IT14	T	Z
大于6～10	9	1.4	1.6	15	1.8	2.4	22	2.4	3.2	36	2.8	5	58	3.6	6	90	5	9	150	6	13	220	8	20	360	13	30
大于10～18	11	1.6	2	18	2	2.8	27	2.8	4	43	3.4	6	70	4	8	110	6	11	180	7	15	270	10	24	430	15	35
大于18～30	13	2	2.4	21	2.4	3.4	33	3.4	5	52	4	7	84	5	9	130	7	13	210	8	18	330	12	28	520	18	40
大于30～50	16	2.4	2.8	25	3	4	39	4	6	62	5	8	100	6	11	160	8	16	250	10	22	390	14	34	620	22	50
大于50～80	19	2.8	3.4	30	3.6	4.6	46	4.6	7	74	5	9	120	7	13	190	9	19	300	12	26	460	16	40	740	26	60
大于80～120	22	3.2	3.8	35	4.2	5.4	54	5.4	8	87	7	10	140	8	15	220	10	22	350	14	30	540	20	46	870	30	70
大于120～180	25	3.8	4.4	40	4.8	6	63	6	9	100	8	12	160	9	18	250	12	25	400	16	35	630	22	52	1000	35	80
大于180～250	29	4.4	5	46	5.4	7	72	7	10	115	9	14	185	10	20	290	14	29	460	18	40	720	26	60	1150	40	90
大于250～315	32	4.8	5.6	52	6	8	81	8	11	130	10	16	210	12	22	320	16	32	520	20	45	810	28	66	1300	45	100
大于315～400	36	5.4	6.2	57	7	9	89	9	12	140	11	18	230	14	25	360	18	36	570	22	50	890	32	74	1400	50	110
大于400～500	40	6	7	63	8	10	97	10	14	155	12	20	250	16	28	400	20	40	630	24	55	970	36	80	1550	55	120

5.6.3.2 校对量规的公差带

轴用量规的校对量规公差带图如图 5.13 所示。校对量规的尺寸公差 T_p 为被校对工作量规的 50%。"TT"为检验轴用通规的"校通—通"量规,它的作用是防止轴用通规发生变形因而使尺寸过小,检验时通过为合格,它的公差带是从通规的下偏差算起,向轴用通规公差带内分布。"TS"为检验轴用通规是否达到磨损极限的"校通—损"量规,它的作用是检验轴用通规是否达到磨损极限,检验时不通过可继续使用,若通过了,则说明被校对的量规已用到磨损极限,应予报废,它的公差带是从通规的磨损极限算起,向轴用通规公差带内分布。"ZT"为检验轴用止规的"校止—通"量规,它的作用是防止止规尺寸过小,检验时通过为合格,它的公差带是从止规的下偏差算起,向止规的公差带内分布。

5.6.3.3 工作量规的形状和位置公差

国家标准规定工作量规的形状和位置公差,应在工作量规制造公差范围内。其公差为量规制造公差的 50%(圆度、圆柱度公差值应为尺寸公差的 25%)。当量规制造公差小于或等于 0.002mm 时,其形状和位置公差为 0.001mm。

5.6.4 量规设计

5.6.4.1 量规的形式和选择

光滑极限量规的形式很多,主要的如图 5.14 和图 5.15 所示。

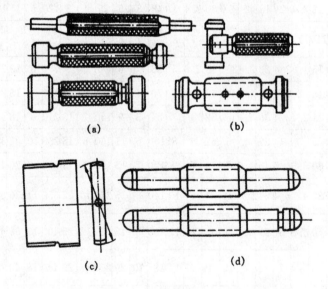

图 5.14 孔用量规的型式
(a) 全形塞规;(b) 不全形塞规;(c) 片形塞规;(d) 球端杆规

为了识别光滑极限量规的通端与止端,除了止规的测量面较短外,在量规非测量面或手柄上刻有标志 T 和 Z,单头双极限量规的外头为通端,里头为止端。

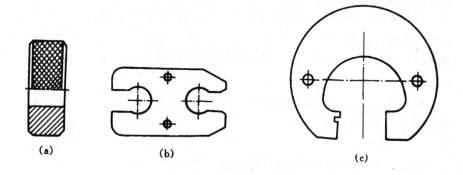

图 5.15　轴用量规的型式

选用量规结构形式时,必须考虑工件结构、大小、产量和检验效率等,图 5.16 给出了量规形式及其应用的尺寸范围,供选用时参考。

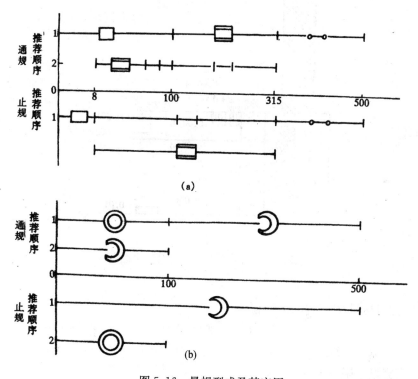

图 5.16　量规型式及其应用

(a) 孔用量规型式和应用尺寸范围;(b) 轴用量规型式和应用尺寸规范

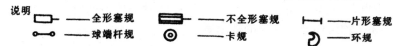

5.6.4.2　量规工作尺寸的计算

光滑极限量规工作尺寸计算的一般步骤如下:

(1) 按极限与配合国家标准确定孔、轴的上、下偏差。

(2) 按表 5.10 查出工作量规制造公差 T 值和位置要素 Z 值。

(3) 计算各种量规的极限偏差或工作尺寸,画出公差带图。

例 5.5 计算 $\phi18H8/h7$ 孔用和轴用量规的极限偏差。

解:

(1) 由表 2.3、表 2.5 和表 2.6 查出孔与轴的上、下偏差为:

孔: $\quad ES=+0.027mm$, $\qquad EI=0$

轴: $\quad es=0$, $\qquad\qquad ei=-0.018mm$

(2) 由表 5.10 查出孔用、轴用量规公差 T 和位置要素 Z 为:

塞规: $\quad T=0.0028mm$, $\qquad Z=0.004mm$

卡规: $\quad T=0.002mm$, $\qquad Z=0.0028mm$

(3) 画量规公差带图,如图 5.17。

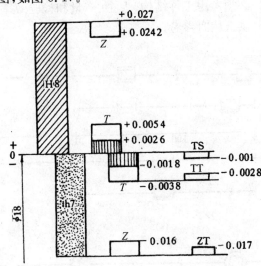

图 5.17　$\phi18\dfrac{H8}{h7}$ 量规尺寸公差带图

(4) 计算 $\phi18H8$ 孔用塞规的极限偏差。

通规: $\quad$ 上偏差 $=EI+Z+T/2=0+0.004+0.0014=+0.0054mm$

$\qquad$ 下偏差 $=EI+Z-T/2=0+0.004-0.0014=+0.0026mm$

$\qquad$ 磨损极限 $=EI=0$

止规: $\quad$ 上偏差 $=ES=0.027mm$

$\qquad$ 下偏差 $=ES-T=+0.027-0.0028=+0.0242mm$

(5) 计算 $\phi18h7$ 轴用环规或卡规的极限偏差。

通规: $\quad$ 上偏差 $=es-Z+T/2=0-0.0028+0.001=-0.0018mm$

$\qquad$ 下偏差 $=es-Z-T/2=0-0.0028-0.001=-0.0038mm$

$\qquad$ 磨损极限 $=es=0$

止规: $\quad$ 上偏差 $=ei+T=-0.018+0.002=-0.016mm$

下偏差＝ei＝－0.018mm

（6）校对量规的极限偏差。

校对量规公差 $T_p＝T/2＝0.002/2＝0.001$mm

① "校通—通"量规"TT"

上偏差＝es－Z－T/2＋T_p＝0－0.0028－0.001＋0.001＝－0.0028mm

下偏差＝es－Z－T/2＝0－0.0028－0.001＝－0.0038mm

② "校通—损"量规"TS"

上偏差＝es＝0

下偏差＝es－T_p＝0－0.001mm＝－0.001mm

③ "校止—通"量规"ZT"

上偏差＝ei＋T_p＝－0.018＋0.001mm＝－0.017mm

下偏差＝ei＝－0.018mm

5.6.5　量规的技术要求

量规测量面的材料,可用淬硬钢(合金工具钢、碳素工具钢、渗碳钢)和硬质合金等材料制造。也可在测量面上镀以厚度大于磨损量的铬层,或经氮化处理。

量规测量面的硬度,对量规使用寿命有一定影响,通常用淬硬钢制造的量规,其测量面的硬度应为58～65HRC。

量规测量面的表面粗糙度,取决于被检验工件的基本尺寸、公差等级和粗糙度以及量规的制造工艺水平。量规测量面的表面粗糙度按表5.11选取。

表5.11　量规测量表面粗糙度

工　作　量　规	工件基本尺寸（ mm）		
	至 120	大于 120～315	大于 315～500
	表面粗糙度(μm)		
	R_a 不大于	R_a 不大于	R_a 不大于
IT6 孔用量规	0.04	0.08	0.16
IT6～IT9 级轴用量规	0.08	0.16	0.32
IT7～IT9 级孔用量规			
IT10～IT12 级孔轴用量规	0.16	0.32	0.63
IT13～IT16 级孔轴用量规	0.32	0.63	0.63

小结

本章重点介绍了技术测量的基本概念、测量方法、测量误差和光滑极限量规。

（1）基本概念:

"检验"与"测量"是不同的概念,应分清它们各自的特点。

测量过程包括被测对象、计量单位、测量方法和测量精度四要素。

长度计量基本单位是米,机械制造中常用单位是毫米。为了保证量值的统一,规定了米的定义并建立了长度量值传递系统。该系统的重要媒介之一——量块。

(2) 计量器具的分类及主要度量指标。

计量器具分为量具和量仪两大类。

计量器具的主要度量指标有刻度间距、分度值、示值范围、测量范围、示值误差、回程误差、测量力和计量器具的不确定度等。要注意它们之间的区别和联系。

(3) 测量方法。可按不同特征进行分类,一般可分为直接测量与间接测量、绝对测量和相对测量、接触测量与非接触测量、单项测量与综合测量、被动测量与主动测量、静态测量与动态测量等。

(4) 测量误差,可用绝对误差和相对误差表示。按其性质可分为系统误差、随机误差和粗大误差。

随机误差具有单峰性、对称性、有界性和抵偿性四大特性。其分布曲线一般为正态分布曲线。可用标准偏差 σ 作为随机误差分布特性的评定指标。由于随机误差在 $\pm 3\sigma$ 范围内出现的概率为 99.73%,故一般以 $\pm 3\sigma$ 作为随机误差的极限误差。测量结果表示为

$$L = \bar{L} \pm 3\sigma$$

(5) 光滑极限量规,是一种没有刻度的专用检验工具,通规和止规成对使用,检验时通规通过,止规通不过为合格。光滑极限量规在成批、大量生产中应用广泛。

习题与思考题

1. 试述测量的含义和测量过程的四要素。

2. 测量和检验各有何特点?

3. 量块分"级"与分"等"的依据各是什么?

4. "示值范围"与"测量范围"有何区别?

5. 举例说明什么是绝对测量和相对测量、直接测量和间接测量。

6. 测量误差按其性质可分为哪几类? 各有何特征? 实际测量中对各类误差的处理原则是什么?

7. 试从 83 块一套的量块中组合下列尺寸(单位为 mm):29.875,36.53,40.79,10.56。

8. 某仪器读数在 20 mm 处的示值误差为 +0.002mm,当用它测量工件时,读数正好是 20mm,问工件的实际尺寸是多少?

9. 用两种方法分别测量两个尺寸,设它们的真值分别为:$L_1 = 50$mm,$L_2 = 80$mm。若测得值分别为 50.004mm 和 80.006mm,试评定哪一种方法测量精度较高?

10. 在相同条件下,对某工件的同一部位重复测量 10 次,各次测得值(mm)分别为:30.454, 30.459,30.459,30.454,30.458,30.459,30.456,30.458,30.458,30.455,试计算单次测量的标准偏差和极限误差,并用平均值表示测量结果。

11. 三个量块的实际尺寸和检定时的极限误差分别为 20 ± 0.0003,1.005 ± 0.0003,1.48 ± 0.0003,试计算这三个量块组合后的尺寸和极限误差。

12. 用游标卡尺测量箱体孔的中心距(见图 5.18),有如下三种测量方案:① 测量孔径 d_1,d_2 和孔边距 L_1;② 测量孔径 d_1,d_2 和孔边距 L_2;③ 测量孔边距 L_1 和 L_2。若已知它们的测

量极限误差 $\delta_{\lim d_1} = \delta_{\lim d_2} = \pm 40\mu m$, $\delta_{\lim L_1} = \pm 60\mu m$, $\delta_{\lim L_2} = \pm 70\mu m$, 试分别是计算三种测量方案的测量极限误差。

13. 某轴的尺寸为 $\phi 20h6$, 试确定验收极限并选择计量器具。

14. 某工件尺寸为 $\phi 80H10$, 试确定验收极限并选择计量器具。

15. 计算检验 $\phi 50H7/f6$ 孔、轴用工作量规及轴用校对量规的工作尺寸, 并画出量规公差带图。

16. 有一配合 $\phi 50H8({}^{+0.039}_{0})/f7({}^{-0.025}_{-0.050})$, 试按泰勒原则分别写出孔、轴尺寸合格的条件。

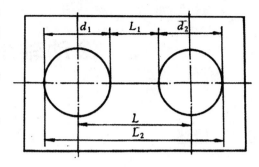

图 5.18 题 12 图

6 滚动轴承的公差与配合

6.1 概述

6.1.1 滚动轴承的组成和特点

滚动轴承是一种标准化部件,它由内圈、外圈、滚动体和保持架组成,如图 6.1 所示。其内圈内径 d 与轴颈配合,外圈外径 D 与壳体孔配合。滚动轴承按可承受负荷的方向分为向心轴承、向心推力轴承和推力轴承等;按滚动体的形状分为球轴承、滚子轴承、滚针轴承等。滚动轴承工作时,内圈或外圈以一定的转速作相对转动。要使滚动轴承工作平稳,噪声小,除了滚动轴承本身要具有一定制造精度外,与滚动轴承相配的轴颈和壳体孔的尺寸公差、形位公差和表面粗糙度等在国家标准 GB/T 275−1993 中均作了规定。

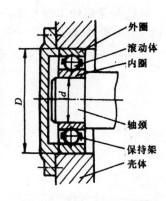

图 6.1 滚动轴承与轴和
壳体孔的配合

6.1.2 滚动轴承的精度等级及其应用

滚动轴承按其尺寸精度和旋转精度分为五级,由低到高分别以代号 P_0,P_6,P_5,P_4,P_2 表示。滚动轴承基本尺寸精度是指内圈的内径,外圈的外径和宽度的制造精度。旋转精度是指轴承内、外圈的径向跳动、端面跳动及滚道的侧向摆动等。

选择滚动轴承的精度等级,主要考虑以下两方面:一是根据机器功能对轴承部件的旋转精度要求;二是转速的高低要求。

P_0 级轴承在机械制造业中应用最广。它用于中等转速和旋转精度要求不高的一般机构中,如普通机床和汽车的变速机构等。

P_6,P_5,P_4,P_2 级轴承多用于转速较高和旋转精度要求较高的机构中。如普通机床主轴的前轴承多采用 P_5 级,后轴承多采用 P_6 级,高精度机床、磨床、精密丝杠车床和滚齿机等的主轴轴承多采用 P_4 级,对精度要求特别高的场合,如精密坐标镗床和高精度齿轮磨床主轴等轴承,可采用 P_2 级。P_4 级、P_2 级轴承还应用于某些精密仪器中。

6.2 滚动轴承内径与外径的公差带及其特点

6.2.1 滚动轴承公差带特点

由于滚动轴承的内圈和外圈都是薄壁零件,在制造和保管过程中极易变形。若变形量不大,相配零件的形状较正确,则在装配后又容易得到矫正。为此,滚动轴承内圈与轴,外圈与壳体孔起配合作用的为平均直径。根据滚动轴承的这一特点,GB/T 307.1−2005 对轴承内径

(d)和外径(D)均分别规定了两种公差带。一种为规定轴承内径(d)或外径(D)实际尺寸变动的公差带;另一种为限定同一轴承内圈孔或轴承外圆柱面最大与最小实际直径的算术平均值(d_m和D_m)变动的公差带,见图 6.2(b)。

标准 GB4199—1984 对滚动轴承的各项尺寸及其公差规定了专门符号:

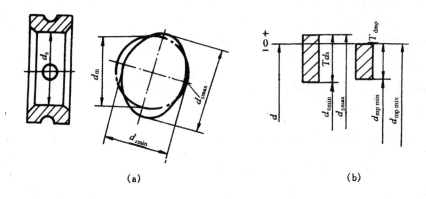

图 6.2　滚动轴承内圈尺寸及其公差带
(a) 内圈尺寸;(b) 内圈公差带

d,D 是指轴承公称内径、外径。$d_\mathrm{s},D_\mathrm{s}$ 是指同一轴承在一径向平面内用两点测量法测得的内、外径,见图 6.2(a)。d_mp、D_mp 是指同一轴承圈内单一平面平均内径、外径,即 $d_\mathrm{mp}=(d_\mathrm{smax}+d_\mathrm{smin})/2,D_\mathrm{mp}=(D_\mathrm{smax}+D_\mathrm{smin})/2$,见图 6.2(a)。

6.2.2　滚动轴承内、外径公差带

由于滚动轴承是标准部件,所以轴承内圈与轴的配合采用基孔制;轴承外圈与壳体孔的配合采用基轴制。但 GB/T 307.1—2005 规定轴承内圈基准孔的公差带 d_mp 分布在公称内径(d)零线以下,即上偏差为零,下偏差为负值,见图 6.3,与 GB/T 1800.1—2009 中标准公差值不

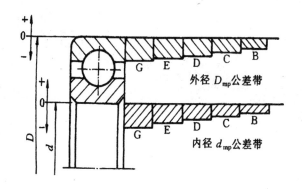

图 6.3　滚动轴承内、外径公差

同。原因是:大多数情况下,轴承的内圈是随轴一起转动的,为了防止在它们之间发生相对运动而导致结合面磨损,故两者的配合应具有一定的过盈。但由于内圈是薄壁件,且一定时间后又必须拆换。因此,配合的过盈量不宜过大,假如轴承内孔的公差带采用 GB/T 1800.1—

2009标准中的过渡配合则过盈量不够,用过盈配合则过盈量又过大;若采用非标准的配合,则违反了标准化和互换性原则。为此,滚动轴承国家标准将 d_{mp} 的公差带分布在零线下方。此时,当它再与 GB/T 1800.1—2009 标准中的过渡配合的轴相配合时,不但能保证获得不大的过盈,而且也不会出现间隙,从而满足轴承内孔与轴颈的配合要求。

滚动轴承的外圈与壳体孔的配合为基轴制,所有精度等级的轴承的公差带 D_{mp} 分布于零线下侧,即上偏差为零,下偏差为负值。如图 6.3,与 GB/T 1800.1—2009 标准中的基轴制的同名配合基本上保持相似的配合性质,但公差值不同,因外圈的公差值是 T_{Dmp}。

6.3 滚动轴承与轴和壳体孔的配合及其选择

6.3.1 轴颈和壳体孔的公差带

由于轴承内径和外径本身的公差带在轴承制造时已确定,因此轴承的轴颈和壳体孔的配合面间需要的配合性质,要由轴颈和外壳孔的公差带决定。也就是说,轴承配合的选择就是确定轴颈和外壳孔的公差带。国家标准 GB/T 275—93《滚动轴承与轴和外壳的配合》对与 P_0 级和 P_6 级轴承配合的钢制、铸铁制的实体轴、厚壁空心轴的轴颈规定了 17 种公差带,对钢制、铸铁制外壳的孔规定了 16 种公差带,如图 6.4 所示,它们分别选自 GB/T 1800.1—2009 中的

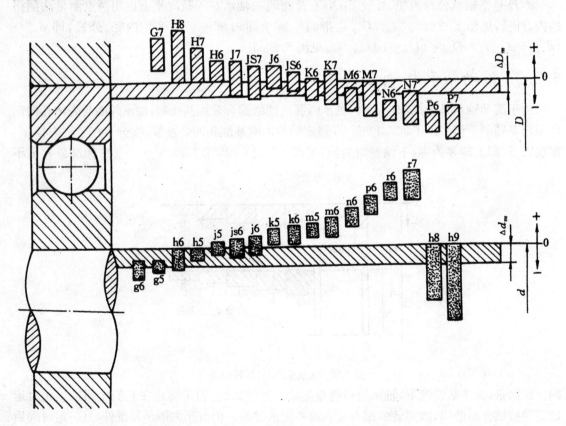

图 6.4 滚动轴承的公差配合图解

轴、孔公差带。

从图 6.4 可见,轴承内圈与轴颈的配合比 GB/T 1800.1—2009 中基孔制同名配合紧一些,g5,g6,h5,h6 轴颈与轴承内圈的配合已变成过渡配合,k5,k6,m5,m6 已变成过盈配合,其余的也都有所变紧。

轴承外圈与外壳孔的配合同 GB/T 1800.1—2009 中基轴制同名配合相比较,虽然轴承外径和一般基准轴的尺寸公差值有所不同,但它们分别与 GB/T 1800.1—2009 中的孔相配合的性质基本一致。

6.3.2 滚动轴承配合的选择

6.3.2.1 公差等级的选择

与滚动轴承相配合的轴、孔的公差等级与轴承的精度等级密切相关。一般对 P_6,P_0 级轴承配合的轴,其公差等级为 IT5~IT7,孔为 IT6~IT8;与 P_5,P_4 级轴承相配合的轴,其公差等级为 IT4~IT5,孔为 IT5~IT6。

6.3.2.2 配合的选择

配合的选用,通常是根据滚动轴承的内外圈承受负荷的类型和大小,轴承的类型和尺寸,轴承的工作条件,与轴承相配合件的结构和材料,装拆要求和轴承工作温度等因素来进行。其中最主要的根据是负荷的类型和大小。

(1)轴承套圈所受负荷类型。

① 定向负荷。当轴承只承受一个方向不变的径向负荷 F_r 时,则静止套圈所受的负荷为定向负荷,此时只有套圈的局部滚道一直受到负荷的作用,如图 6.5(a)所示。

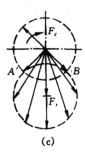

| (a) | (b) | (c) | (d) |

图 6.5 轴承承受的负荷类型

(a) 只有 F_r 作用;   (b) 只有 F_c 作用;   (c) $F_c > F_r$;   (d) $F_c < F_r$

内圈—循环负荷   内圈—定向负荷   内圈—循环负荷   内圈—摆动负荷

外圈—定向负荷   外圈—循环负荷   外圈—定向负荷   外圈—循环负荷

② 循环负荷。当轴承只承受一个方向不变的径向负荷 F_r 时,则旋转套圈受循环负荷,此时套圈的整个圆周依次受到负荷的作用,如图 6.5(b)所示。

③ 摆动负荷。当轴承套圈同时受到 F_r 和 F_c 作用时,如车床上装夹一个不平衡工件时,F_r 和 F_c 的合成负荷对主轴轴承静止套圈的作用沿圆周方向上一定区域而变动。当两负荷同向时,合成负荷最大;其他位置时则负荷在最大和最小值之间变动。当 $F_r > F_c$ 时,合成负荷在

轴承下方 AB 区域内摆动，如图 6.5(c)所示；如果外圈静止，则外圈部分滚道轮流受到变动负荷的作用，此时外圈受摆动负荷。内圈因与循环负荷同步旋转，内圈滚道的整个圆周都受到变动负荷的作用，此时内圈受循环负荷。当 $F_r<F_c$ 时，合成负荷沿整个圆周滚道变动，如图 6.5(d)所示，如果外圈静止，则外圈滚道的整个圆周受到变动负荷的作用，此时外圈受循环负荷，内圈因与循环负荷同步旋转，内圈只有部分滚道受到变动负荷的作用，此时内圈受摆动负荷。

轴承套圈相对于负荷方向的关系不同，选择轴承配合的松紧程度也应不同。受定向负荷的套圈配合应选松一些，一般应选用过渡配合或具有极小间隙的间隙配合。受循环负荷的套圈配合应选较紧的配合，一般应选用过盈量较小的过盈配合或过盈量大的过渡配合。受摆动负荷的套圈配合松紧程度应介于前两种负荷之间。

(2) 轴承负荷的大小。轴承套圈与轴或壳体孔配合的过盈量取决于套圈受负荷的大小。轴承在负荷作用下，套圈会产生变形，使配合受力不均匀，引起松动。因此，负荷愈大，过盈量也应愈大，受变化负荷要比受平稳负荷选用更紧的配合。

一般将径向负荷分为：$F\leqslant0.07C$ 时为轻负荷；$0.07C\leqslant F\leqslant0.15C$ 时为正常负荷；$F>0.15C$ 时为重负荷；其中 C 为轴承的额定动负荷。

(3) 轴承的旋转精度和旋转速度。当对轴承有较高的旋转精度要求时，为消除弹性变形和振动的影响，应避免采用带间隙的配合，但也不宜太紧。当轴承的转速愈高时，应选用愈紧的配合。

(4) 工作温度。轴承旋转时，套圈的温度经常高于相邻零件的温度。因此，轴承内圈可能因热胀而使配合变松；而外圈可能因热胀而使配合变紧，从而影响外圈的轴向游动。

轴承在运转时，除了上述各因素外，还有其他因素的复杂影响，如轴颈和壳体孔的材料，轴承的安装与拆卸要求，轴承部件的结构等，应当作全面分析考虑。

表 6.1 给出了与各级精度滚动轴承相配合的轴和壳体孔公差带。表 6.2 和表 6.3 分别给出了安装深沟球轴承和角接触球轴承的轴和壳体孔公差带，可供选择时参考。

表 6.1　与各级精度滚动轴承相配合的轴和壳体孔公差带

轴承精度	轴公差带		壳体孔公差带		
	过渡配合	过盈配合	间隙配合	过渡配合	过盈配合
G	h9 h8 g6,h6,j6,js6 g5,h5,j5	r7 k6,m6,n6,p6,r6 k5,m5	H8 G7,H7 H6	J7,Js5,K7,M7,N7 J6,Js6,K6,M6,N6	P7 P6
E	g6,h6,j6,js6 g5,h5,j5	r7 k6,m6,n6,p6,r6 k5,m5	H8 G7,H7 H6	J7,Js7,K7,M7,N7 J6,Js6,K6,M6,N6	P7 P6
D	h5,j5,js5	k6,m6 k5,m5	G6,H6	Js6,K6,M6 Js5,K5,M5	
C	h5,js5 h4,js4	k5,m5 k4	H5	K6 Js5,K5,M5	

注：① 孔 N6 与 P_0 级精度轴承（外径 $D<150$mm）和 P_6 级精度轴承（外径 $D>315$mm）的配合为过盈配合。
　② 轴 r6 用于内径 $d>120\sim150$mm；轴 r7 用于内径 $d>180\sim500$mm。

表 6.2 安装深沟球轴承、角接触球轴承和向心轴承的轴公差带

内圈工作条件		应用举例	深沟球轴承、角接触球轴承和向心轴承	圆柱滚子轴承和圆锥滚子轴承	调心滚子轴承	公差带
旋转状态	负荷		轴承公称内径(mm)			
圆柱孔轴承						
内圈相对于负荷方向旋转或摆动	轻负荷	电器仪表机床(主轴)、精密机械、泵、通风机、传送带	≤18 >18~100 >100~200	— ≤40 >40~140 >140~200	— ≤40 >40~100 >100~200	h5 j6① k6① m6①
	正常负荷	一般通用机械、电动机、涡轮机、泵内燃机、变速箱、木工机械	≤18 >18~100 >100~140 >140~200 >200~280 — —	— ≤40 >40~100 >100~140 >140~200 >200~400 —	— ≤40 >40~65 >65~100 >100~140 >140~280 >280~500 >500	j5 k5② m5② m6 n6 p6 r6 r7
	重负荷	铁路车辆和电力机车的轴箱、牵引电动机、轧机、破碎机等重型机械	— — —	>50~140 >140~200 >200	>50~100 >100~140 >140~200 >200	n6③ p6③ r6③ r7③
内圈相对于负荷方向静止	所有负荷 内圈必须在轴向容易移动	静止轴上的各种轮子	所用尺寸			g6①
	内圈不必要在轴向容易移动	张紧滑轮、绳索轮	所用尺寸			h6①
纯轴向负荷		所有应用场合	所用尺寸			j6 或 js6
圆锥孔轴承(带锥形套)						
所有负荷		铁路车辆和电力机车的轴箱	装在退卸套上的所用尺寸			h8(IT5)④
		一般机械或传动轴	装在紧定套上的所用尺寸			h8(IT5)⑤

注:① 凡对精度有较高要求场合,应用 j5,k5…代替 j6,k6…等。

② 单列圆锥滚子轴承和单列角接触球轴承,因内部游隙的影响不甚重要,可用 k6,m6 代替 k5,m5。

③ 应选用轴承径向游隙大于基本组的滚子轴承。

④ 凡有较高的精度或转速要求的场合,应选 h7,IT5 为轴颈的形状公差。

⑤ 尺寸大于 500mm,其形状公差为 IT7。

表 6.3 安装深沟球轴承、角接触轴承和向心轴承的壳体孔公差带

外 圈 工 作 条 件				应用举例	公差带[2]
旋转状态	负 荷	轴向位移的限度	其他情况		
外圈相对于负荷方向静止	轻、正常和重负荷	轴向容易移动	轴处于高温场合	烘干筒、有调心滚子轴承的大电动机	G7
			剖分式外壳	一般机械、铁路车辆轴箱	H7[1]
	冲击负荷	轴向能移动	整体式装剖分式外壳	铁路车辆轴箱轴承	J7[1]
外圈相对于负荷方向摆动	轻和正常负荷			电动机、泵、曲轴主轴承	J7[1]
	正常和重负荷		整体式外壳	电动机、泵、曲轴主轴承	K7[1]
	重冲击负荷			牵引电动机	M7[1]
外圈相对于负荷方向旋转	轻负荷	轴向不移动		张紧滑轮	M7[1]
	正常和重负荷			装用球轴承的轮毂	N7[1]
	重冲击负荷		薄壁整体式外壳	装用滚子轴承的轮毂	P7[1]

注：① 凡对精度有较高要求的场合,应选用 P6,N6,M6,K6,J6 和 H6 分别代替 P7,N7,M7,K7,J7 和 H7,并应同时选用整体式外壳。

② 对于轻合金外壳应选择比钢或铸铁外壳较紧的配合。

6.3.2.3 配合表面的形位公差和表面粗糙度要求

为保证轴承正常运转,除了正确地选择轴承与轴颈及壳体孔的公差等级及配合外,还应对轴颈及壳体孔的形位公差及表面粗糙度提出要求。

形状公差:因轴承套圈为薄壁件,装配后靠轴颈和壳体孔来矫正,故套圈工作时的形状与轴颈及壳体孔表面形状密切相关。为保证轴承正常工作,对轴颈和壳体孔表面应提出圆柱度公差要求。

位置公差:为保证轴承工作时有较高的旋转精度,应限制与套圈端面接触的轴肩及壳体孔肩的倾斜,以避免轴承装配后滚道位置不正而使旋转不平稳,因此规定了轴肩和壳体孔肩的端面跳动公差。

轴和壳体孔的形位公差值见表 6.4。

表 6.4 轴和壳体孔的形位公差值

基本尺寸 (mm)		圆 柱 度				端 面 圆 跳 动			
		轴 颈		壳 体 孔		轴 肩		壳 体 孔 肩	
		轴 承 公 差 带 等 级							
		P_0	P_6	P_0	P_6	P_0	P_6	P_0	P_6
大 于	至	公 差 值 （μm）							
10	18	3	2	5	3	8	5	12	8
18	30	4	2.5	6	4	10	6	15	10

基本尺寸 (mm)		圆 柱 度				端 面 圆 跳 动			
		轴 颈		壳 体 孔		轴 肩		壳 体 孔 肩	
		轴 承 公 差 带 等 级							
		P_0	P_6	P_0	P_6	P_0	P_6	P_0	P_6
大 于	至	公 差 值 （μm）							
30	50	4	2.5	7	4	12	8	20	12
50	80	5	3	8	5	15	10	25	15
80	120	6	4	10	6	15	10	25	15

表面粗糙度的大小直接影响配合性质和连接强度，因此，凡是与轴承内、外圈配合的表面通常都对粗糙度提出较高要求。表 6.5 给出了与不同精度等级轴承相配合的表面粗糙度。

表 6.5　配合表面的粗糙度

配 合 表 面	轴承精度等级	配合表面的尺寸公差等级	轴承公称内径或外径（mm）	
			至 80	大于 80 至 500
			表面粗糙度参数 R_a 值（μm）GBT 1031-2009	
轴 颈	P_0	IT6	1	1.6
壳 体 孔		IT7	1.6	2.5
轴 颈	P_6	IT5	0.63	1
壳 体 孔		IT6	1	1.6
轴肩和壳体孔肩端面	P_0		2	2.5
	P_6		1.25	2

注：① 表中给的值为允许的最大值。

② 轴承装在紧定套或退卸套上时，轴颈表面的粗糙度 R_a 值应大于 2.5μm。

例 6.1　有一圆柱齿轮减速器，小齿轮轴要求较高的旋转精度，装有 P_0 级单列深沟球轴承，轴承尺寸为 $50\times110\times27$mm，额定动负荷 $C=32\,000$N，径向负荷 $F=4\,000$N。试确定与孔、轴的配合和技术要求。

解：(1) 分析受负荷情况，查表选配合。

按给定条件，可算得 $F/C=0.13$ 属于正常负荷。内圈相对径向负荷方向旋转，承受旋转负荷。按轴承类型和尺寸规格，查表 6.2，得轴颈公差带为 K6，查表 6.3，得壳体孔公差带为 G7 或 H7 均可，但由于该轴旋转精度要求较高，故应选用比上两种更紧一些的配合 J7 较为恰当。将查得的轴颈公差带 K6 和壳体孔公差带 J7 标注在图 6.6 上。

(2) 配合表面的其他技术要求。

为保证轴承正常工作，还应对轴颈和壳体孔配合表面的形位公差及粗糙度提出要求。

由表 6.4 得圆柱度要求：轴颈为 0.004mm，壳体孔为 0.010mm。端面圆跳动要求：轴肩 0.012mm，壳体孔肩 0.025mm。

由表 6.5 得表面粗糙度要求：轴颈表面 $R_a=1.0\mu m$，壳体孔表面 $R_a=2.5\mu m$，轴肩面 $R_a=2.0\mu m$，壳体孔肩端面 $R_a=2.5\mu m$。

上述各项技术要求在图样上的标注见图 6.6。

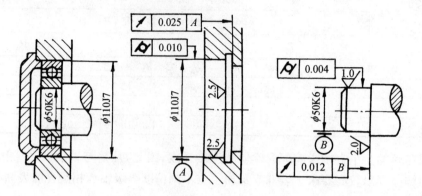

图 6.6　轴承结合件的技术要求

小结

滚动轴承是一种由专业厂生产的标准部件。组成该部件的各零件之间相互结合的尺寸的互换性，称为内互换；滚动轴承与其他零件相互结合的尺寸的互换性，称为外互换。本章主要讨论滚动轴承外圈外径与壳体孔和内圈内径与轴的配合，即滚动轴承的外互换的问题。

虽然滚动轴承的外圈外径和内圈内径可以看成圆柱形的轴和孔，但其公差与配合与一般圆柱体的极限与配合标准不同，主要有以下几个特点：

（1）基准制：外圈外径与孔的配合规定为基轴制；内圈内径与轴的配合规定为基孔制。这样便于滚动轴承的专业化大量生产，当使用上需要不同松紧的配合时，可以选用不同公差带位置的轴和外壳孔。

（2）外圈外径和内圈内径的公差带：外圈外径 ϕD 和内圈内径 ϕd 都是基准件，所以它们都只有一种公差带位置。外圈外径的公差带位置与一般基准轴（h）相同，即上偏差为零。内圈内径的公差带位置与一般基准孔（H）不同，不是下偏差为零，而是上偏差为零，它是一种特殊公差带位置的基准孔。

（3）轴和外壳孔的公差带：与滚动轴承内圈内径和外圈外径相配合的轴和外壳孔的公差带，不能随意从极限与配合标准中选取，而只能选用滚动轴承公差与配合标准中规定的有限的几种。

（4）公差与配合的标注方法：在装配图上，外壳孔与滚动轴承外圈外径的结合尺寸，只标注外壳孔的公差带代号；轴与滚动轴承内圈内径的结合尺寸，只标注轴的公差带代号。滚动轴承外圈外径和内圈内径的公差带没有代号。

滚动轴承配合的选用主要根据负荷的类型和大小。轴承套圈所受的负荷主要有定向负荷、循环负荷、摆动负荷三种类型。

习题与思考题

1. 滚动轴承的精度分为几级？其代号如何？各应用在什么场合？

2. 选择轴承与结合件配合的主要依据是什么？

3. 滚动轴承的内、外径公差带布置有何特点？与圆柱体极限与配合中的基准孔、基准轴的公差带是否一致？

4. 轴承与结合件配合表面的其他技术要求有哪些？

5. 某机床转轴上安装 P_6 级向心球轴承，其内径为 40mm，外径为 90mm，该轴承承受着一个 4 000N 的定向径向负荷，轴承的额定动负荷为 31 400N，内圈随轴一起转动，而外圈静止，试确定轴颈与外壳孔的极限偏差，形位公差值和表面粗糙度参数值，并把所选的公差带代号和各项公差仿照图 6.6 标注在图样上。

7 键和花键的公差与检测

键联结和花键联结广泛用作轴和轴上传动件（如齿轮、皮带轮、手轮和联轴器等）之间的可拆联结，用以传递扭矩和运动，有时也作轴向滑动的导向，特殊场合还能起到定位和保证安全的作用。

7.1 键联结

7.1.1 概述

键又称单键，分为平键、半圆键、切向键和楔形键等几种，其中平键又可分为普通平键和导向平键两种。本节讨论平键的互换性。平键的剖面尺寸如图 7.1 所示。

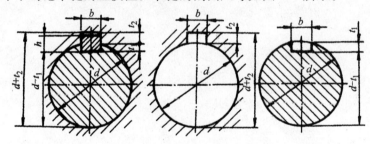

图 7.1 平键结合

键联结是由键、轴、轮毂三个零件的结合，其特点是通过键的侧面分别与轴槽、轮毂槽的侧面接触来传递轴和轮毂间的运动和转矩，并承受负荷。因此，键宽和键槽宽(b)是决定配合性质的主要参数，即配合尺寸，其余的尺寸是非配合尺寸。

7.1.2 平键的公差与配合

键由型钢制成，是标准件，是平键联结中的"轴"。因此，键宽与键槽宽的配合采用基轴制配合。键宽公差带为 h9。具体配合分为较松联结，一般联结和较紧联结三类。国家标准 GB/T1095—2003《平键、键槽的剖面尺寸》从 GB/T 1801—2009 标准中选取公差带。图 7.2 所示为配合公差带图。各类配合性质及适用场合见表 7.1。

表 7.2、表 7.3 为它们的极限偏差数值。

平键联结的非配合尺寸中，轴槽深 t_1 和轮毂槽深 t_2 的公差带由 GB/T 1095—2003 规定，见表 7.2。键高 h 的公差带为 h11，键长 L 的公差带为 h14，轴槽长度的公差带为 H14。

为保证键与键槽的侧面具有足够的接触面积和避免装配困难，应分别规定轴槽对轴线和轮毂槽对孔的轴线的对称度公差。对称度公差等级按 GB/T1184—1996，一般取 7～9 级。键和键槽配合面的表面粗糙度一般取 $R_a 1.6\mu m \sim R_a 6.3\mu m$，非配合面取 $R_a 6.3\mu m$。

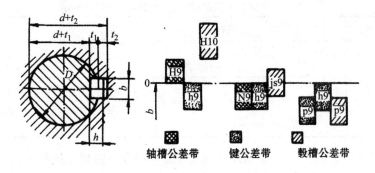

图 7.2 平键联结及尺寸 h 的公差带

图 7.2　平键联结及尺寸 h 的公差带

表 7.1　键和键槽的配合

配合	尺寸 b 的公差带			配 合 性 质 及 适 用 场 合
	键	轴槽	毂槽	
较松	h9	H9	D10	导向平键装在轴上,借螺钉固定,轮毂可在轴上滑动,也用于薄型平键
一般	h9	N9	JS9	普通平键或半圆键压在轴槽中固定,轮毂顺着键侧套到轴上固定。用于传递一般载荷,也用于薄型楔键的轴槽和毂槽,均用 D10
较紧	h9	P9	P9	普通平键或半圆键压在轴槽和轮毂槽中,均固定。用于传递重载和冲击载荷或双向传递扭矩,也用于薄型平键

表 7.2　平键及键槽剖面尺寸及键槽极限偏差(mm)

轴	键	键 槽										
		宽 度 b					深 度				半径 r	
		基本尺寸 b	偏 差					轴 t₁		毂 t₂		
			松联结		正常联结		紧密联结					
公称直径 d	键尺寸 b×h		轴 H9	毂 D10	轴 N9	毂 Js9	轴和毂 P9	公称尺寸	偏差	公称尺寸	偏差	min	max
>22~30	8×7	8	+0.036 0	+0.098 +0.040	0 −0.036	±0.018	−0.015 −0.051	4		3.3		0.16	0.25
>30~38	10×8	10						5		3.3			
>38~44	12×8	12						5		3.3			
>44~50	14×9	14	+0.043 0	+0.120 +0.050	0 −0.043	±0.0215	−0.018 −0.061	5.5	+0.2 0	3.8	+0.2 0	0.25	0.40
>50~58	16×10	16						6		4.3			
>58~65	18×11	18						7		4.4			
>65~75	20×12	20						7.5		4.9			
>75~85	22×14	22	+0.052 0	+0.149 +0.065	0 −0.052	±0.026	−0.022 −0.074	9		5.4		0.40	0.60
>85~95	25×14	25						9		5.4			
>95~110	28×16	28						10		6.4			

— 151 —

表 7.3　平键极限偏差（摘自 GB1096－1979）（mm）

	公称尺寸	8	10	12	14	16	18	20	22	25	28
b	偏差 h9	0 −0.036		0 −0.043				+ −0.052			
	公称尺寸	7	8	8	9	10	11	12	14		16
h	偏差 h11	0 −0.090						0 −0.110			

轴键槽和轮毂键槽的上下偏差，形位公差、表面粗糙度在图样上的标注，如图 7.3 所示。

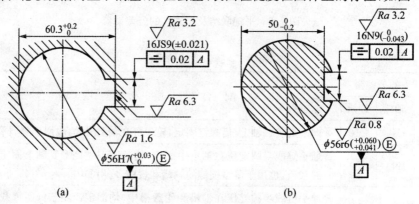

图 7.3　键槽尺寸和公差的标注

(a) 轴键槽；(b) 轮毂键槽

7.2　花键联结

7.2.1　概述

当传递较大的转矩，定心精度又要求较高时，单键结合已不能满足要求，因而从单键逐渐发展为多键。花键联结是由花键轴、花键孔两个零件的结合。花键可用作固定联结，也可用作滑动联结。

花键联结与平键联结相比具有明显的优势：孔、轴的轴线对准精度（定心精度）高，导向性好，轴和轮毂上承受的负荷分布比较均匀，因而可以传递较大的转矩，而且强度高，联结也更可靠。

花键分为矩形花键，渐开线花键和三角形花键等几种，本节讨论应用最广的矩形花键的互换性。

矩形花键的主要尺寸有小径(d)、大径(D)和键宽(B)，见图 7.4。

内外花键有三个结合面，确定内、外花键配合性质的结合面称为定心表面，每一个结合面都可作为定心表面。因此，花键联结有三种定心：小径 d 定心，大径 D 定心和键侧（键槽侧）B 定心，如图 7.5 所示。前两种定心方式的定心精度比后一种方式高。

图 7.4　矩形花键轴
的基本尺寸

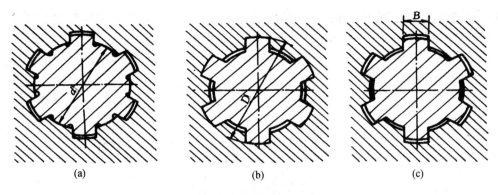

图 7.5 矩形花键联结的定心方式
(a) 小径定心；(b) 大径定向心；(c) 键侧（键槽侧）定心

按小径 d 或大径 D 定心时，定心直径的公差等级较高，非定心直径的公差等级较低，并且非定心直径表面之间有相当大的间隙，以保证它们不接触。但是，对于键和键槽侧面，无论作为定心表面与否，键宽与键槽宽的尺寸 B 都应该具有足够的精度，因为它们要传递扭矩和起导向作用。

随着科学技术的发展，对产品质量的要求越来越高。特别是对内、外花键的硬度要求，尺寸精度要求较高。现在国际标准，国家标准 GB/T1144—2001 都规定用小径 d 定心。为什么用小径 d 定心呢？因为定心表面要求有较高的硬度和尺寸精度，在加工过程中往往需要热处理，热处理后，在花键孔、轴的小径表面可以用磨削方法进行精加工，而花键孔的大径和键侧表面则难于进行磨削加工。小径较易保证较高的加工精度和表面强度，从而提高耐磨性和花键的使用寿命。

7.2.2 矩形花键的公差与配合(GB/T1144—2001)

矩形花键配合采用基孔制。国标对内、外花键三个主要参数：大径 D、小径 d 和键宽 B 规定了尺寸公差带（见表 7.4）。

表 7.4 矩形内、外花键的尺寸公差带

内 花 键				外 花 键			
d	D	B		d	D	B	装配型式
		拉削后不热处理	拉削后热处理				
一 般 用							
H7	H10	H9	H11	f7	a11	d10	滑 动
				g7		f9	紧滑动
				h7		h10	固 定
精 密 传 动 用							
H5	H10	H7、H9		f5	a11	d8	滑 动
				g5		f7	紧滑动
				h5		h8	固 定
H6				f6		d8	滑 动
				g6		f7	紧滑动
				h6		h8	固 定

矩形花键结合按其使用要求分为一般用和精密传动用。一般级多用于传递转矩较大的汽

车、拖拉机的变速箱中;精密级多用于机床变速箱中。并规定了最松的滑动配合,较松的紧滑动配合以及较紧的固定配合。在选用配合时,定心精度要求高、传递转矩大,其间隙应小;内、外花键相对滑动,花键配合长度大,其间隙应大。表 7.4 给出了矩形花键三种配合型式供选用。图 7.6 为相应的公差带图。

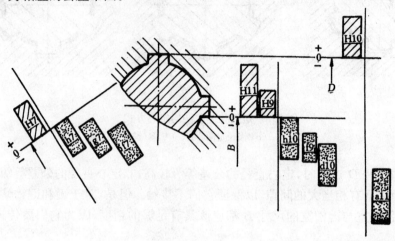

图 7.6　矩形花键的配合公差图

7.2.3　花键的形状和位置公差

形位误差对花键配合的装配性能和传递扭矩与运动的性能影响很大,必须加以控制。标准中所规定的位置度公差列于表 7.5,其标注见图 7.7。

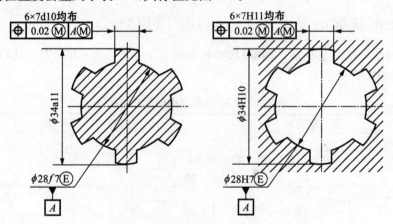

图 7.7　花键位置度公差标注

表 7.5　矩形花键位置度公差

键槽宽或键宽 B		3	3.5~6	7~10	12~18
		t_1			
键　槽　宽		0.010	0.015	0.020	0.025
键　宽	滑动、固定	0.010	0.015	0.020	0.025
	紧滑动	0.006	0.010	0.013	0.016

对较长的花键,还要规定键侧对轴线的平行度公差,可根据产品性能在设计时自行规定,标准中未作推荐。

当对花键不用综合量规进行综合检验时(如对单件、少量生产),可规定键宽的对称度公差和键齿(槽)的等分度公差,具体规定见表 7.6 和图 7.8。

表 7.6   矩形花键对称度公差(mm)

键槽宽或键宽 B	3	3.5~6	7~10	12~18
	t_2			
一般用	0.010	0.012	0.015	0.018
精密传动用	0.006	0.008	0.009	0.011

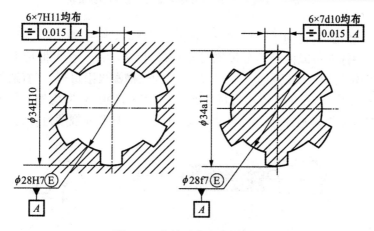

图 7.8   花键对称度公差标注

7.2.4   矩形花键在图样上的标注

标注代号按顺序表示为:键数 N、小径 d、大径 D、键宽 B 和各自的公差代号。例如:

花键的规格:$N \times d \times D \times B$(mm),如 $6 \times 23 \times 26 \times 6$

对于花键副:标注花键规格和配合代号

$6 \times 23H7/f7 \times 26H10/a11 \times 6H11/d10$ GB/T1144—2001

对内花键:标注花键规格和公差带代号

$6 \times 23H7 \times 26H10 \times 6H11$ GB/T1144—2001

对于外花键:标注花键规格和公差带代号

$6 \times 23f7 \times 26a11 \times 6d10$ GB/T1144—2001

7.3   键和花键的检测

7.3.1   平键的检验

对于键结合,需要检测的项目有:键宽、轴槽和轮毂槽的宽度、深度及槽的对称度。

(1)键和槽宽为单一尺寸,在小批量生产时,可以用游标卡尺或千分尺测量,在大批量生产时,用极限量规控制,图7.9(a)为键槽宽极限量规。

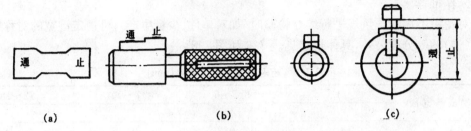

图7.9 键槽尺寸量规
(a) 槽宽极限量规;(b) 轮毂槽深量规;(c) 轴槽深量规

(2) 轴槽和轮毂槽深,也为单一尺寸,在小批量生产时,多用游标卡尺或外径千分尺测量轴尺寸$(d-t)$;用游标卡尺或内径千分尺测量轮毂尺寸$(d+t_1)$。在大批量生产时,需要专用量规,图7.9(b)为轮毂槽深度极限量规。图7.9(c)为轴槽深极限量规,都有通端和止端。

(3) 键槽对称度检测,在单件或小批量生产时,可用分度头,V型块和百分表测量,在大批量生产时,多用综合量规检测,图7.10为对称度极限量规,只要通规通过即为合格。

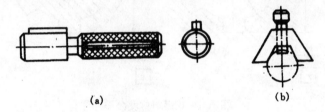

图7.10 键槽对称度量规
(a) 轮毂槽对称度量规;(b) 轴槽对称度量规

7.3.2 矩形花键的检验

矩形花键的检验包括尺寸检验和形位误差检验,一般情况下,应采用矩形花键综合量规进行检验,但也允许根据有关方面协议,按其他方法进行测量和检验。

(1) 内花键的检验:内花键应用花键综合塞规控制其轮廓要素不超过其实效边界,综合塞规通过内花键,则同时控制内花键的小径、大径和槽宽,大径对小径的同轴度和键槽的位置度等项目,以保证内花键的配合要求和安装要求。

用单项止端塞规(或其他量具)分别检验内花键的小径、大径和槽宽尺寸,以保证其实际尺寸不超过其最小实体尺寸(最大极限尺寸)。

(2) 外花键的检验:外花键应用花键综合环规控制其轮廓要素不超过其实效边界,综合环规通过外花键,则同时控制外花键的小径、大径、键宽、大径对小径的同轴度和花键的位置度等项目,以保证外花键的配合要求和安装要求。

用单项止端卡板(或其他量具)分别检验外花键的小径、大径和键宽,以保证其实际尺寸不超过其最小实体尺寸(最大极限尺寸)。

检验内、外花键时,综合量规通过,单项止端量规不通过,则内、外花键合格。

内、外花键综合量规的形状如图 7.11 所示。

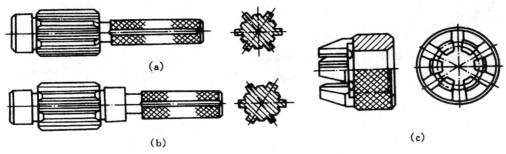

图 7.11　矩形工花键综合量规

(a)、(b) 花键塞规；(c) 花键环规

小结

　　轴和轴上的转动件的可拆结合往往要借助键或花键作周向固定以传递扭矩和运动,有时也用作轴向滑动的导向。

　　键是通过其侧面与轴槽和轮毂槽的侧面相互接触来传递扭矩的。因此,键结合的特点是键侧面既与轴槽,又与轮毂槽的侧面构成配合。键和槽的宽度 b 是主要配合尺寸。在键高方向,上下面与槽底面间留有间隙,一般约 0.2～0.5mm,以免影响轴与轮毂孔的配合。

　　因键是标准件,所以键与键槽的配合采用基轴制。键宽只规定一种公差带,键槽宽采用不同的公差带,形成较松、一般、较紧联结。

　　花键联结由轴和轮毂孔上的多个键齿组成,齿侧面为工作面。花键联结具有承载能力大,对中性和导向性好等优点。

　　矩形花键应用最广。矩形花键的主要尺寸有小径(d)、大径(D)和键宽(B)。国家标准 GB/T1144－1987 规定矩形花键联结用小径 d 定心。

　　要熟悉花键副和内、外花键在图样上的标注。

　　键和花键的检测包括尺寸检验和形位误差检验。单件小批量生产时,多用通用量仪检测;大批大量生产时,多用综合量规检测。

习题与思考题

1. 平键联结的特点是什么? 主要几何参数有那些?

2. 平键联结为什么只对键(槽)宽规定较严的公差?

3. 平键联结的配合采用何种基准制? 花键联结采用何种基准制?

4. 某减速器传递一般扭矩,其中某一齿轮与轴之间通过平键联结来传递扭矩,已知键宽 b＝8mm,试确定键宽 b 的配合代号,查出其极限偏差值,并作公差带图。

5. 什么是花键定心?《矩形花键尺寸公差和检验》(GB/T1144－2001)为什么只规定小径定心?

6. 某机床变速箱中,有一个 6 级精度齿轮的花键孔与花键轴联结,花键规格:6×26×30×6,花键孔长 30mm,花键轴长 75mm,齿轮花键孔经常需要相对花键轴作轴向移动,要求定心精度较高。试确定:

(1) 齿轮花键孔和花键轴的公差带代号,计算小径、大径、键(槽)宽的极限尺寸;

(2) 分别写出在装配图上和零件图上的标记;

(3) 绘制公差带图,并将各参数的基本尺寸和极限偏差标注在图上。

8 螺纹公差与检测

8.1 概述

8.1.1 螺纹的种类及使用要求

螺纹结合是机械制造业中广泛采用的一种结合形式,按不同的用途可分为两类:

(1) 紧固螺纹:用于紧固或联接零件,如普通螺纹和管螺纹等。对普通螺纹的使用要求是可旋入性和联接的可靠性;对管螺纹的要求是密封性和联接的可靠性。

(2) 传动螺纹:用于传递动力、运动或位移,如丝杠、测微螺杆等。对传动螺纹的使用要求是传动准确、可靠,螺牙接触良好及耐磨等。

本章主要讨论普通螺纹的公差及检测。

8.1.2 普通螺纹的基本牙型和主要参数

普通螺纹的基本牙型是截去原始三角形(等边三角形)的顶部和底部所形成的螺纹牙型,它是螺纹设计的基础,该牙型具有螺纹的基本尺寸,如图 8.1。普通螺纹的基本尺寸见表 8.1。

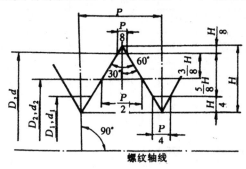

图 8.1 普通螺纹的基本牙型

普通螺纹的主要几何参数有:

(1) 大径(d,D)。与外螺纹牙顶或内螺纹牙底相重合的假想圆柱面的直径,称为大径(外螺纹大径为 d,内螺纹大径为 D)。国家标准规定,普通螺纹大径的基本尺寸为螺纹的公称直径。

(2) 小径(d_1,D_1)。与外螺纹牙底或内螺纹牙顶相重合的假想圆柱面的直径,称为小径(外螺纹小径为 d_1,内螺纹小径为 D_1)。

$$D_1(d_1) = D(d) - 2 \times \frac{5}{8}H \tag{8.1}$$

表 8.1　普通螺纹基本尺寸(mm)

公称直径(大径)D、d			螺距 P	中径 D_2, d_2	小径 D_1, d_1
第一系列	第二系列	第三系列			
5			*0.8	4.480	4.134
			0.5	4.675	4.459
		5.5	0.5	5.175	4.959
6			*1	5.350	4.917
			0.75	5.513	5.188
			(0.5)	5.675	5.459
		7	*1	6.350	5.917
			0.75	6.513	6.188
			(0.5)	6.675	6.459
8			*1.25	7.188	6.647
			1	7.350	6.917
			0.75	7.513	7.188
			(0.5)	7.675	7.459
		9	*(1.25)	8.188	7.647
			1	8.350	7.917
			0.75	8.513	8.188
			0.5	8.675	8.459
10			*1.5	9.026	8.376
			1.25	9.188	8.647
			1	9.350	8.917
			0.75	9.513	9.188
			(0.5)	9.675	9.459
		11	*(1.5)	10.026	9.376
			1	10.350	9.917
			0.75	10.513	10.188
			0.5	10.675	10.459
12			*1.75	10.863	10.106
			1.5	11.026	10.376
			1.25	11.188	10.647
			1	11.350	10.917
			(0.75)	11.513	11.188
			(0.5)	11.675	11.459
	14		*2	12.701	11.835
			1.5	13.026	12.376
			(1.25)	13.188	12.647
			1	13.350	12.917
			(0.75)	13.513	13.188
			(0.5)	13.675	13.459
		15	1.5	14.026	13.376
			(1)	14.350	13.917
16			*2	14.701	13.835
			1.5	15.026	14.376
			1	15.350	14.917
			(0.75)	15.513	15.188
			(0.5)	15.675	15.459
		17	1.5	16.026	15.376
			(1)	16.350	15.917
	18		*2.5	16.376	15.294
			2	16.701	15.835
			1.5	17.026	16.376
			1	17.350	16.917
			(0.75)	17.513	17.188
			(0.5)	17.675	17.459
20			*2.5	18.376	17.294
			2	18.701	17.835
			1.5	19.026	18.376
			1	19.350	18.917
			(0.75)	19.513	19.188
			(0.5)	19.675	19.459
	22		*2.5	20.376	19.294
			2	20.701	19.835
			1.5	21.026	20.376
			1	21.350	20.917
			(0.75)	21.513	21.188
			(0.5)	21.675	21.459
24			*3	22.051	20.752
			2	22.701	21.835
			1.5	23.026	22.376
			1	23.350	22.917
			(0.75)	23.513	23.188
		25	2	23.701	23.345
			1.5	24.026	23.616
			(1)	24.350	23.917
		26	1.5	25.026	24.376
27			*3	25.051	24.752
			2	25.701	24.835
			1.5	26.026	25.376
			1	26.350	25.917
			(0.75)	26.513	26.188
	28		2	26.701	25.835
			1.5	27.026	26.376
			1	27.350	26.917
30			*3.5	27.727	26.211
			(3)	28.051	26.752
			2	28.701	27.835
			1.5	29.026	28.376
			1	29.350	28.917
			(0.75)	29.513	29.188
	32		2	30.701	29.835
			1.5	31.026	30.376

注:① 直径优先选用第一系列,其次第二系列,第三系列尽可能不用。
② 带 * 号螺距为粗牙螺距,括号内的螺距尽可能不用。

（3）顶径。与外螺纹或内螺纹牙顶相重合的假想圆柱面的直径,是外螺纹大径和内螺纹小径的统称。

（4）底径。与外螺纹或内螺纹牙底相重合的假想圆柱面的直径,是外螺纹小径和内螺纹大径的统称。

（5）中径(d_2,D_2)。中径是一个假想圆柱的直径,该圆柱的素线通过牙型上沟槽和凸起宽度相等的地方（外螺纹中径为d_2,内螺纹中径为D_2）。应该注意,对于普通螺纹,中径并不等于大径与小径的平均值。

$$D_2(d_2) = D(d) - 2 \times \frac{3}{8} H \tag{8.2}$$

（6）单一中径。单一中径是指一个假想圆柱的直径,该圆柱的素线通过牙型上沟槽宽度等于基本螺距一半的地方。

（7）螺距(P)。螺距是相邻两牙在中径线上对应两点间的轴向距离。

（8）导程(L)。导程是指在同一条螺旋线上相邻两牙在中径线上对应两点间的轴向距离。对于多线螺纹,导程等于螺距和螺纹线数的乘积;对于单线螺纹,导程就等于螺距。

（9）螺纹升角 Ψ。在中径线圆柱上螺旋线的切线与垂直于螺纹轴线的平面间的夹角称为螺纹升角。它与螺纹线数(n)、螺距(P)和中径(d_2)之间的关系为:

$$\tan\Psi = \frac{np}{\pi d_2} \tag{8.3}$$

（10）牙型角(α)和牙型半角$(\alpha/2)$。牙型角是指在螺纹牙型上,相邻两牙侧间的夹角。公制普通螺纹的牙型角$\alpha=60°$。牙型半角是指在螺纹牙型上,牙侧与螺纹轴线的垂线之间的夹角。公制普通螺纹的牙型半角$\alpha/2=30°$。

（11）螺纹旋合长度。两个相互配合的螺纹,沿螺纹轴线方向相互旋合部分的长度。

（12）螺纹接触高度。两个相互配合的螺纹牙型上,牙侧重合部分在垂直于螺纹轴线方向上的距离。

8.2　螺纹几何参数误差对螺纹互换性的影响

从互换性的角度来看,螺纹的五个基本几何参数（即大径、小径、中径、螺距和牙型半角）都有影响。这五个基本几何参数在加工过程中不可避免地都有一定的误差,不仅会影响螺纹的旋合性,接触高度,还会影响连接的可靠性,从而影响螺纹的互换性。

普通螺纹旋合后大径和小径处通常是有间隙的,相接触的部分是侧面,为了保证普通螺纹的可旋入性,内螺纹的大径和小径必须分别大于外螺纹的大径和小径,但是内螺纹的小径过大,外螺纹的大径过小,将减小螺纹的接触高度,影响到连接的可靠性,所以必须规定内螺纹小径和外螺纹大径的上、下偏差,即对内外螺纹顶径规定上、下偏差;而增大内螺纹大径,减小外螺纹小径既有利于可旋入性,又不减少螺纹的接触高度,所以只对内螺纹的大径规定下偏差、外螺纹的小径规定上偏差,即对内外螺纹底径只规定一个极限偏差;并对外螺纹的牙底提出形状要求,以便牙顶和牙底间留有间隙,并满足机械性能要求。

普通螺纹的螺距误差、牙型半角误差和中径偏差不但影响螺纹的可旋入性,还影响螺纹接触的均匀性与密封性等,是影响互换性的主要因素,下面着重介绍。

8.2.1 螺距误差对互换性的影响

螺距误差包括局部误差和累积误差,前者与旋合长度无关,后者与旋合长度有关。

为了讨论问题方便起见,假设内螺纹具有理想的牙型,外螺纹的中径及牙型半角与内螺纹相同,但螺距有误差,并假设外螺纹的螺距比内螺纹的大,假定在 n 个螺牙长度上,螺距累积误差为 ΔP_Σ。显然,在这种情况下,这一对螺纹因产生干涉而无法旋合,如图 8.2 所示。

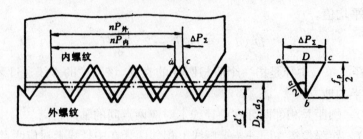

图 8.2 螺距误差的影响

在实际生产中,为了使有螺距误差的外螺纹旋入理想的内螺纹,应把外螺纹中径减小一个数值 f_p。

同理,为了使有螺距误差的内螺纹旋入理想的外螺纹,应把内螺纹的中径加大一个数值 f_p,这个 f_p 值叫做螺距误差的中径当量。

从三角形 abc 中可以看出:

$$f_\mathrm{p} = |\Delta P_\Sigma| \cot \frac{\alpha}{2}$$

对于公制普通螺纹,牙型角 $\alpha = 60°$,则

$$f_\mathrm{p} = 1.732 |\Delta P_\Sigma| \tag{8.4}$$

式中 ΔP_Σ 取绝对值,因为不论 ΔP_Σ 为正或负值,都会发生干涉,影响旋合性,只是发生干涉的螺牙侧面不同而已。

8.2.2 牙型半角误差对互换性的影响

牙型半角误差是由于牙型角 α 本身不准确,或者是牙型角的平分线不垂直于螺纹轴线,还可能是以上两者综合而造成。

我们仍然假设内螺纹具有理想牙型,外螺纹的中径及螺距与内螺纹相同,但牙型半角有误差,下面分三种情况讨论。

(1) 外螺纹的左、右牙型半角相等,但小于内螺纹牙型半角,即 $\Delta\dfrac{\alpha}{2}_{左} = \Delta\dfrac{\alpha}{2}_{右} < 0$,此时内、外螺纹将在螺纹大径处产生干涉,因而外螺纹无法旋入内螺纹,如图 8.3 所示。为了使外螺纹旋入理想的内螺纹,必须把外螺纹的中径减小一个数值 $f_{\frac{\alpha}{2}}$,这个 $f_{\frac{\alpha}{2}}$ 值叫做牙型半角误差的中径当量。

如图 8.3 的三角形 ABC,按正弦定理得

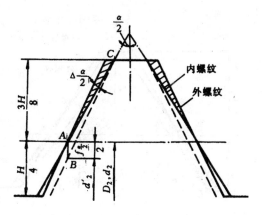

图 8.3 $\Delta\frac{\alpha}{2}_{左}=\Delta\frac{\alpha}{2}_{右}<0$ 时的误差影响

$$\frac{\dfrac{f_{\frac{\alpha}{2}}}{2}}{\sin\Delta\frac{\alpha}{2}}=\frac{AC}{\sin\left(\dfrac{\alpha}{2}-\Delta\dfrac{\alpha}{2}\right)}$$

因为 $AC=\dfrac{\dfrac{3}{8}H}{\cos\dfrac{\alpha}{2}}$ 且 $\Delta\dfrac{\alpha}{2}$ 很小，所以

$$\sin\Delta\frac{\alpha}{2}\approx\Delta\frac{\alpha}{2},\sin\left(\frac{\alpha}{2}+\Delta\frac{\alpha}{2}\right)\approx\sin\frac{\alpha}{2}$$

代入得

$$f_{\frac{\alpha}{2}}=\frac{2\times\dfrac{3}{8}H\cdot\Delta\dfrac{\alpha}{2}}{\sin\dfrac{\alpha}{2}\cos\dfrac{\alpha}{2}}=\frac{1.5H\Delta\dfrac{\alpha}{2}}{\sin\alpha}$$

上式中，如 $\dfrac{\alpha}{2}$ 以分、H 以 mm 计，则得

$$f_{\frac{\alpha}{2}}=\frac{1.5\times0.291\times10^{-3}\times10^{3}H}{\sin\alpha}\Delta\frac{\alpha}{2}=\frac{0.44H}{\sin\alpha}\Delta\frac{\alpha}{2}$$

当 $\alpha=60°$，$H=0.866P$ 时

$$f_{\frac{\alpha}{2}}=0.44P\Delta\frac{\alpha}{2}(\mu\text{m})$$

如果考虑 $\Delta\dfrac{\alpha}{2}$ 的符号，则

$$f_{\frac{\alpha}{2}}=0.44P\left|\Delta\frac{\alpha}{2}\right|(\mu\text{m}) \tag{8.5}$$

（2）外螺纹的左、右牙型半角相等，但大于内螺纹牙型半角，即 $\Delta\dfrac{\alpha}{2}_{左}=\Delta\dfrac{\alpha}{2}_{右}>0$，此时，内、外螺纹将在小径处产生干涉，如图 8.4 所示，同理得

$$f_{\frac{\alpha}{2}}=0.29P\left|\Delta\frac{\alpha}{2}\right| \tag{8.6}$$

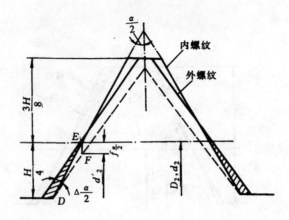

图 8.4 $\Delta \frac{\alpha}{2}_{左} = \Delta \frac{\alpha}{2}_{右} > 0$ 时的误差影响

若 $\Delta \frac{\alpha}{2}_{左} \neq \Delta \frac{\alpha}{2}_{右}$,则上述计算公式中 $\Delta \frac{\alpha}{2} = \frac{1}{2}\left(\Delta \frac{\alpha}{2}_{左} + \Delta \frac{\alpha}{2}_{右}\right)$

(3) 外螺纹的左、右牙型半角不等,有的大于内螺纹牙型半角,有的小于内螺纹牙型半角,则可采用下面的近似计算公式

$$f_{\frac{\alpha}{2}} = 0.36P\left|\Delta \frac{\alpha}{2}\right|(\mu m) \tag{8.7}$$

式中: $\Delta \frac{\alpha}{2} = \frac{1}{2}\left(\left|\Delta \frac{\alpha}{2}_{左}\right| + \left|\Delta \frac{\alpha}{2}_{右}\right|\right)$

同理,假设外螺纹具有理想牙型,内螺纹存在牙型半角误差,则内螺纹牙型半角误差的中径当量 $f_{\frac{\alpha}{2}}$ 仍可按上面的公式计算,但内、外螺纹的干涉部位发生了变化,即内螺纹 $\Delta \frac{\alpha}{2} > 0$ 时,干涉发生在大径处,$f_{\frac{\alpha}{2}} = 0.44P\left|\Delta \frac{\alpha}{2}\right|(\mu m)$;内螺纹 $\Delta \frac{\alpha}{2} < 0$ 时,干涉发生在小径处,$f_{\frac{\alpha}{2}} = 0.29P\left|\Delta \frac{\alpha}{2}\right|(\mu m)$。

8.2.3 中径误差对互换性的影响

在加工螺纹时,中径本身也不可能制造得绝对准确,也会有误差。当外螺纹中径大于内螺纹中径时影响旋合性,而外螺纹中径小得太多,则使配合过松,影响联接强度。所以,必须对内、外中径本身的误差加以限制。

8.2.4 作用中径的概念

作用中径是指螺纹配合时实际起作用的中径,它是与作用尺寸相似的概念。当外螺纹有了螺距误差和牙型半角误差时,相当于外螺纹的中径增大了,这时它只能与一个中径较大的理想内螺纹旋合。这个假想内螺纹的中径叫做外螺纹的作用中径,用 $d_{2作用}$ 表示,它等于外螺纹的实际中径与螺距误差及牙型半角误差的中径当量之和,即

$$d_{2作用} = d_{2实际} + (f_p + f_{\frac{\alpha}{2}}) \tag{8.8}$$

同理,内螺纹的作用中径等于内螺纹的实际中径与螺距误差及牙型半角误差的中径当量之差,即

$$D_{2作用} = D_{2实际} - (f_p + f_{\frac{\alpha}{2}})\qquad\qquad(8.9)$$

对于普通螺纹来说,没有单独规定螺距及牙型半角的公差,只规定了一个中径公差。这个公差同时用来限制实际中径、螺距及牙型半角三个要素的误差。因此,中径公差是衡量螺纹互换性的主要指标。

判断螺纹合格性的准则应遵循泰勒原则,即实际螺纹的作用中径不能超出最大实体牙型的中径,而实际螺纹上任何部位的单一中径不能超出最小实体牙型的中径,如图 8.5 所示。

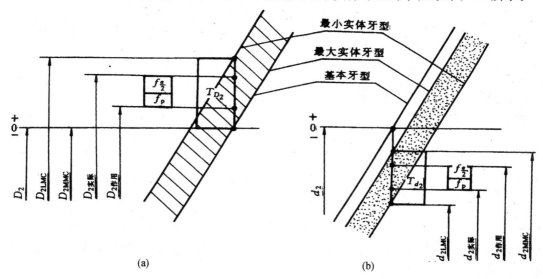

图 8.5　螺纹中径合格性条件

（a）内螺纹；（b）外螺纹

D_{2MMC}、D_{2LMC} 为内螺纹最大、最小实体牙型中径；d_{2MMC}、d_{2LMC} 为外螺纹最大、最小实体牙型中径

对外螺纹,作用中径不大于中径最大极限尺寸,单一中径不小于中径最小极限尺寸,即

$$d_{2作用} \leqslant d_{2max}$$

$$d_{2单-} \geqslant d_{2min}$$

对内螺纹,作用中径不小于中径最小极限尺寸,单一中径不大于中径最大极限尺寸,即

$$D_{2作用} \geqslant D_{2min}$$

$$D_{2单-} \leqslant D_{2max}$$

为使外螺纹与内螺纹能够自由旋合,应使外螺纹的作用中径不超过内螺纹的作用中径,即

$$D_{2作用} \geqslant d_{2作用}$$

8.3　普通螺纹的公差与配合

8.3.1　螺纹公差制的基本结构

国家标准《普通螺纹的公差与配合》GB/T197-2003 将螺纹公差带的两个基本要素公差带

大小和公差带位置进行标准化,组成各种螺纹公差带。螺纹配合由内、外螺纹公差带组合而成,考虑到旋合长度对螺纹精度的影响,螺纹精度由螺纹公差带与旋合长度构成,螺纹公差制的基本结构如图 8.6 所示。

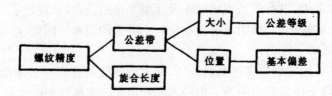

图 8.6　普通螺纹公差制结构

8.3.2　螺纹的公差等级

普通螺纹国家标准按内、外螺纹的中径和顶径公差的大小,分别规定了不同的公差等级,见表 8.2。

表 8.2　螺纹的公差等级表

螺 纹 直 径	公 差 等 级	螺 纹 直 径	公 差 等 级
内螺纹小径 D_1	4,5,6,7,8	外螺纹大径 d	4,6,8
内螺纹中径 D_2	4,5,6,7,8	外螺纹中径 d_2	3,4,5,6,7,8,9

表 8.2 中 6 级是基本级。由于内螺纹加工比外螺纹困难,在同一公差等级中,内螺纹中径公差比外螺纹中径公差大 32%。

对外螺纹的小径和内螺纹的大径不规定具体的公差值,而只规定内、外螺纹牙底实际轮廓上的任何点,均不得超出按基本偏差所确定的最大实体牙型,此外还规定了外螺纹的最小牙底半径。

内、外螺纹中径和顶径的公差值见表 8.3,表 8.4,表 8.5,表 8.6。

表 8.3　普通螺纹外螺纹大径公差(T_d)(摘自 GB/T197—2003)(μm)

螺距 P (mm)	公 差 等 级			螺距 P (mm)	公 差 等 级		
	4	6	8		4	6	8
0.5	67	106	—	1.5	150	236	375
0.6	80	125	—	1.75	170	265	425
0.7	90	140	—	2	180	280	450
0.75	90	140	—	2.5	212	335	530
0.8	95	150	236	3	236	375	600
1	112	180	280	3.5	265	425	670
1.25	132	212	335	4	300	475	750

表 8.4　普通螺纹内螺纹小径公差(T_{D_1})(摘自 GB/T197—2003)(μm)

螺距 P (mm)	公　差　等　级				
	4	5	6	7	8
0.5	90	112	140	180	—
0.6	100	125	160	200	—
0.7	112	140	180	224	—
0.75	118	150	190	236	—
0.8	125	160	200	250	315
1	150	190	236	300	375
1.25	170	212	265	335	425
1.5	190	236	300	375	475
1.75	212	265	335	425	530
2	236	300	375	475	600
2.5	280	355	450	560	710
3	315	400	500	630	800
3.5	355	450	560	710	900
4	375	475	600	750	950

表 8.5　普通螺纹外螺纹中径公差(T_{d_2})(摘自 GB/T197—2003)(μm)

公称直径 d (mm)	螺距 P (mm)	公　差　等　级						
		3	4	5	6	7	8	9
>2.8~5.6	0.35	34	42	53	67	85	—	—
	0.5	38	48	60	75	95	—	—
	0.6	42	53	67	85	106	—	—
	0.7	45	56	71	90	112	—	—
	0.75	45	56	71	90	112	—	—
	0.8	48	60	75	95	118	150	190
>5.6~11.2	0.5	42	53	67	85	106	—	—
	0.75	50	63	80	100	125	—	—
	1	56	71	90	112	140	180	224
	1.25	60	75	95	118	150	190	236
	1.5	67	85	106	132	170	212	265
>11.2~22.4	0.5	45	56	71	90	112	—	—
	0.75	53	67	85	106	132	—	—
	1	60	75	95	118	150	190	236
	1.25	67	85	106	132	170	212	265
	1.5	71	90	112	140	180	224	280
	1.75	75	95	118	150	190	236	300
	2	80	100	125	160	200	250	315
	2.5	85	106	132	170	212	265	335

公称直径 d (mm)	螺距 P (mm)	公 差 等 级						
		3	4	5	6	7	8	9
>22.4~45	0.75	56	71	90	112	140	—	—
	1	63	80	100	125	160	200	250
	1.5	75	95	118	150	190	236	300
	2	85	106	132	170	212	265	335
	3	100	125	160	200	250	315	400
	3.5	106	132	170	212	265	335	425
	4	112	140	180	224	280	355	
			150	190	236	300		

表 8.6 普通螺纹内螺纹中径公差(T_{D_2})(摘自 GB/T197—2003)(μm)

公称直径 d (mm)	螺距 P (mm)	公 差 等 级				
		4	5	6	7	8
>2.8~5.6	0.35	56	71	90	—	—
	0.5	63	80	100	125	—
	0.6	71	90	112	140	—
	0.7	75	95	118	150	—
	0.75	75	95	118	150	—
	0.8	80	100	125	160	200
>5.6~11.2	0.5	71	90	112	140	—
	0.75	85	106	132	170	—
	1	95	118	150	190	236
	1.25	100	125	160	200	250
	1.5	112	140	180	224	280
>11.2~22.4	0.5	75	95	118	150	—
	0.75	90	112	140	180	—
	1	100	125	160	200	250
	1.25	112	140	180	224	280
	1.5	118	150	190	236	300
	1.75	125	160	200	250	315
	2	132	170	212	265	335
	2.5	140	180	224	280	355
>22.4~45	0.75	95	118	150	190	—
	1	106	132	170	212	—
	1.5	125	160	200	250	315
	2	140	180	224	280	355
	3	170	212	265	335	425
	3.5	180	224	280	355	450
	4	190	236	300	375	475
	4.5	200	250	315	400	500

8.3.3 螺纹的基本偏差

内、外螺纹的公差带位置见图 8.7。螺纹的基本牙型是计算螺纹偏差的基准，内、外螺纹的公差带相对于基本牙型的位置,与圆柱体的公差带位置一样,由基本偏差决定。GB/T197—2003 规定外螺纹的基本偏差为上偏差 es、内螺纹的基本偏差为下偏差 EI。

则外螺纹下偏差为:ei=es－T

内螺纹上偏差为:ES=EI+T

式中:T 为螺纹公差。

在普通螺纹标准中,根据装配和容纳镀层等不同要求,对外螺纹规定了 e,f,g,h 四种公差带位置(见图 8.7(c)、(d));对内螺纹规定了 G,H 两种公差带位置(见图 8.7(a)、(b))。H,h 的基本偏差为零,G 的基本偏差为正值,e,f,g 的基本偏差为负值。

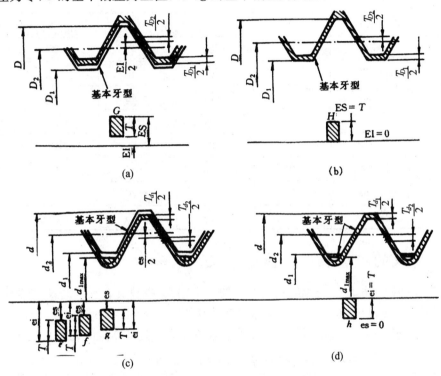

图 8.7　内、外螺的公差带位置

(a) 内螺纹公差带位置 G;(b) 内螺纹公差带位置 H;

(c) 外螺纹公差带位置 $e. f. g$;(d) 外螺纹公差带位置 h

内、外螺纹的基本偏差见表 8.7。

表 8.7　普通螺纹基本偏差(摘自 GB/T197—2003)(μm)

螺距 P (mm)	基 本 偏 差					
	内螺纹 D_2, D_1		外 螺 纹 d, d_2			
	G EI	H EI	e es	f es	g es	h es
0.5	+20	0	−50	−36	−20	0
0.6	+21	0	−53	−36	−21	0

螺距 P	基 本 偏 差					
(mm)	内螺纹 D_2,D_1		外 螺 纹 d,d_2			
	G EI	H EI	e es	f es	g es	h es
0.7	+22	0	−56	−38	−22	0
0.75	+22	0	−56	−38	−22	0
0.8	+24	0	−60	−38	−24	0
1	+26	0	−60	−40	−26	0
1.25	+28	0	−63	−42	−28	0
1.5	+32	0	−67	−45	−32	0
1.75	+34	0	−71	−48	−34	0
2	+38	0	−71	−52	−38	0
2.5	+42	0	−80	−58	−42	0
3	+48	0	−85	−63	−48	0
3.5	+53	0	−90	−70	−53	0
4	+60	0	−95	−75	−60	0

8.3.4 螺纹的旋合长度和精度等级

（1）螺纹的旋合长度是与螺纹精度有关的一个因素，螺纹旋合长度越长，螺距累积误差越大，对螺纹旋合性的影响也越大。国家标准按螺纹的直径和螺距将螺纹的旋合长度分为三组，分别称为短旋合长度 S、中旋合长度 N 和长旋合长度 L。其具体数值见表 8.8。

表 8.8 普通螺纹旋合长度（摘自 GB/T197−2003）(mm)

公称直径 D,d	螺距 P	旋 合 长 度			
(mm)	(mm)	S		N	L
		≤	>	≤	>
>2.8~5.6	0.35	1	1	3	3
	0.5	1.5	1.5	4.5	4.5
	0.6	1.7	1.7	5	5
	0.7	2	2	6	6
	0.75	2.2	2.2	6.7	6.7
	0.8	2.5	2.5	7.5	7.5
>5.6~11.2	0.5	1.6	1.6	4.7	4.7
	0.75	2.4	2.4	7.1	7.1
	1	3	3	9	9
	1.25	4	4	12	12
	1.5	5	5	15	15

公称直径 D,d （mm）	螺距 P （mm）	旋 合 长 度			
		S		N	L
		≤	>	≤	>
>11.2~22.4	0.5	1.8	1.8	5.4	5.4
	0.75	2.7	2.7	8.1	8.1
	1	3.8	3.8	11	11
	1.25	4.5	4.5	13	13
	1.5	5.6	5.6	16	16
	1.75	6	6	18	18
	2	8	8	24	24
	2.5	10	10	30	30
>22.4~45	0.75	3.1	3.1	9.4	9.4
	1	4	4	12	12
	1.5	6.3	6.3	19	19
	2	8.5	8.5	25	25
	3	12	12	36	36
	3.5	15	15	45	45
	4	18	18	53	53
	4.5	21	21	63	63

（2）螺纹的精度等级。螺纹精度等级由螺纹公差带和螺纹旋合长度两个因素决定。标准将螺纹精度分为精密、中等和粗糙三级。精密级用于精密螺纹，要求配合性质变动较小时采用；中等级用于一般用途的机械、仪器和构件；粗糙级用于精度要求不高或制造比较困难的螺纹。

一般以中等旋合长度下的 6 级公差等级作为中等精度，精密与粗糙都与此相比较而言。

8.3.5 螺纹的公差带及其选用

按照不同的公差带位置（G,H,e,f,g,h）及不同的公差等级可以组成各种螺纹公差带。公差带代号由表示基本偏差的字母和表示公差等级的数字组成，表示方法与圆柱形结合的极限与配合相区别，这里是公差等级数字在前，基本偏差字母在后，如 6H（中径和顶径的公差等级都为 6 级）、5g6g（中径的公差等级为 5 级、顶径的公差等级为 6 级）。

在生产中，如果全部使用上述各种公差带，将给刀、量具的生产、供应及螺纹加工和管理造成许多困难。为了减少刀、量具的规格，对公差带的种类应加以限制，标准中推荐了一些常用的公差带，同时给出优先、一般和尽量不用的选用顺序，见表 8.9、表 8.10。除非特殊需要，不应选择标准中未规定的公差带。

从表 8.9、表 8.10 可以看出：在同一精度中，对不同的旋合长度（S,N,L），中径采用了不同的公差等级，这是考虑到不同旋合长度对螺距累积误差有不同影响的缘故。

内、外螺纹的选用公差带可以任意组合，主要根据使用要求来选择，在满足设计要求的前提下尽量选用带＊号的公差带。为了保证足够的接触高度，完工后的螺纹副最好组合成。

表 8.9　内螺纹选用公差带

精度	公差带位置 G			公差带位置 H		
	S	N	L	S	N	L
精　密				4H	4H5H	5H6H
中　等	(5G)	(6G)	(7G)	＊5H	6H	＊7H
粗　糙		(7G)			7H	

表 8.10　外螺纹选用公差带

精度	公差带位置 e			公差带位置 f			公差带位置 g			公差带位置 h		
	S	N	L	S	N	L	S	N	L	S	N	L
精　密										(3h4h)	＊4h	(5h4h)
中　等		＊6e			＊6f		(5g6g)	6g	(7g6g)	(5h6h)	＊6h	(7h6h)
粗　糙								8g			(8h)	

注：大量生产的精制紧固螺纹，推荐采用带方框的公差带；带 ＊ 的公差带应优先选用，其次是不带 ＊ 的公差带，(　)号中的公差带尽可能不用。

H/g，H/h 或 G/h 的配合。H/h 配合的最小间隙为零，通常采用此种配合，H/g 与 G/h 配合具有保证间隙，用于保证下列几种情况：① 要求装拆方便；② 在高温下工作的螺纹；③ 需要涂镀保护层的螺纹；④ 改善螺纹的疲劳强度。

8.3.6　螺纹的标记

螺纹在图样上应有完整的标记。螺纹的完整标记由螺纹代号、公称直径、螺距、公差带代号和旋合长度代号(或数值)等组成。

(1) 在零件图上螺纹标记举例如下：

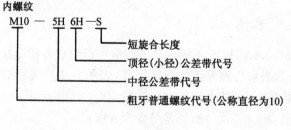

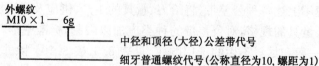

若采用中等旋合长(N)，不另加标注。若为长旋合长度(L)或短旋合长度(S)，应在螺纹公差带代号后面加注 L 或 S。当螺纹为左旋时，在螺纹代号后加"LH"，不注时为右旋螺纹。

(2) 在装配图上，内、外螺纹公差带代号用斜线分开，左边表示内螺纹公差带代号，右边表示外螺纹公差带代号，如 M10—6H/5g6g。

例 8.1 查表确定 M20-6H/5g6g 普通内、外螺纹的中径、大径和小径的极限偏差,并计算内、外螺纹的中径、大径和小径的极限尺寸。

解:(1)查表 8.1 得:大径 $D=d=20$mm

中径 $D_2=d_2=18.376$mm

小径 $D_1=d_1=17.294$mm

螺距 $P=2.5$mm

(2) 查表 8.3,表 8.4,表 8.5,表 8.6,表 8.7 确定内、外螺纹中径、大径和小径的极限偏差,并计算出极限尺寸,计算结果列表如下:

名　称	内　螺　纹		外　螺　纹	
极限偏差	上偏差	下偏差	上偏差	下偏差
查表 大径	不规定	0	−0.042	−0.377
中径	+0.224	0	−0.042	−0.174
小径	+0.450	0	−0.042	不规定
极限尺寸	最大极限尺寸	最小极限尺寸	最大极限尺寸	最小极限尺寸
计算 大径	不超过实体牙型	20	19.958	19.623
中径	18.600	18.376	18.334	18.202
小径	17.744	17.294	17.252	不超过实体牙型

例 8.2 加工一 M24-5h 的螺栓,加工后测得实际中径 $d_{2实际}=21.95$mm,螺距累积误差 $\Delta P_\Sigma=-50\mu$m,牙型半角误差 $\Delta\frac{\alpha}{2}_左=-60'$、$\Delta\frac{\alpha}{2}_右=+80'$,求该螺栓的作用中径并判断其合格性。

解:M24 为公称直径为 24mm 的粗牙普通螺纹。

(1) 查表 8.1 得:螺距 $P=3$mm,中径 $d_2=22.051$mm

查表 8.5 得:$T_{d_2}=160\mu$m

查表 8.7 得:es$=0$,则 ei$=-160\mu$m

(2) 计算得:$d_{2\max}=22.051$mm

$d_{2\min}=21.891$mm

(3) 计算螺距误差和牙型半角误差的中径当量,由公式(8.4)得:

$$f_\text{p}=1.732|\Delta P_\Sigma|=1.732\times|-50|=86.6\mu\text{m}$$

由公式(8.7)得:

$$f_\frac{\alpha}{2}=0.36P\left|\Delta\frac{\alpha}{2}\right|=0.36P\left(\left|\Delta\frac{\alpha}{2}_左\right|+\left|\Delta\frac{\alpha}{2}_右\right|\right)/2$$

$$=0.36\times3\times(60+80)/2=75.6\mu\text{m}$$

(4) 计算螺纹的作用中径,由公式(8.8)得

$$d_{2作用}=d_{2实际}+(f_\text{p}+f_\frac{\alpha}{2})=21.95+(0.0866+0.0756)=22.112\text{mm}$$

$$d_{2作用}>d_{2\max}$$

(5) 画出公差带图。从图 8.8 中可看出,作用中径过大,故此螺栓将不能旋入具有理想轮

廓的螺母。尽管实际中径在中径公差范围内,此螺栓仍不合格。

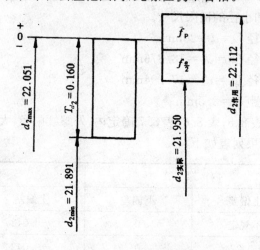

图 8.8 公差带图

8.4 螺纹的检测

螺纹的检测方法可分为综合测量和单项测量两类。

8.4.1 综合测量

综合测量能一次同时检验几个螺纹参数,以几个参数的综合误差来判断该螺纹是否合格。在成批生产中通常采用螺纹量规和光滑极限量规联合检验螺纹是否合格。如图 8.9 中的光滑卡规用来检验螺栓的大径。通端螺纹环规用来检验螺栓作用中径和螺栓小径的最大极限尺寸。为了达到综合测量的目的,通端螺纹环规应有完整牙型(具有理想牙型),其螺纹长度跟被测螺纹旋合长度相当。合格的螺栓都要被通端螺纹环规顺利地旋入,这样就保证了螺栓的作用中径及螺栓小径都不超过它们各自的最大极限尺寸。止端螺纹环规只用来检验螺栓实际中径是否超过螺栓中径的最小极限尺寸,合格的螺栓不应被止端螺纹环规所旋合,但容许它旋入

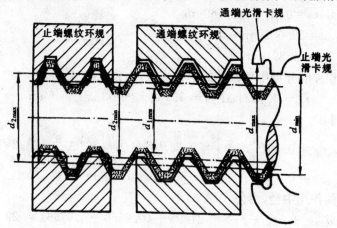

图 8.9 检验螺栓的大径

一部分,旋合量应不超过两个螺距;对于螺纹长度等于或小于三个螺距的螺栓,不应完全旋合通过。为了避免螺距误差及牙型半角误差对实际中径的影响,止端螺纹环规采用截短牙型,并具有较少的螺纹圈数(一般为 $2\sim3\frac{1}{2}$ 圈)。

同样在图8.10中的光滑塞规用来检验螺母的小径。通端螺纹塞规用来检验螺母作用中径和螺母大径的最小极限尺寸,采用完整牙型和跟旋合长度相当的螺纹长度。止端螺纹塞规只用来控制螺母实际中径一个参数,采用截短牙型和较少的螺纹圈数,其旋合量要求与螺纹环规相同。

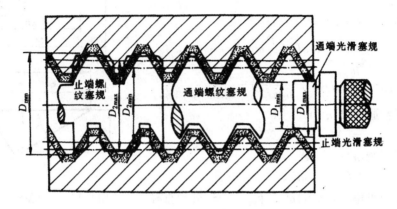

图8.10　检验螺母的小径

8.4.2　单项测量

单项测量每次只测量螺纹的一项几何参数,并以所测得的实际值来判断螺纹的合格性。单项测量主要用于高精度螺纹、螺纹类刀具及螺纹量规。生产中在分析与调整螺纹加工工艺时,也需要采用单项测量。

8.4.2.1　用螺纹千分尺测量外螺纹中径

用螺纹千分尺测量外螺纹中径是生产车间测量低精度螺纹的常用量具。它的结构与一般外径千分尺相似,如图8.11所示,只是它的两个测量头形状不同,且可以根据不同螺纹牙型和不同螺距选用不同的测量头。

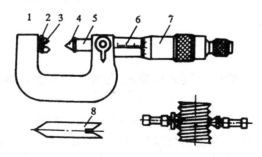

图8.11　螺纹千分尺
1. 弓架;2. 架砧;3. V形测量头;4. 圆锥形测量头;5. 主量杆;6. 内套筒;7. 外套筒;8. 校对样板

8.4.2.2　三针量法

　　三针量法是一种间接测量法,主要用于测量精密螺纹(如丝杠、螺纹塞规)的中径(d_2)。如图 8.12 所示,根据被测螺纹的螺距 P 和牙型半角,选取三根直径相同的小圆柱(直径为 d_0),分别放在对径牙槽里,用接触式量仪量出 M 值,再根据几何关系换算出被测的单一中径 $d_{2实际}$。

$$M = d_{2实际} + 2(A - B) + d_0$$

　　而且　$A = d_0/2\sin\dfrac{\alpha}{2}$,　$B = \dfrac{P}{4}\cot\dfrac{\alpha}{2}$

　　所以　$d_{2实际} = M - d_0\left(1 + \dfrac{1}{\sin\alpha/2}\right) + \dfrac{P}{2}\cot\dfrac{\alpha}{2}$

　　对于公制普通螺纹,$\alpha = 60°$,则

$$d_{2实际} = M - 3d_0 + 0.866P$$

　　对于梯形螺纹,$\alpha = 30°$,则

$$d_{2实际} = M - 4.8637d_0 + 1.866P$$

　　为避免牙型半角误差对测量结果的影响,量针直径应按照螺纹螺距选择,使量针与牙侧的接触点落在中径线上,此时的量针直径称为量针量佳直径。

$$d_{0最佳} = P/2\cos\dfrac{\alpha}{2}$$

　　对公制普通螺纹

$$d_{0最佳} = 0.577P$$

　　对梯形螺纹

$$d_{0最佳} = 0.518P$$

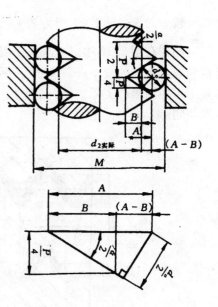

图 8.12　三针量法测量中径

8.4.2.3　用工具显微镜测量螺纹各要素

　　在工具显微镜上可用影像法或轴切法测量螺纹各要素(大径、中径、小径、螺距、牙型半角等)。各种精密螺纹,如螺纹量规、丝杠、螺杆、滚刀等,均可在工具显微镜上测量。

小结

　　本章重点介绍了螺纹的种类,主要几何参数,主要几何参数对螺纹互换性的影响,螺纹的公差与配合以及螺纹的检测等。

　　(1)螺纹的种类及主要几何参数。螺纹结合按其所起的作用分为两类:紧固螺纹和传动螺纹。普通螺纹属于紧固螺纹,其使用要求是可旋入性和联接的可靠性。

　　螺纹的几何参数较多,其中大径、中径、小径、螺距和牙型半角是主要参数,它们直接影响着螺纹结合的互换性。

　　(2)螺纹几何参数误差对互换性的影响:

螺距误差和牙型半角误差对螺纹旋合的影响相当于外螺纹的中径增大、内螺纹的中径减小。控制作用中径就间接地控制了螺距误差和牙型半角误差。

作用中径是实际中径与螺距误差、牙型半角误差的中径当量之和（对外螺纹）或之差（对内螺纹）。即

外螺纹：$d_{2作用} = d_{2实际} + (f_p + f_{\frac{\alpha}{2}})$

内螺纹：$D_{2作用} = D_{2实际} - (f_p + f_{\frac{\alpha}{2}})$

螺纹中径合格条件是：

外螺纹：$d_{2作用} \leqslant d_{2max}$；　　$d_{2实际} \geqslant d_{2min}$

内螺纹：$D_{2作用} \geqslant D_{2min}$；　　$D_{2实际} \leqslant d_{2max}$

（3）螺纹的公差与配合：普通螺纹的精度由公差带和旋合长度决定。螺纹公差带由公差大小和位置决定。国标对外螺纹规定了 e,f,g,h 四种基本偏差，对内螺纹规定了 G,H 两种基本偏差。国标对内螺纹的中径和小径、外螺纹的中径和大径，各规定了若干个公差等级，其中 6 级是基本级。旋合长度分为 S,N,L 三组。

（4）螺纹的检测：螺纹的检测方法分为综合测量和单项测量。综合测量是用螺纹极限量规判断零件是否合格。单项测量包括螺纹千分尺测量外螺纹中径；三针量法测量螺纹中径；工具显微镜测量螺纹各参数。

习题与思考题

1. 影响螺纹互换性的主要参数有哪些？

2. 如何确定外螺纹和内螺纹的作用中径？作用中径的合格条件是什么？

3. 为什么普通螺纹不单独规定螺距公差和牙型半角公差？

4. 为什么螺纹精度由公差带和旋合长度共同决定？

5. 一对螺纹配合代号为 M20×2—6H/5g6g,试通过查表,写出内、外螺纹的公称直径、大、中、小径的公差,极限偏差和极限尺寸。

6. 有一 M20—7H 的螺母,测得其实际中径 $D_{2实际} = 18.61mm$,螺距累积误差 $\Delta P_\Sigma = +40\mu m$,牙型实际半角 $\frac{\alpha}{2}_{(左)} = 30°30'$,$\frac{\alpha}{2}_{(右)} = 29°10'$,问此螺母的中径是否合格？

7. 已知螺栓 M16×1.5—6g 的加工误差为：$\Delta P_\Sigma = -0.01mm$,$\Delta \frac{\alpha}{2}_{(左)} = +30'$,$\Delta \frac{\alpha}{2}_{(右)} = -40'$,问螺栓实际中径允许的尺寸范围为多少？

8. 测得螺纹结合 M18—6H/6h 如下尺寸与误差。螺母 $D_{2实际} = 16.51mm$,$\Delta P_\Sigma = +25\mu m$,$\Delta \frac{\alpha}{2}_{(左)} = -15'$,$\Delta \frac{\alpha}{2}_{(右)} = +35'$；螺栓 $d_{2实际} = 16.24mm$,$\Delta P_\Sigma = +20\mu m$,$\Delta \frac{\alpha}{2}_{(左)} = +30'$,$\Delta \frac{\alpha}{2}_{(右)} = -20'$,试计算中径的配合间隙。

9　圆柱齿轮传动公差及检测

9.1　概述

　　齿轮传动是一种重要的机械传动形式,通常用来传递运动或动力。由于齿轮传动具有结构紧凑,能保持恒定的传动比,传动效率高,使用寿命长及维护保养方便等特点,所以在机器和仪器仪表中应用极为广泛。凡是用齿轮传动的机械产品,其工作性能、承载能力、使用寿命等都与齿轮的制造精度和装配精度密切相关。

　　齿轮传动是由齿轮副、轴、轴承与箱体等主要零件组成的,由于组成齿轮传动装置的这些主要零件在制造和安装时不可避免地存在误差,因此必然会影响齿轮传动的质量。为了保证齿轮传动质量,就要规定相应的公差。

9.1.1　齿轮传动的使用要求

　　由于齿轮传动的类型很多,应用又极为广泛,因此对齿轮传动的使用要求也是多方面的,归纳起来主要有以下四项:

　　(1) 传递运动的准确性:就是要求齿轮在一转范围内,实际速比 i_R 相对于理论速比 i_t 的变动量 $\Delta i\Sigma$ 应限制在允许的范围内,以保证从动齿轮与主动齿轮的运动准确协调,如图 9.1 所示。

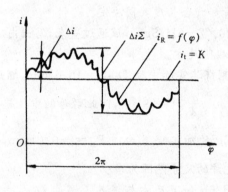

图 9.1　实际速比的变动

　　(2) 传动的平稳性:就是要求齿轮在一齿范围内,瞬时速比的变动量 Δi 限制在允许的范围内,以减小齿轮传动中的冲击、振动和噪声,保证传动平稳。例如对轿车的齿轮变速箱,要求其中的齿轮传动要非常平稳,以减小噪声。

　　(3) 载荷分布的均匀性:就是要求齿轮啮合时,齿面接触良好,使齿面上的载荷分布均匀,避免载荷集中于局部齿面,使齿面磨损加剧,甚至轮齿断裂,影响齿轮的使用寿命。

　　(4) 合理的齿轮副侧隙:为了贮存润滑油,补偿齿受力后的弹塑性变形、热变形以及制造和安装中产生的误差,要求齿轮副啮合时非工作齿面间应留有一定的间隙,即齿侧间隙(见图 9.2),以防止齿轮在传动中出现卡死和烧伤,保证齿轮正常回转。

图 9.2　齿侧间隙

由于齿轮传动的用途和工作条件不同,对上述四方面的要求也有所不同。

例如,精密机床的分度齿轮和测量仪器的读数齿轮,其特点是传动功率小、模数小和转速低,主要要求传递运动要准确,即能精确地回转分度,有的齿轮要求每转的转角误差不允许超过 $1'\sim2'$。

机床、汽车、飞机的变速齿轮和汽轮机的减速齿轮,其特点是圆周速度高,传递功率大,主要要求传动平稳,振动小,噪声小。如果所受载荷较大时还要求齿面接触良好,载荷分布均匀。

矿山机械、起重机械和轧钢机等低速动力齿轮,其特点是载荷大,传动功率大,转速低,主要要求啮合齿面接触良好,载荷分布均匀。

高速或重载齿轮的变形大,要求较大的侧隙;而分度和读数齿轮,要求正反转空程小,所以侧隙要小。

从使用角度对齿轮提出的上述要求,在制造过程中应设法予以满足。然而,在齿轮制造过程中由于齿坯的制造和安装误差,齿轮加工机床与刀具误差的存在,致使被加工齿轮及其各轮齿的尺寸、形状和位置都将产生误差或偏差。而当齿轮作为机器的一个传动零件工作时,这些误差又将综合反映为传动比的变化及接触不良,导致冲击、振动及噪声,影响其使用质量与工作寿命。为了保证齿轮传动的质量及其互换性,国家标准《渐开线圆柱齿轮精度》(GB/T10095—1988)中,对广泛应用的渐开线圆柱齿轮和齿轮副规定了一系列的公差项目。对此,本章将分别加以介绍,这些基本概念大部分也适用于圆锥齿轮与蜗杆蜗轮传动。

9.1.2　圆柱齿轮的加工误差分析

圆柱齿轮的加工方法很多,按其在加工中有无切屑可分为无切屑加工(压铸、热轧、冷挤、粉末冶金等)和有切屑加工(切削加工)。切削加工按其加工原理又可分为仿形法和范成法两类。

仿形法(又称成形法):如成形铣齿、成形磨齿、拉齿等。

范成法(又称展成法):如滚齿、插齿、磨齿等。用范成法切削加工渐开线圆柱齿轮,齿轮的加工误差来源于组成工艺系统的机床、夹具、刀具和齿坯本身的误差及安装、调整误差。由于齿形比较复杂,而影响加工误差的工艺因素比较多,对齿轮加工误差的规律性及其对传动性能的影响的研究,至今还不很充分。现以最常用的滚齿加工为例,分析引起齿轮加工误差的主要因素。

如图 9.3 所示,在滚齿加工中,引起齿轮加工误差的主要因素有:

(1) 齿坯的误差(尺寸、形状和位置误差)以及齿坯在滚齿机床上的安装误差(包括夹具误差)。

(2) 滚齿机床的分度机构及传动链误差。

(3) 滚刀的制造及安装误差等。

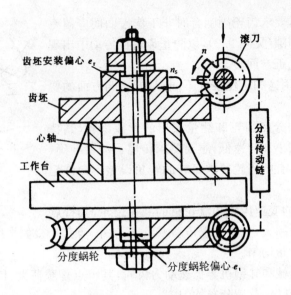

图 9.3　滚齿加工

在滚齿过程中,旋转的滚刀可以看成其刀齿沿滚刀轴向移动,这相当于齿条与被切齿轮的啮合运动,滚刀和齿坯的旋转运动应严格地保持这种运动关系。若这种运动关系被破坏,齿轮就产生误差。例如,当齿坯安装偏心(如图 9.3 中的 e_r, e_r 称为几何偏心)和机床分度蜗轮的加工误差和安装偏心(如图 9.3 中的 e_t, e_t 称为运动偏心),就会影响齿坯和滚刀之间正确的运动关系。但因其在齿坯旋转一转中,所引起齿轮的最大误差只出现一次,故为长周期误差,也称低频误差,以齿轮一转为周期,它们主要影响齿轮传递运动的准确性。若分度蜗杆或滚刀存在转速误差,径向跳动和轴向窜动等误差,也会破坏滚刀和齿坯之间的运动关系。但因刀具的转数远比齿坯转数高,所引起的误差在齿坯一转中多次重复出现,频率较高,故为短周期误差,也称高频误差,以分度蜗杆一转或者齿轮一齿为周期,它们主要影响齿轮传动的平稳性。若滚刀的进刀方向与轮齿的理想方向不一致,会使轮齿在方向上产生误差,影响齿面载荷分布的均匀性。此外,滚刀径向进刀的多少会引起轮齿的齿厚误差,影响齿轮副侧隙的大小;滚刀的齿形角度误差会引起齿形误差等等。

为便于分析,可将齿轮误差分为以下几类:

(1) 按影响齿轮互换性的误差来源可分为单个齿轮的制造误差和齿轮副的安装误差。

(2) 按包含误差因素的多少可分为单项误差和综合误差。

(3) 按误差的种类可分为尺寸误差、形状误差、位置误差和表面粗糙度。

(4) 按误差的方向特性可分为切向误差、径向误差和轴向误差。

(5) 按误差在齿轮一转中出现的周期或频率可分为长周期误差(低频误差)和短周期误差(高频误差)。

9.1.3　齿轮误差与公差项目

为了满足齿轮传动的使用要求,保证齿轮传动质量,需要对齿轮的加工误差规定公差加以限制。在圆柱齿轮的国家标准《渐开线圆柱齿轮精度》(GB/T10095—1988)中,齿轮和齿轮副的误差及其公差共有 22 项,如表 9.1 所列。

表 9.1 齿轮误差与公差的名称和代号

齿轮或齿轮副	序号	误差名称	误差代号	公差或极限偏差代号
齿 轮	1	切向综合误差	$\Delta F'_i$	F'_i
	2	齿切向综合误差	$\Delta f'_i$	f'_i
	3	径向综合误差	$\Delta F''_i$	F''_i
	4	齿径向综合误差	$\Delta f''_i$	f''_i
	5	齿距累积误差	ΔF_p	F_p
		k 个齿距累积误差	ΔF_{pk}	F_{pk}
	6	齿圈径向跳动	ΔF_r	F_r
	7	公法线长度变动	ΔF_w	F_w
	8	齿形误差	Δf_f	f_f
	9	齿距偏差	Δf_{p_t}	$\pm f_{p_t}$
	10	基节偏差	Δf_{p_b}	$\pm f_{p_b}$
	11	齿向误差	ΔF_β	F_β
	12	接触线误差	ΔF_b	F_b
	13	轴向齿距偏差	ΔF_{px}	$\pm F_{px}$
	14	螺旋线波度误差	$\Delta f_{f\beta}$	$f_{f\beta}$
	15	齿厚偏差	ΔE_s	E_{ss}, E_{si}, T_s
	16	公法线平均长度偏差	ΔE_{wm}	E_{wms}, E_{wmi}, T_{wm}
齿 轮 副	17	齿轮副的切向综合误差	$\Delta F'_{ic}$	F'_{ic}
	18	齿轮副的一齿切向综合误差	$\Delta f'_{ic}$	f'_{ic}
	19	齿轮副的接触斑点		
	20	齿轮副的侧隙:		
		圆周侧隙	j_t	j_{tmax}, j_{tmin}
		法向侧隙	j_n	j_{nmax}, j_{nmin}
	21	齿轮副的中心距偏差	Δf_a	$\pm f_a$
	22	齿轮副的轴线平行度误差:		
		x 方向轴线的平行度误差	Δf_x	f_x
		y 方向轴线的平行度误差	Δf_y	f_y

从表 9.1 中可知,齿轮误差与公差的代号具有以下特点:

(1) 主体字母 F 或 f,大写 F 表示误差是以齿轮一转为周期的(其中有个别例外,如 F_β);小写 f 表示误差是以齿轮一齿或相邻齿为周期的。主体字母 E 表示偏差;主体字母 T 表示公差。

(2) 在主体字母 F,f 和 E 前加 Δ 表示误差或偏差,不加 Δ 表示公差或极限偏差。

(3) 主体字母右下注脚 i 表示综合误差。

(4) 主体字母右上方注"'"表示单面综合测量,注"""表示双面啮合测量。

(5) 其他标注多为通用代号,如 p——齿距;p_t——周节;p_b——基节;r——半径(径向);β——螺旋角(轴向);f——齿形;w——公法线;s——齿厚;a——中心距。

9.2 单个齿轮精度的评定指标及检测

为了验收齿轮,对直齿圆柱齿轮建立了下列的评定指标。

9.2.1 传递运动准确性的评定指标及检测

在齿轮传动中影响传递运动准确性的误差主要是齿轮的长周期误差。在低速情况下,它们对传动平稳性的影响不大,只有在高速情况下,才对传动平稳性有影响。对保证传递运动准确性规定有 5 个评定指标,并将限制这 5 项加工误差的公差项目称为第 I 公差组,这 5 个评定指标是:

9.2.1.1 切向综合误差 $\Delta F_i'$ 与切向综合总偏差 F_i'

$\Delta F_i'$ 是指被测齿轮与理想精确的测量齿轮单面啮合时,在被测齿轮一转内,实际转角与公称转角之差的总幅度值,以分度圆弧长计值,如图 9.4 所示。

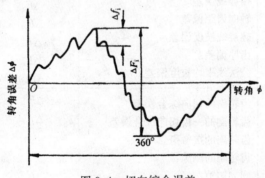

图 9.4 切向综合误差

F_i' 是指切向综合误差 $\Delta F_i'$ 的最大允许值。F_i' 值不能直接查表得到,而是按 $F_i' = F_p + f_f$ 查表并计算得到。

$\Delta F_i'$ 反映了几何偏心、运动偏心以及基节偏差、齿形误差等综合影响的结果,是齿轮在一转中的最大转角误差,每转出现一次,且多在对径附近。它说明齿轮的运动是不均匀的,在一转过程中其速度忽快忽慢,周期性地变化。

$\Delta F_i'$ 可用单面啮合综合测量仪(简称单啮仪)进行测量。齿轮单啮仪的种类很多,有光栅式、磁栅式、地震式等。其中光栅式单啮仪(如国产 CD-320 型)应用较多,其工作原理如图 9.5 所示。它采用高精度测量蜗杆 6(K 头)与被测齿轮(Z 齿)作单面啮合,并分别同轴安装有光栅盘 8 和 10。各通过其指示光栅发出两路光电信号 f_1 和 f_2,又各经其分频器将这两路信号作 Z 分频和 K 分频后变成同频信号,然后由比相计检测出这两路同频信号的相位差,以表示出被测齿轮相对于测量蜗杆转角的转角误差。同时由记录器在记录纸上画出其切向综合误差曲线。

利用单啮仪测量切向综合误差时,被测齿轮接近于工作状态,测得的 $\Delta F_i'$ 综合反映了齿轮加工中各方面误差对齿轮转角误差的影响,因而是评定齿轮传递运动准确性较为完善的指

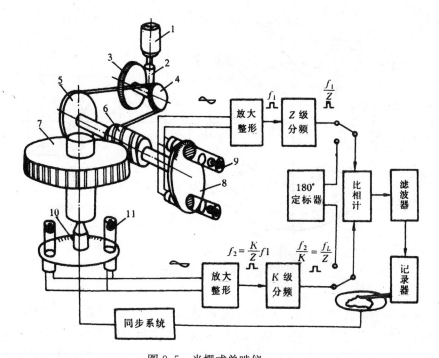

图 9.5　光栅式单啮仪

1. 电动机；2. 蜗杆；3. 蜗轮；4、5. 带轮；6. 测量蜗杆；7. 被测齿轮；8、10. 光栅盘 ；9、11. 光源

标。但是由于单啮仪目前尚未普及，故仅限于评定高精度的齿轮。对于小批量生产或尺寸规格较大的齿轮，常受到单啮仪测量范围和使用条件（要用高精度测量齿轮）的限制，故较少采用。

我国国家标准也允许用精确的齿条、蜗杆、测头等代替精确齿轮作为测量元件。但是必须注意，用蜗杆、测头等测得的是截面的而不是全齿宽的单啮误差曲线，它不包含齿向误差的影响。

9.2.1.2　齿距累积误差 ΔF_p 与齿距累积总偏差 F_p

（1）齿距累积误差 ΔF_p 与齿距累积总偏差 F_p。ΔF_p 是指在分度圆上（国标规定允许在齿高中部测量），任意两个同侧齿面间的实际弧长与公称弧长的最大差值的绝对值，如图 9.6（a）所示。图中虚线齿廓表示各轮齿左侧齿面的公称位置；实线表示实际位置。任意两个同侧齿面间的实际弧长与公称弧长的最大差值发生在第 3 齿与第 7 齿之间（通常发生在分度圆的半周，即 $\frac{Z}{2}$ 的对称齿附近），故 ΔF_p 也即等于齿距累积的最大正偏差（$+\Delta P_{max}$）与最大负偏差（$-\Delta P_{max}$）之差的绝对值，即：

$$\Delta F_p = \left| \Delta P_{max} - (- \Delta P_{max}) \right| \tag{9.1}$$

F_p 是齿距累积误差 ΔF_p 的最大允许值，其值见表 9.6。

（2）K 个齿距累积误差 ΔF_{pk} 与 K 个齿距累积偏差 F_{pk}。ΔF_{pk} 是指在分度圆上（国标规定允许在齿高中部测量），K 个齿距间的实际弧长与公称弧长的最大差值的绝对值。K 为 2 到小于 $Z/2$ 的整数，Z 为齿轮齿数。

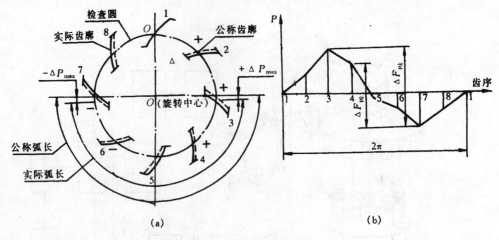

图 9.6 齿距累积误差

从图 9.6 中也可看出，当 $K=3$ 时（一般 K 值选取小于 $Z/6$ 或 $Z/8$ 的最大整数），ΔF_{pk} 发生在第 4 齿与第 7 齿之间。ΔF_{pk} 反映局部转角范围内的最大转角误差，采用 ΔF_{pk} 是为了避免齿距累积误差 ΔF_p 在整个齿圈上的分布过于集中。通常对于传动比较大的齿轮副中的大齿轮或高精度齿轮（3～6级），应测量 ΔF_{pk}，以保证其传递运动的准确性。

F_{pk} 是 K 个齿距累积误差 ΔF_{pk} 的最大允许值，其值见表 9.6。

齿轮在加工中不可避免地要发生几何偏心和运动偏心，从而使齿轮齿距不均匀，产生齿距累积误差。齿轮在分度圆上的齿距各不相等会引起齿轮传动中的转角误差，而齿距累积的最大误差必然会引起齿轮在一转中的最大转角误差，所以 ΔF_p 是近似地反映齿轮传递运动准确性的综合指标。但用 ΔF_p 评定齿轮传递运动的准确性不如 $\Delta F_i'$ 反映全面，这是因为 $\Delta F_i'$ 是在连续的切向综合误差曲线上取得的，而 ΔF_p 是在不连续的折线上取得的，如图 9.6(b) 所示。齿轮连续回转时齿廓上其他形式的误差，如基节偏差和齿形误差等对齿轮转角误差的影响并未得到充分的反映，所以 ΔF_p 总是小于 $\Delta F_i'$。

ΔF_p 的测量通常有相对测量法和绝对测量法，其中以相对测量法应用较广。

① 绝对测量法。如图 9.7 所示，利用一精密分度装置和定位装置准确控制被测齿轮，每次转过一个或 K 个齿距角，测量其实际转角与理想转角之差（以测量圆的弧长计），即可测得齿距累积误差 ΔF_p 和齿距偏差 Δf_{pt}。

② 相对测量法。中等模数的齿轮多采用此法测量。相对测量法常用齿距仪和万能测齿仪进行测量。它是以齿轮上任意一个齿距作为基准，把仪器调整到零，然后依次测量各齿对于基准的相对齿距偏差 $\Delta f_{pt相}$，最后通过数据处理，求出齿距累积误差 ΔF_p。

图 9.8 所示为一齿距仪，其测头在分度圆上进行测

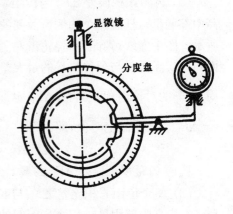

图 9.7 齿距的绝对量法

量,为使测头每次测量停在分度圆上,可分别采用9.8(a)顶圆,9.8(b)根圆和9.8(c)内孔三种定位方法。

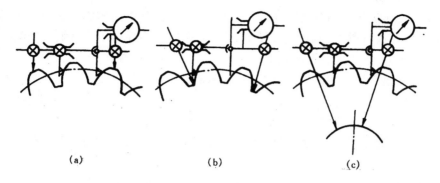

(a) (b) (c)

图 9.8 齿距仪测量示意图

图 9.9 所示为采用万能测齿仪进行测量,以内孔或顶尖孔为定位基准,图中 1 为活动测头,它与指示表 4 相连接,2 为固定测头,被测齿轮在重锤 3 作用下靠在测头 2 上。测量时先按任一齿距调整测头 1、2 的距离,使侧头 1、2 在分度圆附近与相邻同名齿廓接触,将指示表调整到零,作为测量基准,然后沿整个齿圈依次测出各齿对于基准的相对齿距偏差 Δf_{p_t} 相,最后进行数据处理,计算出齿距累积误差 ΔF_p。

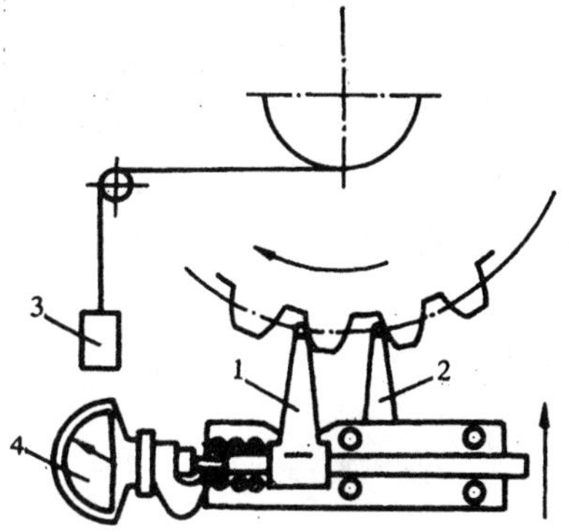

9.2.1.3 径向跳动误差 ΔF_r 与径向跳动 F_r

图 9.9 万能测齿仪测量示意图

ΔF_r 是指在齿轮一转范围内,测头在齿槽内(或轮齿上)于齿高中部双面接触,测头相对于齿轮轴线的最大变动量,如图 9.10(a)所示。

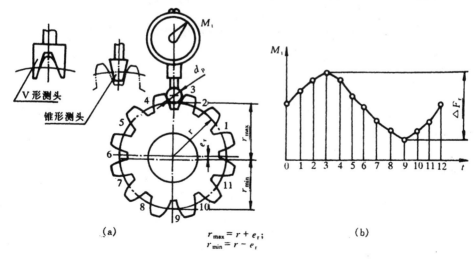

$r_{max} = r + e_r;$
$r_{min} = r - e_r$

(a) (b)

图 9.10 齿圈径向跳动的测量

F_r 是径向跳动误差 ΔF_r 的最大允许值,其值见表 9.7。

ΔF_r 是由几何偏心 e_r 引起的,而几何偏心在加工时和装配时都可能产生,图 9.10(a)中,齿坯孔 O 与心轴中心 O' 之间有间隙,所以孔中心 O 可能与切齿时的回转中心 O' 不重合,而有一个偏心 e_r。在切齿过程中,刀具至回转中心 O' 的距离始终保持不变,因而切出的齿圈就以 O' 为中心均匀分布。当齿轮装配在轴上工作时,是以孔中心 O 为回转中心,由于 e_r 的存在,所以齿轮转动时,从齿圈到孔中心 O 的距离不等,从而产生齿圈径向跳动 ΔF_r。ΔF_r 按正弦规律变化,如图 9.10(b)所示。它以齿轮一转为一个周期,属长周期误差。若忽略其他误差的影响,则 $\Delta F_r = 2e_r$。由 e_r 引起的误差是沿着齿轮径向方向产生的,属径向误差。

假如齿轮加工时无误差,但加工好的齿轮安装在轴上时,若齿轮孔与传动轴有间隙,其影响与加工时产生的 e_r 相同。

当具有运动偏心 e_t 的齿轮与理想齿轮双面啮合时,由于切齿时滚刀切削刃相对于被切齿轮加工中心的径向位置没有变化,因此与滚刀切削刃相当的测头的径向位置也不会变化(设被测齿轮无几何偏心)。所以齿轮运动偏心基本上不会引起齿圈径向跳动。

ΔF_r 可在齿圈径向跳动检查仪、万能测齿仪或普通偏摆检查仪上用小圆棒或百分表测量。

图 9.11 所示为在普通偏摆检查仪上测量 ΔF_r。把测量头(可采用圆锥角为 40° 的圆锥测头或球测头)或圆棒放在齿间,对于标准齿轮球测头的直径可取 $d_p = 1.68m$(m 为齿轮模数),依次逐齿测量。在齿轮一转中指示表最大读数与最小读数之差就是被测齿轮的 ΔF_r。

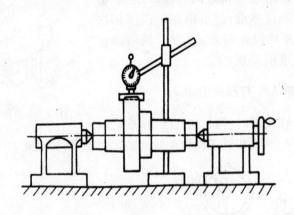

图 9.11 偏摆检查仪测量 ΔF_r

由于 ΔF_r 的测量十分简便,故被广泛采用,但它不能反映齿廓由于运动偏心而引起的切向误差,故评定不够全面和充分。

9.2.1.4 径向综合误差 $\Delta F_i''$ 与径向综合总偏差 F_i''

$\Delta F_i''$ 是指被测齿轮与理想精确的测量齿轮双面啮合时,在被测齿轮一转内,双啮中心距的最大变动量,如图 9.12 所示。

$$\Delta F_i'' = E_{amax} - E_{amin} \tag{9.2}$$

式中:E_{amax} 为双啮最大中心距;E_{amin} 为双啮最小中心距。

双啮中心距 E_a 是指被测齿轮与精确测量齿轮双面紧密啮合时的中心距。

F_i''是径向综合误差 $\Delta F_i''$ 的最大允许值,其值见表 9.8。

$\Delta F_i''$主要反映齿轮的几何偏心,可以代替 ΔF_r 的检查。当被测齿轮存在几何偏心 e_r 时,其双啮中心距在一转中会产生变动,测量齿轮的轮齿相当于测量齿圈径向跳动 ΔF_r 的测头。此外,齿形误差、基节偏差、齿距偏差以及齿厚不均匀性等也会引起在一个齿距角内双啮中心距的变动。

$\Delta F_i''$的测量用双面啮合综合检查仪(简称双啮仪)进行。如图 9.13 所示,被测齿轮安装在固定滑座上,理想精确齿轮(其精度比被测齿轮高 3~4 级)装在浮动滑座上,在弹簧力作用下与被测齿轮作紧密啮合,旋转被测齿轮,此时由于齿圈偏心、齿形误差、基节偏差等因素引起双啮中心距的变化使浮动滑座产生位移,此位移量可通过自动记录装置画出误差曲线如图 9.12 所示。在被测齿轮一转中,双啮中心距的最大变动量就是 $\Delta F_i''$。

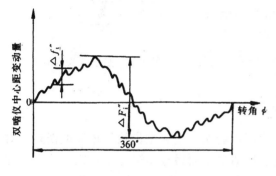

图 9.12　径向综合误差曲线

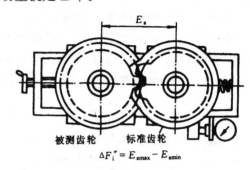

$$\Delta F_i'' = E_{a\max} - E_{a\min}$$

图 9.13　双面啮合仪测量 $\Delta F_i''$

由于 $\Delta F_i''$ 的测量操作简便,效率高,仪器结构比较简单,故在机床、汽车、拖拉机等行业批量生产齿轮的车间检验中普遍应用。但也有缺点,由于测量时被测齿轮齿面是与理想精确齿轮啮合,与齿轮实际工作状态不完全符合。

$\Delta F_i''$与 ΔF_r 一样,只能反映齿轮的径向误差,而不能反映切向误差,所以 $\Delta F_i''$ 并不能全面和充分地用来评定齿轮传递运动的准确性。

9.2.1.5　公法线长度变动 ΔF_w 与公法线长度变动偏差 F_w

ΔF_w 是指在齿轮一圈范围内,实际公法线长度的最大值与最小值之差,如图 9.14 所示。

$$\Delta F_w = W_{\max} - W_{\min} \tag{9.3}$$

式中:$W_{\max}$ 为实际公法线长度最大值;$W_{\min}$ 为实际公法线长度最小值。

齿轮公法线即基圆切线。公法线长度 W 是两平行测量爪与齿轮上跨 k 个齿的两异侧齿面相切时,两切点之间的距离。如图 9.15 所示,跨 k 个齿的公法线长度为:

$$W = (k-1)p_b + S_j \tag{9.4}$$

式中:k 为跨齿数;p_b 为基节;S_j 为基圆上的齿厚。

F_w 是公法线长度变动 ΔF_w 的最大允许值,其值见

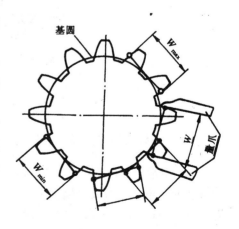

图 9.14　公法线长度变动

表 9.9。

ΔF_w 是由运动偏心 e_t 引起的,在滚切齿轮时,由于机床分度蜗轮的安装偏心使齿坯的转速不均匀,忽快忽慢,引起左右齿面切削不均匀,这样加工出齿轮的轮齿在齿圈上就会分布不均匀,使公法线长度在齿轮一圈中呈周期性变化。因此 ΔF_w 主要反映由于运动偏心而造成的齿轮切向长周期误差。

ΔF_w 通常可用公法线千分尺或带指示表的公法线卡规(如图 9.16 所示)等测量。一般在齿圈上测量 4、5 个方位,取 $\Delta F_w = W_{max} - W_{min}$。$\Delta F_w$ 的测量比较简便,且无需测量基准,其测量精度也较高,适用于检测中等或较高精度(一般为 5~9 级)的齿轮。由于 ΔF_w 仅能反映齿轮切向误差对传递运动准确性的影响,故要全面评定齿轮传递运动的准确性还必须与反映齿轮径向误差的 ΔF_r 或 $\Delta F_i''$ 组合使用。

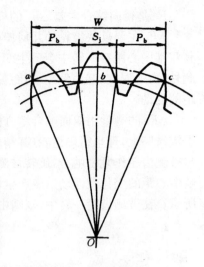

图 9.15 公法线长度 W

9.2.2 传动平稳性的评定指标及检测

在齿轮传动中影响传动平稳性,即瞬时传动比恒定的误差主要是齿轮的短周期误差。对保证传动平稳性规定有 6 个评定指标,并将限制它们的公差项目称为第 II 公差组。这 6 个评定指标是:

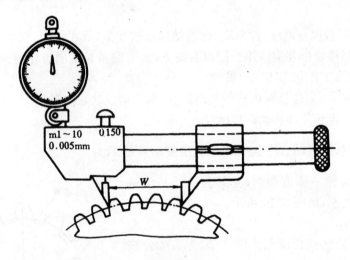

图 9.16 公法线指示卡规测量 ΔF_w

9.2.2.1 一齿切向综合误差 $\Delta f_i'$ 与一齿切向综合偏差 f_i'

$\Delta f_i'$ 是指被测齿轮与理想精确的测量齿轮单面啮合时,在被测齿轮一齿距角内的实际转角与理论转角之差的最大幅度值,即在切向综合误差曲线(见图 9.4)上,小波纹的最大幅度值,其波长对应于一个齿距角。$\Delta f_i'$ 以分度圆弧长计值。

f_i' 是齿切向综合误差 $\Delta f_i'$ 的最大允许值,其数值按下式计算:

$$f_i' = 0.6(f_{P_t} + f_f) \qquad (9.5)$$

式中：f_{P_t} 为齿距极限偏差的单向值；f_f 为齿形公差。

$\Delta f_i'$ 综合反映被测齿轮转过一齿过程中，由于齿廓加工中机床分度蜗杆齿侧面的跳动和蜗杆本身的制造误差等机床传动链的高频误差以及刀具的制造和安装误差等对转角误差的影响。

$\Delta f_i'$ 综合反映了齿轮各种短周期误差，因而能充分地表明齿轮传动平稳性的高低，是评定齿轮传动平稳性的一项综合性指标。

$\Delta f_i'$ 采用单啮仪测量，可在测量切向综合误差 $\Delta F_i'$ 时同时测出。

9.2.2.2　一齿径向综合误差 $\Delta f_i''$ 与一齿径向综合偏差 f_i''

$\Delta f_i''$ 是指被测齿轮与理想精确的测量齿轮双面啮合时，在被测齿轮一齿距角内，双啮中心距的最大变动量，即在径向综合误差曲线（见图9.12）上，小波纹的最大幅度值。

f_i'' 是齿径向综合误差 $\Delta f_i''$ 的最大允许值，其值见表9.13。

$\Delta f_i''$ 产生的原因与 $\Delta f_i'$ 产生的原因基本相同。

$\Delta f_i''$ 采用双啮仪测量，可在测量径向综合误差 $\Delta F_i''$ 时同时测出。当测量啮合角与加工啮合角相等（$\alpha_{测量} = \alpha_{加工}$）时，$\Delta f_i''$ 只反映刀具制造和安装误差所引起的短周期径向误差，而不能反映机床传动链短周期误差引起的短周期切向误差。当 $\alpha_{测量} \neq \alpha_{加工}$ 时，$\Delta f_i''$ 除反映径向误差外，还综合反映部分切向误差。因此，采用 $\Delta f_i''$ 评定齿轮的传动平稳性不如 $\Delta f_i'$ 评定完善。但由于双啮仪结构简单，操作方便，在成批生产中仍广泛被采用。

9.2.2.3　齿廓误差 ΔF_α 与齿廓总偏差 F_α

ΔF_α 是指在齿轮的端截面上，齿形工作部分内（齿顶倒棱和齿根圆角部分除外），包容实际齿形且距离最小的两条设计齿形之间的法向距离，如图9.17所示。设计齿形可以是理论渐开线齿形或是经过修正的修缘齿形、凸齿形等。

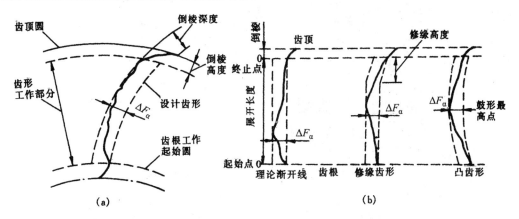

图 9.17　齿形误差

F_α 是齿形误差 ΔF_α 的最大允许值，其值见表9.10。

ΔF_α 是由于刀具的制造误差（如刀具的齿形误差和齿形角误差）和安装误差（如滚刀在刀

杆上的安装偏心和倾斜),刀具的轴向窜动,机床传动链误差以及工艺系统的振动等所引起。

ΔF_α 的存在,使齿轮在啮合时啮合点偏离啮合线,如图 9.18,两齿应在 a 点啮合(在啮合线上),现由于有齿形误差两齿在 a' 点啮合,引起瞬时传动比变化,破坏了传动平稳性。

ΔF_α 是齿轮一项基本的、重要的误差项目,是影响齿轮传动平稳性的主要因素。

ΔF_α 的测量方法有以下三种:

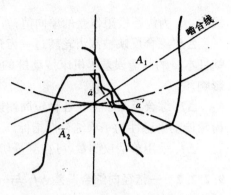

图 9.18　有齿形误差时的啮合情况

(1)滚动法:用渐开线检查仪测量 ΔF_α,仪器可分为单圆盘式和万能式两种,它们各有其优缺点。单圆盘式对每种规格齿轮都需要一个专用的基圆盘,只适用于成批生产。而万能式则不需要专用基圆盘,但结构复杂,价格昂贵,保养条件要求高。下面简单介绍单圆盘式渐开线检查仪及其测量原理。如图 9.19 所示,被测齿轮 1 与基圆盘 2 同轴安装,且同步回转,指示表 7 的测头 6 调整在直尺 3 与基圆盘的切点 O 上。直尺与基圆盘作纯滚动。测量中,将测头调至压向被测齿面工作部分的始点 b 处,基圆盘回转一展开角 φ_{ab},直尺就位移相应的展开长度 ρ_{ab},使测头随之达到齿顶点 a。若齿形偏离渐开线,则测头将作相应的变动,使指示表显示出齿形误差,并可通过记录装置来记录其误差曲线,如图 9.17(b)所示,图中包容实际齿形的两条虚线之间的距离就是齿形误差 ΔF_α。

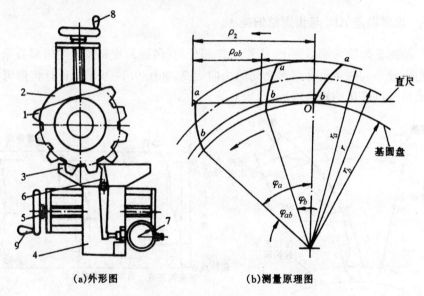

(a)外形图　　　　　　　　　(b)测量原理图

图 9.19　单盘式渐开线齿形量仪及测量原理
1. 被测齿轮;2. 基圆盘;3. 直尺;4. 拖板;5. 移动拖板丝杠;6. 测头;7. 指示表;8. 调整齿轮位置手柄;9. 移动拖板手柄

(2)坐标法:用万能工具显微镜测量 ΔF_α,它可测量高于 6 级精度的齿轮。

(3)影像法:用投影仪测量 ΔF_α,即用放大了的实际齿形影像与理论渐开线齿形加以比较以确定 ΔF_α。这种方法测量精度较低,仅适用于低精度齿轮测量。

9.2.2.4 基节误差 Δf_{p_b} 与基节偏差 $\pm f_{p_b}$

Δf_{p_b} 是指实际基节与公称基节之差,即 $\Delta f_{p_b} = p_{b实际} - p_{b公称}$。

实际基节是指基圆柱的切平面所截两相邻同侧齿面的交线之间的距离,如图 9.20 所示。

$\pm f_{p_b}$ 是允许基节偏差 Δf_{p_b} 的两个极限值,其值见表 9.12。

Δf_{p_b} 主要是由刀具的基节偏差和齿形角误差造成的。

齿轮工作时,要实现正确地啮合传动,主动轮与从动轮的基节必须相等,即 $p_{b1} = p_{b2}$。

式中:p_{b1} 为主动轮基节;p_{b2} 为从动轮基节。

但若齿轮存在 Δf_{p_b},使 $p_{b1} \neq p_{b2}$。基节不等的一对齿轮在啮合过渡的一瞬间将发生冲击,如图 9.21 所示。

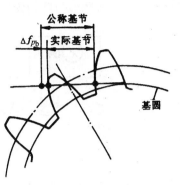

图 9.20 基节误差

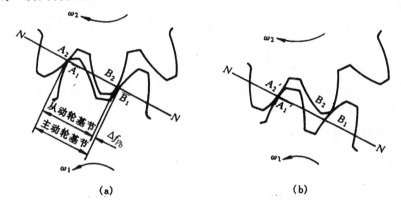

图 9.21 基节误差对齿轮传动平稳性的影响

(1) 当 $p_{b1} > p_{b2}$ [见图 9.21(a)],第一对齿在 A_1、A_2 点啮合终止时,第二对齿 B_1、B_2 尚未进入啮合。此时,A_1 的齿顶将沿着 A_2 的齿根"刮行"(称齿刃啮合),发生啮合线外的啮合,使从动轮突然降速;第二对齿 B_1、B_2 进入啮合时,使从动轮又突然加速,从而引起冲击、振动和噪声,使传动不平稳。

(2) 当 $p_{b1} < p_{b2}$ [见图 9.21(b)],第一对齿 A'_1、A'_2 的啮合尚未结束,第二对齿 B'_1、B'_2 就已开始进入啮合,B'_2 的齿顶反向撞击 B'_1 的齿腹,使从动轮突然加速,强迫 A'_1 和 A'_2 脱离啮合。B'_2 的齿顶在 B'_1 的齿腹上"刮行",同样产生顶刃啮合。直到 B'_1 和 B'_2 进入正常啮合,恢复正常转速为止。这种情况比前一种情况更坏,除有冲击、振动和噪声外,有时还发生卡住和不能转动的现象。

上述两种情况的冲击,在齿轮一转中多次重复出现,误差的频率等于齿数,称为齿频误差。这是影响齿轮传动平稳性的重要原因。

Δf_{p_b} 的测量方法简便,通常多用基节仪来测量,也可用万能测齿仪和万能工具显微镜进行测量。

如图 9.22 所示为基节仪测量 Δf_{p_b},测量时,先以一组量块将活动量头 2 和固定量头 3 的距离调至被测齿轮的公称基节尺寸,并将指示表对准零位。然后将定位脚 4 靠在轮齿上,令两个量爪在基圆切线上与两相邻同侧齿面的交点接触。此时在指示表的读数即为 Δf_{p_b}。

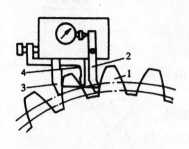

图 9.22　基节测量

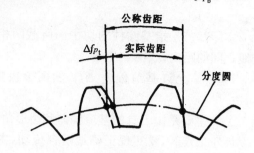

图 9.23　齿距误差

9.2.2.5　齿距误差 Δf_{p_t} 与单个齿距偏差 $\pm f_{p_t}$

Δf_{p_t} 是指在分度圆上,实际齿距与公称齿距之差,即 $\Delta f_{p_t} = p_{t实际} - p_{t公称}$,如图 9.23 所示。公称齿距是指所有实际齿距的平均值。

$\pm f_{p_t}$ 是允许齿距误差 Δf_{p_t} 的两个极限值,其值见表 9.11。

Δf_{p_t} 主要是由分度蜗轮与分度蜗杆的齿距偏差和安装偏心等机床分度链的短周期误差所引起的。

Δf_{p_t} 采用齿距仪测量,方法与齿距累积误差 ΔF_p 的测量方法相同。

9.2.2.6　螺旋线形状误差 $\Delta f_{f\beta}$ 与螺旋线形状偏差 $f_{f\beta}$

$\Delta f_{f\beta}$ 是指在宽斜齿轮齿高中部,实际齿线波纹的最大波幅,沿齿面法线方向计量,如图 9.24 所示。

$f_{f\beta}$ 是螺旋线形状误差 $\Delta f_{f\beta}$ 的最大允许值,其值可按下式计算:

$$f_{f\beta} = f_i' \cdot \cos\beta \qquad (9.6)$$

式中:β 为分度圆螺旋角。

$\Delta f_{f\beta}$ 主要是由机床分度蜗杆副和刀具进给系统的周期误差以及加工过程中的温度变化引起的。它属于宽斜齿轮齿线(螺旋线)的形状误差,用于传动功率大、转速高和精度高(6级以上)的斜齿轮和人字齿轮,一般齿轮不采用此参数。

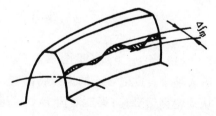

图 9.24　螺旋线形状误差

$\Delta f_{f\beta}$ 一般用波度仪测量。

9.2.3　载荷分布均匀性的评定指标及检测

一对齿轮的啮合过程,理论上应是由齿顶到齿根,两齿面每一瞬间都沿着全齿宽成直线接触的啮合。由于齿轮的加工误差和齿轮副的安装误差,啮合齿在齿长方向并不能沿全齿宽接触,而在啮合过程中也不能沿全齿高接触,因而影响齿轮的载荷分布均匀性。对保证齿轮载荷分布均匀性的误差规定了 3 个评定指标,并将限制它们的公差项目称为第Ⅲ公差组。这 3 个评定指标是:

9.2.3.1 螺旋线误差 ΔF_β 与螺旋线总偏差 F_β

ΔF_β 是指在分度圆柱面上,齿宽有效部分范围内(端部倒角部分除外),包容实际齿向线且距离最小的两条设计齿向线之间的端面距离,如图 9.25 所示。

虚线——设计齿线   实线——实际齿线

图 9.25　螺旋线误差 ΔF_β

实际齿线是齿面与分度圆柱面的交线,设计齿线可以是直线(直齿)或螺旋线(斜齿),也可以是修正的圆柱螺旋线、齿端修薄及其他修形曲线。

F_β 是螺旋线误差 ΔF_β 的最大允许值,其值见表 9.14。

ΔF_β 包括轮齿的方向误差和形状误差。它主要是由于机床导轨误差和齿坯的安装误差等因素引起的。对于斜齿轮,还可能是由于附加传动的不准确等原因引起的。

测量直齿轮的 ΔF_β 较为简单,凡是具有体现基准轴线的顶针架及指示表相对基准轴线可作精确轴向移动的装置,都可用来测量 ΔF_β,通常多用齿向检查仪等来进行测量。图 9.26所示是一种简单的测量 ΔF_β 的装置。测量时,将被测齿轮装入心轴并支持在顶针架上,然后将标准圆棒放入齿槽内,为了保证在分度圆附近接触,取圆棒直径 $d=1.68m(m$ 为齿轮模数)。在水平位置 A 的方位上,用指示表在圆棒两端的 a,b 两测点处测量读数,两测点读数的差值乘以 $B/L(B$ 为齿宽;L 为 a,b 两测点距离),即为 ΔF_β。在位置 B 的方位上可测出齿向的锥形。测量斜齿轮的 ΔF_β 常用导程仪或采用其他方法。

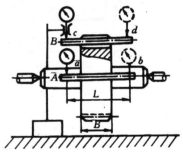

图 9.26　螺旋线误差的测量

9.2.3.2 接触线误差 ΔF_b 与接触线偏差 F_b

ΔF_b 是指在基圆柱的切平面内,平行于公称接触线并包容实际接触线的两条最近的直线间的法向距离,如图 9.27 所示。

对于轴线平行的齿轮副,直齿齿轮的齿向线即接触线,但斜齿轮的齿向线是螺旋线,而接触线则为直线。

F_b 是接触线误差 ΔF_b 的最大允许值。

ΔF_b 较全面地反映齿侧面的形状误差和位置误差,切齿加工中,凡引起斜齿轮齿形误差

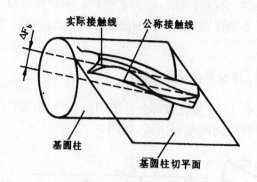

图 9.27　接触线误差 ΔF_b

和齿向误差的因素都将综合引起接触线误差。

ΔF_b 通常用来评定轴向重合度 $\varepsilon_\beta \leqslant 1.25$ 的窄斜齿轮的齿面接触精度。

ΔF_b 常用万能接触仪来测量,也可用渐开线和螺旋线检查仪或万能工具显微镜进行测量。

9.2.3.3　轴向齿距误差 ΔF_px 与轴向齿距偏差 $\pm F_\mathrm{px}$

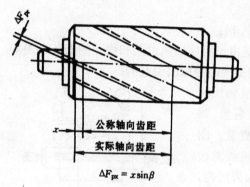

图 9.28　轴向齿距误差 ΔF_px

ΔF_px 是指沿平行于轴线通过齿高中部的一条直线上,任意两同侧齿面之间的实际距离与公称距离之差,沿齿面法线方向计值,如图 9.28 所示。即

$$\Delta F_\mathrm{px} = x \sin\beta \qquad (9.7)$$

式中:x 为轴向偏差;β 为斜齿轮螺旋角。

$\pm F_\mathrm{px}$ 是允许轴向齿距偏差 ΔF_px 的两个极限值。轴向齿距极限偏差的单向值 F_px 按齿向公差取值,即 $F_\mathrm{px} = F_\beta$。

ΔF_px 是在滚齿加工时,由于滚齿机差动运动链的调整误差,进刀导轨的偏斜以及毛坯的端面跳动等原因所引起的。ΔF_px 间接反映了斜齿轮螺旋角偏差 $\Delta\beta$,主要影响宽斜齿轮沿齿长方向的接触质量,对齿高接触也有一定影响。ΔF_px 通常用来评定轴向重合度 $\varepsilon_\beta > 1.25$ 的宽斜齿轮的齿面接触精度。

ΔF_px 的测量方法有直接测量和间接测量。直接测量的仪器有上置式轴向齿距仪和旁置式轴向齿距仪等,也可在万能工具显微镜或三坐标测量机等仪器上测量。间接法的测量仪器有齿轮整体误差测量仪等。

9.2.4　侧隙的评定指标及检测

为保证齿轮副在传动中有必要的侧隙,通常在加工齿轮时要加深切齿刀的径向进给量,适当地减薄齿厚。国家标准中规定齿厚的评定指标有两项:

9.2.4.1　齿厚偏差 ΔE_s 与齿厚公差 T_s

ΔE_s 是指在分度圆柱面上,齿厚的实际值与公称值之差,如图 9.29 所示。图中 E_{ss} 表示齿厚上偏差; E_{si} 表示齿厚下偏差。对于斜齿轮,指法向齿厚。为了保证齿轮传动侧隙,齿厚的上、下偏差均应为负值。由于分度圆柱面上的弧齿厚不便于测量,故通常以分度圆弦齿厚 $\overline{S}$ 来代替。

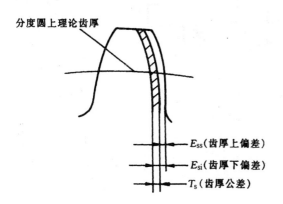

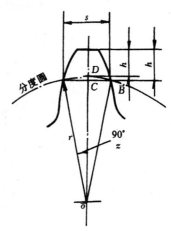

图 9.29　齿厚偏差 ΔE_s　　　　　图 9.30　$\overline{S}$、$\overline{h}$ 的几何关系

由图 9.30 可推导出分度圆弦齿厚 $\overline{S}$ 及分度圆弦齿高 $\overline{h}$:

$$\left.\begin{aligned}
\overline{S} &= 2r\sin\frac{90°}{Z} = mZ \cdot \sin\frac{90°}{Z} \\
\overline{h} &= h + r - r\cos\frac{90°}{Z} = m\left[1 + \frac{Z}{2}\left(1 - \cos\frac{90°}{Z}\right)\right]
\end{aligned}\right\} \tag{9.8}$$

T_s 是齿厚偏差 ΔE_s 的最大允许值,其值等于齿厚上、下偏差的代数差的绝对值,即

$$T_s = |E_{ss} - E_{si}| \tag{9.9}$$

ΔE_{ss} 常用齿厚游标卡尺[图 9.31(a)]或光学齿厚卡尺[图 9.31(b)]测量。测量时应尽量使量爪与齿面在分度圆上接触,因此量仪上与齿顶接触的定位板的位置应根据实际齿顶高误差值来调节。测得分度圆弦齿厚的实际值后,减去其公称值就得到分度圆弦齿厚的实际偏差。由于齿厚测量是以齿顶圆为基准,故齿顶圆的跳动误差对测量结果影响较大,因此需提高齿顶圆精度或改用测量公法线平均长度偏差的办法。

9.2.4.2　公法线平均长度偏差 ΔE_{wm} 与公法线平均长度公差 T_{wm}

ΔE_{wm} 是指在齿轮一周内,公法线长度平均值与公称值之差,即

$$\Delta E_{wm} = \frac{W_1 + W_2 + \cdots + W_Z}{Z} - W = \frac{\Delta E_{W_1} + \Delta E_{W_2} + \cdots + \Delta E_{W_Z}}{Z} \tag{9.10}$$

式中:W 为公法线长度的公称值;Z 为齿轮齿数。

公法线长度的公称值 W 及跨齿数 k 的计算如下:

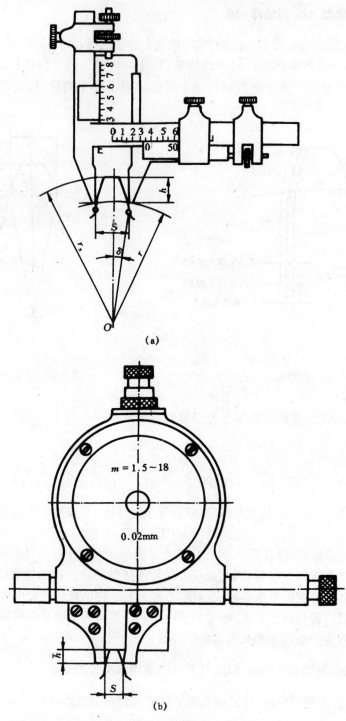

(a)

(b)

图 9.31 齿厚测量

$$W = m[1.476(2k-1) + 0.014Z] \quad (\alpha = 20°) \tag{9.11}$$

$$k = \frac{Z}{9} + 0.5 \tag{9.12}$$

E_{wms} 为公法线平均长度上偏差，E_{wmi} 为公法线平均长度下偏差。

T_{wm} 是公法线平均长度偏差的最大允许值，其值等于公法线平均长度上、下偏差的代数差的绝对值，即

$$T_{wm} = |E_{wms} - E_{wmi}| \tag{9.13}$$

为满足传动侧隙的要求，应适当减薄齿厚，相应公法线长度必然减小，故可用 ΔE_{wm} 代替直接测量齿厚偏差 ΔE_s。因齿轮加工中存在运动偏心的周期性影响，致使齿轮一周上公法线长度不等，但它对齿厚无甚影响，与侧隙也无关，故取公法线长度的平均值以减小或排除运动偏心的影响。另外，几何偏心对齿厚是有影响的，但测公法线反映不出来，为了排除几何偏心的影响，可适当压缩 E_{wm} 的公差带。为此，规定在由齿厚上、下偏差和齿厚公差换算公法线平均长度的上、下偏差和公法线平均长度公差时，按下式计算：

$$\left.\begin{array}{l} E_{wms} = E_{ss} \cdot \cos\alpha - 0.72 F_r \cdot \sin\alpha \\ E_{wmi} = E_{si} \cdot \cos\alpha + 0.72 F_r \cdot \sin\alpha \\ T_{wm} = T_s \cdot \cos\alpha - 1.44 F_r \cdot \sin\alpha \end{array}\right\} \tag{9.14}$$

ΔE_{wm} 的测量与 ΔF_w 的测量方法相同，常用公法线千分尺、公法线杠杆千分尺、公法线指示卡规测量，也可用万能测齿仪测量，如图9.32所示。测量方法类似于测量齿轮齿距，被测齿轮安装在该仪器的上、下顶尖间，并用球形定位杆伸入齿槽中定位。实际生产中为提高测量的效率，可在齿轮一周上等间隔的测量3～6次取平均值即可。由于 ΔE_{wm} 的测量不受齿顶圆误差的影响，同时测量器具简单，操作也十分简便，故该项目被广泛应用。

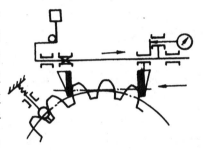

图9.32　万能测齿仪公法线测量示意图

需要指出：公法线平均长度偏差 ΔE_{wm} 与公法线长度变动 ΔF_w 这两项评定指标具有完全不同的含义和作用。ΔE_{wm} 影响齿轮传动侧隙的大小，测量时需要与公法线公称长度比较；而 ΔF_w 则影响齿轮传递运动的准确性，测量时取 W_{max} 与 W_{min} 的差值，而无需知道公法线的公称长度。

9.3　齿轮副精度的评定指标及检测

齿轮在工作中，除上面分析的单个齿轮的加工误差外，齿轮副的误差也对齿轮传动的使用性能产生影响。齿轮副的误差是组成齿轮传动的齿轮副以及有关零件的制造和安装误差的综合反映。

9.3.1　齿轮副传动误差的评定指标

齿轮副的传动误差是指一对齿轮在装配后的啮合传动条件下测定的综合性误差。为了保证齿轮副传动的使用要求，国家标准对其传动误差规定了4项评定指标。

9.3.1.1　齿轮副的切向综合误差 $\Delta F'_{ic}$ 与切向综合总偏差 F'_{ic}

$\Delta F'_{ic}$ 是指装配好的齿轮副，在啮合转动足够多的转数内，一个齿轮相对于另一个齿轮的

实际转角与公称转角之差的总幅度值。以分度圆弧长计值,如图 9.33 所示。图中假设 4π 至 $2(n-1)\pi$ 的误差曲线均无超出图中的最高点和最低点。

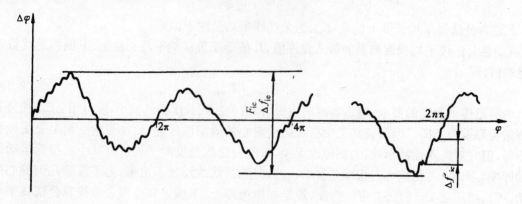

图 9.33　齿轮副的切向综合误差 $\Delta F'_{ic}$

　　定义中所谓"啮合转动足够多的转数",通常是指大齿轮相对于小齿轮要转过足够多的转数,以便使误差在齿轮相对位置变化全周期中能够充分显示出来。

　　$\Delta F'_{ic}$ 是评定齿轮副传递运动准确性的综合指标,对于分度传动链用的精密齿轮副,它是重要的评定指标。

　　F'_{ic} 是齿轮副切向综合误差 $\Delta F'_{ic}$ 的最大允许值,其值等于两配对齿轮的切向综合公差 F'_{i1},F'_{i2} 之和,即

$$F'_{ic} = F'_{i1} + F'_{i2} \tag{9.15}$$

　　$\Delta F'_{ic}$ 的测量是将被测齿轮箱放在传动精度检查仪上进行,也可在齿轮型单啮仪上装上相配的两个齿轮进行测量,或按两个齿轮分别在单啮仪上测得的切向综合误差 $\Delta F'_i$ 之和进行评定。

9.3.1.2　齿轮副的一齿切向综合误差 $\Delta f'_{ic}$ 与一齿切向综合偏差 f'_{ic}

　　$\Delta f'_{ic}$ 是指装配好的齿轮副,在啮合转动足够多的转数内,一个齿轮相对于另一个齿轮,转过一个齿距的实际转角与公称转角之差的最大幅度值。以分度圆弧长计值,如图 9.33 所示。$\Delta f'_{ic}$ 即是图上小波纹的最大幅度值。

　　从误差曲线上可见,$\Delta f'_{ic}$ 是短周期误差,它是评定齿轮副传动平稳性的综合指标。

　　f'_{ic} 是齿轮副的一齿切向综合误差 $\Delta f'_{ic}$ 的最大允许值,其值等于两配对齿轮的齿切向综合公差 f'_{i1}、f'_{i2} 之和,即

$$f'_{ic} = f'_{i1} + f'_{i2} \tag{9.16}$$

　　$\Delta f'_{ic}$ 的测量可在测量齿轮副的切向综合误差 $\Delta F'_{ic}$ 时同时测出。

9.3.1.3　齿轮副的接触斑点

　　齿轮副的接触斑点是指安装好的齿轮副,在轻微制动下,运转后齿面上分布的接触擦亮痕迹。接触痕迹的大小在齿面展开图上用百分比计算,如图 9.34 所示。

　　沿齿长方向:接触痕迹的长度 b''(扣除超过模数值的断开部分 c)与工作长度 b' 之比的百分数,即

$$\frac{b''-c}{b'}\times 100\%$$

沿齿高方向:接触痕迹的平均高度 h'' 与工作高度 h' 之比的百分数,即

$$\frac{h''}{h'}\times 100\%$$

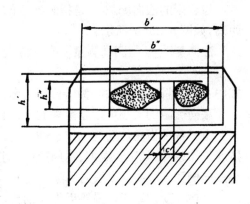

图 9.34　齿轮副接触斑点

所谓轻微制动,是指所加制动扭矩应以使啮合齿面间可靠地接触,而又不致使轮齿产生明显的弹性变形为限度。齿轮副经过运转是为了保证相啮合的齿面都互相接触过,且有一定的磨合,才可出现较明显的擦亮痕迹。观察接触斑点时,必须对两个齿轮所有的齿都加以观察,以齿面上实际擦亮的摩擦痕迹为依据,并且以接触斑点占有面积小的那个齿作为齿轮副接触斑点的检验结果。一般情况下,接触斑点的位置应趋于齿面中部。检验接触斑点一般应不用涂料,必要时才用规定的薄膜涂料。

齿轮副的接触斑点综合反映了齿轮副的加工误差和安装误差,是评定齿轮副载荷分布均匀性的一项综合指标。对接触斑点的要求应标注在齿轮传动装配图的技术要求中。

接触斑点的检验方法比较简单,对大规格齿轮更具有现实意义,因为对较大规格的齿轮副一般是在安装好的传动中检验。对成批生产的机床、汽车、拖拉机等中小齿轮允许在啮合机上与精确齿轮啮合检验。若接触斑点检验合格,则此齿轮副中单个齿轮的第Ⅲ公差组项目可不予检验。

接触斑点的公差值见表 9.17。

9.3.1.4　齿轮副的侧隙

齿轮副的侧隙分圆周侧隙 j_t 和法向侧隙 j_n 两种。

齿轮副的圆周侧隙 j_t 是指装配好的齿轮副,当一个齿轮固定时,另一个齿轮的圆周晃动量,以分度圆弧长计值,如图 9.35(a)所示。

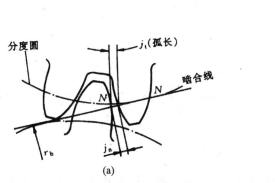

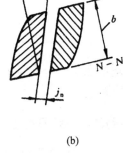

(a)　　　　　　　　　　　　(b)

图 9.35　齿轮副侧隙

(a) 圆周侧隙 j_n;(b) 法向侧隙 j_n

齿轮副的法向侧隙 j_n 是指装配好的齿轮副,当工作齿面接触时,非工作齿面之间的最小距离,如图 9.35(b)所示。

法向侧隙 j_n 与圆周侧隙 j_t 的关系是

$$j_n = j_t \cdot \cos\beta_b \cdot \cos\alpha_t \tag{9.17}$$

式中:β_b 为基圆螺旋角;α_t 为端面压力角。

法向侧隙的大小可用厚薄规或塞入软铅再量其厚度大小的方法来检验。

由于各种齿轮传动的工作条件不同,标准中未规定标准侧隙的数值和系列,而需要根据具体的工作条件(如工作温度、圆周速度、润滑方式等)由设计计算确定法向侧隙 j_n 的极限值(最小法向侧隙 $j_{n\min}$ 和最大法向侧隙 $j_{n\max}$)。实际侧隙应控制在最大和最小侧隙之间。

上述 4 项评定指标最接近齿轮副传动的工作状态,检测的结果能够反映组成齿轮传动装置的各零、部件制造误差和安装误差的综合影响。这 4 项指标的检测都是在配对齿轮条件下进行的。若以上 4 项指标均能满足要求,则此齿轮副即认为合格。

9.3.2 齿轮副安装误差的评定指标及检测

齿轮副的安装误差同样影响齿轮传动的使用性能,为了保证齿轮副的传动精度,标准规定了 2 项专门控制齿轮副安装误差的评定指标。

9.3.2.1 齿轮副轴线的平行度误差 Δf_x、Δf_y 与轴线平行度公差 f_x、f_y

Δf_x 是指一对齿轮的轴线在其基准平面上投影的平行度误差。

Δf_y 是指一对齿轮的轴线在垂直于基准平面,并且平行于基准轴线的平面上投影的平行度误差,如图 9.36所示。

所谓基准平面,是指包含基准轴线,并通过另一轴线与齿宽中间平面相交的点所形成的平面。两条轴线中的任何一条轴线都可作为基准轴线。

f_x,f_y 分别是齿轮副轴线的平行度误差 Δf_x,Δf_y 的最大允许值。由于 Δf_x 对啮合质量的影响比 Δf_y 要小,故规定其公差值关系如下:

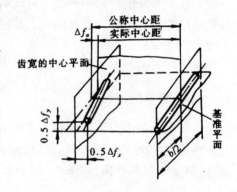

图 9.36 轴线平行度误差

$$\left. \begin{array}{l} f_x = F_\beta \\ f_y = \dfrac{F_\beta}{2} \end{array} \right\} \tag{9.18}$$

Δf_x,Δf_y 均应在等于全齿宽的长度上测量。它们都将直接影响装配后齿轮副的接触精度和传动侧隙的大小。

9.3.2.2 齿轮副的中心距误差 Δf_a 与中心距偏差 $\pm f_a$

Δf_a 是指在齿轮副的齿宽中间平面内,实际中心距与公称中心距之差,如图 9.36 所示。其偏差为 $\pm f_a$,其值见表 9.15。

Δf_a 主要影响装配后齿侧间隙的大小,对轴线不可调节的齿轮传动必须予以控制。

9.4 渐开线圆柱齿轮精度标准及其应用

《渐开线圆柱齿轮精度》(GB/T10095—1988)适用于平行轴传动的渐开线圆柱齿轮及其齿轮副,其法向模数 $m_n \geqslant 1mm$,分度圆直径 $d \leqslant 4000mm$,基本齿廓按《渐开线圆柱齿轮基本齿廓》(GB/T1356—1988)的规定。

标准只列出 $m_n \geqslant 1 \sim 40mm$,$d \leqslant 4000mm$ 范围内的各项公差数值。若齿轮 $m_n > 40mm$,$d > 4000mm$ 时,可按标准附录中所给的计算公式,自行计算有关公差或极限偏差值。

9.4.1 精度等级及其选用

标准对齿轮和齿轮副规定了 13 个精度等级,分别用阿拉伯数字 0,1,2,3,…,12 表示。其中,1 级精度最高;12 级精度最低。其中 7 级精度是制定标准的基础级,用一般的切齿加工便能达到,在设计中用得最广。0～2 级目前加工工艺尚未达到标准要求,是为将来发展而规定的特别精密的齿轮;3～5 级为高精度级;6～8 级为中等精度级;9～12 级为低精度级。

国标按齿轮各项加工误差的特性以及它们对传动性能的主要影响,将齿轮的各项公差与极限偏差分成Ⅰ、Ⅱ、Ⅲ三个公差组,分别对应于三项精度要求,见表 9.2。

表 9.2 齿轮公差组(摘自 GB/T10095—1988)

公差组	公差与极限偏差项目	误 差 特 性	对传动性能的主要影响
Ⅰ	$F''_i, F_p, F_{p_k}, F'_i, F_r, F_w$	以齿轮一转为周期	传递运动的准确性
Ⅱ	$f'_i, f''_i, f_f, \pm f_{p_t}, \pm f_{p_b}, f_{f\beta}$	在齿轮一转内,多次重复出现	传动的平稳性、噪声、振动
Ⅲ	$F_\beta, F_b, \pm F_{px}$	齿线的误差	载荷分布的均匀性

根据齿轮使用要求及工作条件的不同,允许各公差组选用不同的精度等级,但在同一公差组内,各项公差与极限偏差应保持相同的精度等级。三个公差组可以以不同的精度互相结合,使设计者能够根据所设计的齿轮传动在工作中的具体使用条件,对齿轮的制造精度规定最合适的要求。但当三个公差组选用不同等级时,应该考虑齿轮各种误差对齿轮传动三方面使用要求的影响之间的联系,还应考虑工艺条件。例如,在高速传动的工作条件下,影响齿轮传递运动准确性的误差项目(低频误差)也将影响齿轮传动的平稳性。第Ⅱ公差组的误差项目(如 Δf_f 和 Δf_{p_t})也影响齿面沿齿高方向的接触质量,故其精度等级不应过分低于第Ⅲ公差组。各公差组选用不同精度等级时,级差一般以不超过一个等级为宜。

齿轮副中两个齿轮的精度等级一般取成同级,也允许取成不同等级。对传动比较大或在多级传动中,主动齿轮和从动齿轮采用不同的精度等级,对改善齿轮的加工及经济性是非常有利的。

精度等级选用恰当与否,不仅影响传动的质量,还涉及制造成本。因而在选择齿轮的精度等级时,必须以传动用途、工作条件及技术要求为依据,即要考虑齿轮的圆周速度、传递的功率、传递运动的精度、振动和噪声、工作持续时间和使用寿命等,同时还要考虑工艺的可能性和经济性。通常是根据齿轮传动性能的主要要求,首先确定主要公差组的精度等级,然后再确定其余两个公差组的精度等级。选择精度等级的方法通常有计算法和类比法。

9.4.1.1 计算法

用计算法时,可根据整个传动链传动精度的要求计算出齿轮一转中允许的最大转角误差,确定第Ⅰ公差组的精度等级;根据圆周速度,并考虑振动和噪声指标,确定第Ⅱ公差组的精度等级;根据强度计算和寿命要求确定第Ⅲ公差组的精度等级。

9.4.1.2 类比法

按已有的经验资料,设计类似的齿轮传动时,对比选择相近的精度等级,然后根据具体使用条件和生产条件等加以必要的修正。表9.3~表9.5列出了某些齿轮传动的使用经验,供选择齿轮精度等级时参考。

表 9.3 各种机械采用的齿轮精度等级

应 用 范 围	精 度 等 级	应 用 范 围	精 度 等 级
测量齿轮	3~5	拖拉机	6~9
汽轮机减速器	3~6	一般用途的减速器	6~9
金属切削机床	3~7	轧钢设备的小齿轮	6~9
内燃机车与电气机车	5~7	矿用铰车	7~10
轻型汽车	5~8	起重机机构	7~10
重型汽车	6~9	农业机械	8~11
航空发动机	4~7	工程机械	6~9

表 9.4 齿轮第Ⅱ公差组精度等级与圆周速度的关系

机械设备	齿轮特征	第Ⅱ公差组的精度等级					
		4	5	6	7	8	9
		齿轮的圆周速度(m/s)					
通用机械	直齿 斜齿	>35 >70	>15 >30	≤15 ≤30	≤10 ≤15	≤6 ≤10	≤2 ≤4
冶金机械	直齿 斜齿	— —	— —	10~15 15~30	6~10 10~15	2~6 4~10	0.5~2 1~4
地质勘探机械	直齿 斜齿	— —	— —	— —	6~10 10~15	2~6 4~10	0.5~2 1~4
煤炭采掘机械	直齿 斜齿	— —	— —	— —	6~10 10~15	2~6 4~10	<2 <4
林业机械	直齿或斜齿	—	—	<15	<10	<6	<2
拖拉机	直齿或斜齿	—	—	未淬火	淬火	—	—

机械设备	齿轮特征	第Ⅱ公差组的精度等级					
		4	5	6	7	8	9
		齿轮的圆周速度(m/s)					
发动机	直齿或斜齿	>40 (>4000)	>60 (<2000) >40 (2000～4000)	>15～60 (<2000) ≤40 (2000～4000)	≤15 (<2000) — (2000～4000)	—	—
传送带减速器	模数≤2.5 模数6～10	— —	16～28 13～18	11～16 9～13	7～11 4～9	2～7 <4	2
船用减速器	直齿 斜齿	— —	— —	— —	<9～10 <13～16	<5～6 <8～10	<2.5～3 <4～5
金属切削机床	直齿 斜齿	— —	>15 >30	>3～15 >5～30	≤3 ≤5	—	—

表9.5 第Ⅲ公差组等级的选择

负 荷 性 质[1] 要 求 噪 声 强 度(dB)	重 负 荷	中 负 荷	轻 负 荷
大：85～95	6级	7级	8级
中：75～85	6级	6级	7级
小：<75	5级	5级	6级

注：① 负荷性质按接触应力/允许接触应力的比值而定。轻负荷：25%；中负荷：60%；重负荷：100%。

关于齿轮的精度等级，应对三个公差组的精度等级分别说明。在设计和制造齿轮时以三个公差组中最高级别来考虑齿轮的等级，在检查和验收齿轮时以三个公差组中最低精度来评定齿轮的等级。

各级精度齿轮及齿轮副规定的各项公差或极限偏差见表9.6～表9.17。

表9.6 齿距累积总偏差 F_p 及 K 个齿距累积偏差 F_{pk} 值(μm)

L(mm)		精 度 等 级			
大 于	到	6	7	8	9
—	11.2	11	16	22	32
11.2	20	16	22	32	45
20	32	20	28	40	56
32	50	22	32	45	63
50	80	25	36	50	71
80	160	32	45	63	90
160	315	45	63	90	125
315	630	63	90	125	180

注：① F_p 和 F_{pk} 按分度圆弧长 L 查表。

查 F_p 时，取 $L=\dfrac{1}{2}\pi d=\dfrac{\pi m_n z}{2\cos\beta}$

查 F_{pk} 时，取 $L=\dfrac{k\pi m_n}{\cos\beta}$（$k$ 为2到 $z/2$ 的整数）。

② 除特殊情况外，对于 F_{pk}，k 值规定取为小于 $z/6$ 或 $z/8$ 的最大整数。

表 9.7　径向跳动 F_r 值(μm)

分度圆直径(mm)		法向模数	精 度 等 级			
大　于	到	(mm)	6	7	8	9
―	125	≥1~3.5	25	36	45	71
		>3.5~6.3	28	40	50	80
		>6.3~10	32	45	56	90
125	400	≥1~3.5	36	50	63	80
		>3.5~6.3	40	56	71	100
		>6.3~10	45	63	86	112
400	800	≥1~3.5	45	63	80	100
		>3.5~6.3	50	71	90	112
		>6.3~10	56	80	100	125

表 9.8　径向综合总偏差 F''_i 值(μm)

分度圆直径(mm)		法向模数	精 度 等 级			
大　于	到	(mm)	6	7	8	9
―	125	≥1~3.5	36	50	63	90
		>3.5~6.3	40	56	71	112
		>6.3~10	45	63	80	125
125	400	≥1~3.5	50	71	90	112
		>3.5~6.3	56	80	100	140
		>6.3~10	63	90	112	160
400	800	≥1~3.5	63	90	112	140
		>3.5~6.3	71	100	125	160
		>6.3~10	80	112	140	180

表 9.9　公法线长度变动偏差 F_w 值(μm)

分度圆直径(mm)		精 度 等 级			
大　于	到	6	7	8	9
―	125	20	28	40	56
125	400	25	36	50	71
400	800	32	45	63	90

表 9.10　齿廓总偏差 F_α 值 (μm)

分度圆直径(mm)		法向模数	精度等级			
大　于	到	(mm)	6	7	8	9
—	125	≥1~3.5	8	11	14	22
		>3.5~6.3	10	14	20	32
		>6.3~10	12	17	22	36
125	400	≥1~3.5	9	13	18	28
		>3.5~6.3	11	16	22	36
		>6.3~10	13	19	28	45
400	800	≥1~3.5	12	17	25	40
		>3.5~6.3	14	20	28	45
		>6.3~10	16	24	36	56

表 9.11　齿距偏差 $\pm f_{P_t}$ 值 (μm)

分度圆直径(mm)		法向模数	精度等级			
大　于	到	(mm)	6	7	8	9
—	125	≥1~3.5	10	14	20	28
		>3.5~6.3	13	18	25	36
		>6.3~10	14	20	28	40
125	400	≥1~3.5	11	16	22	32
		>3.5~6.3	14	20	28	40
		>6.3~10	16	22	32	45
400	800	≥1~3.5	13	18	25	36
		>3.5~6.3	14	20	28	40
		>6.3~10	18	25	36	50

表 9.12　基节偏差 $\pm f_{P_b}$ 值 (μm)

分度圆直径(mm)		法向模数	精度等级			
大　于	到	(mm)	6	7	8	9
—	125	≥1~3.5	9	13	18	25
		>3.5~6.3	11	16	22	32
		>6.3~10	13	18	25	36
125	400	≥1~3.5	10	14	20	30
		>3.5~6.3	13	18	25	36
		>6.3~10	14	20	30	40
		>10~16	16	22	32	45
		>16~25	20	30	40	60

分度圆直径(mm)		法向模数	精 度 等 级			
大 于	到	(mm)	6	7	8	9
400	800	≥1~3.5	11	16	22	32
		>3.5~6.3	13	18	25	36
		>6.3~10	16	22	32	45
		>10~16	18	25	36	50
		>16~25	22	32	45	63
		>25~40	30	40	60	80

注:对6级及高于6级的精度,在一个齿轮的同侧齿面上,最大基节与最小基节之差,不允许大于基节单向极限偏差的数值。

表 9.13 径向一齿综合偏差 f''_i 值(μm)

分度圆直径(mm)		法向模数	精 度 等 级			
大 于	到	(mm)	6	7	8	9
—	125	≥1~3.5	14	20	28	36
		>3.5~6.3	18	25	36	45
		>6.3~10	20	28	40	50
125	400	≥1~3.5	16	22	32	40
		>3.5~6.3	20	28	40	50
		>6.3~10	22	32	45	56
400	800	≥1~3.5	18	25	36	45
		>3.5~6.3	20	28	40	50
		>6.3~10	22	32	45	56

表 9.14 螺旋线总偏差 F_β 值(μm)

齿轮宽度(mm)		精 度 等 级			
大 于	到	6	7	8	9
—	40	9	7	18	28
40	100	12	16	25	40
100	160	16	20	32	50

表 9.15 中心距偏差 ±f_a 值(μm)

第Ⅱ公差组精度等级			5~6	7~8	9~10
f_a			$\frac{1}{2}$IT7	$\frac{1}{2}$IT8	$\frac{1}{2}$IT9
齿轮副的中心距	大于6	到10	7.5	11	18
	10	18	9	13.5	21.5
	18	30	10.5	16.5	26

第Ⅱ公差组精度等级			5~6	7~8	9~10
f_a			$\frac{1}{2}$IT7	$\frac{1}{2}$IT8	$\frac{1}{2}$IT9
齿轮副的中心距	30	50	12.5	19.5	31
	50	80	15	23	37
	80	120	17.5	27	43.5
	120	180	20	31.5	50
	180	250	23	36	57.5
	250	315	26	40.5	65
	315	400	28.5	44.5	70
	400	500	31.5	48.5	77.5
	500	630	35	55	87
	630	800	40	62	100

表 9.16 齿厚极限偏差

$C=+1f_{P_t}$	$F=-4f_{P_t}$	$J=-10f_{P_t}$	$M=-20f_{P_t}$	$R=-40f_{P_t}$
$D=0$	$G=-6f_{P_t}$	$K=-12f_{P_t}$	$N=-25f_{P_t}$	$S=-50f_{P_t}$
$E=-2f_{P_t}$	$H=-8f_{P_t}$	$L=-16f_{P_t}$	$P=-32f_{P_t}$	

表 9.17 接触斑点

接触斑点	单 位	精 度 等 级			
		6	7	8	9
按高度不小于	（%）	50 (40)	45 (35)	40 (30)	30
按长度不小于	（%）	70	60	50	40

注：① 接触斑点的分布位置应趋近齿面中部，齿顶和两端部棱角处不允许接触。

② 括号内数值用于轴向重合度 $\varepsilon_\beta>0.8$ 的斜齿轮。

9.4.2 公差组的检验组及其选用

国标规定的公差项目很多，其中有些项目之间有密切关系，如齿圈径向跳动与径向综合误差，从误差性质来讲，有相似之处，所以不需重复。为保证齿轮的制造精度，在生产中不可能也没有必要对所有公差项目都进行检验。应根据齿轮副的精度等级、使用要求、生产批量和本单位的仪器设备条件，用同一仪器测量较多的指标等，经济合理地进行检验。为此，国标对三个公差组分别规定了若干个检验组，见表 9.18。在各公差组中，可任选一个检验组来评定和验收齿轮的精度。表 9.19 所列检验组组合可供选用时参考。各公差组中的任一检验组，其检测精度是一致的。若用不同的检验组所测结果不同，应按最低的结果来评定和验收齿轮精度。

表 9.18　圆柱齿轮公差组的检验组(摘自 GB/T10095—1988)

公差组	检 验 组	说　明
I	$\Delta F'_i$	
	ΔF_p 与 ΔF_{pk}	
	ΔF_p	
	$\Delta F''_i$ 与 ΔF_w	当其中有一项超差时应再按 ΔF_p 检定和验收
	ΔF_r 与 ΔF_w	当其中有一项超差时应再按 ΔF_p 检定和验收
	ΔF_r	用于 10～12 级精度
II	$\Delta f'_i$	需要时,可加检 Δf_{P_b}
	Δf_f 与 Δf_{P_b}	
	Δf_f 与 Δf_{P_t}	
	$\Delta f''_i$	须保证齿形精度
	Δf_{P_t} 与 Δf_{P_b}	用于 9～12 级精度
	Δf_{P_t} 或 Δf_{P_b}	用于 10～12 级精度
	$\Delta f_{f\beta}$	用于轴向重合度 $\varepsilon_\beta > 1.25$ 的 6 级及 6 级以上的斜齿轮或人字齿轮
III	ΔF_β	
	ΔF_b	用于 $\varepsilon_\beta \leqslant 1.25$,齿线不修正的斜齿轮
	ΔF_{px} 与 Δf_f	用于 $\varepsilon_\beta > 1.25$,齿线不修正的斜齿轮
	ΔF_{px} 与 ΔF_b	用于 $\varepsilon_\beta > 1.25$,齿线不修正的斜齿轮

表 9.19　检验组组合

公差组	精　度　等　级						
	3～8 级	3～6 级	7～8 级	5～8 级	5～9 级	9 级	10～12 级
I	$\Delta F''_i$	ΔF_p 与 ΔF_{pk}	ΔF_p	ΔF_r 与 ΔF_w	$\Delta F''_i$ 与 ΔF_w	ΔF_r 与 ΔF_w	ΔF_r
II	$\Delta f'_i$	Δf_f 与 Δf_{P_b} 或 Δf_f 与 Δf_{P_t} 或 $\Delta f_{f\beta}$	Δf_f 与 Δf_{P_b} 或 Δf_f 与 Δf_{P_t}		$\Delta f''_i$	Δf_{P_t} 与 Δf_{P_b}	Δf_{P_t} 与 Δf_{P_b}
III	ΔF_β 或 ΔF_b	ΔF_β 或 ΔF_b,或 ΔF_{px} 与 ΔF_b				ΔF_β 或 ΔF_b	
侧隙	ΔE_{wm}					ΔE_{wm} 或 ΔE_s	

　　第 I 公差组的检验要求是揭示齿轮在一转内的最大转角误差,即反映几何偏心和运动偏心所引起的齿廓径向位置误差与切向位置误差。在第 I 公差组的 6 个检验组中,$\Delta F'_i$ 和 ΔF_p (ΔF_{p_k})为综合评定指标,能较全面地反映齿轮一转中的转角误差,所以可单独使用。单项误差项目 ΔF_r 和 $\Delta F''_i$ 只反映切齿加工中齿坯安装偏心而产生的径向误差;ΔF_w 只反映由于机床分度蜗轮偏心而产生的切向误差,因此两者必须组合起来才能全面反映误差。测量 ΔF_r 和 $\Delta F''_i$ 时,由于每个齿坯安装各异,故每个齿轮都需测量。而测量 ΔF_w 时,由于每台机床的蜗

轮偏心固定不变,故只需作首件检验。另外在检验时,若其中有一项超差,则考虑到径向误差和切向误差相互补偿的可能性,可用 ΔF_p 来复测,如 ΔF_p 合格则齿轮合格,因 ΔF_p 为综合指标反映实际使用情况 。

对于 10~12 级精度的齿轮,由于加工机床具有足够的精度,因此只需检验 ΔF_r,而不必检验 ΔF_w。

第 II 公差组的检验要求是揭示齿轮每转一齿或在一个齿距角内的最大转角误差。在第 II 公差组的 7 个检验组中,$\Delta f'_i$ 和 $\Delta f''_i$ 为综合评定指标,能较全面地反映一个齿距角内的转角误差。在使用时,$\Delta f''_i$ 须保证齿形精度,$\Delta f'_i$ 在需要时可加检 Δf_{pb}。

Δf_f 和 Δf_{pt} 检验组,适用于高精度的磨齿加工齿轮。Δf_f 反映砂轮系统的误差;Δf_{pt} 反映机床的分度误差;两者组合可以反映齿轮的一齿转角误差。

Δf_f 和 Δf_{pb} 检验组,适用于磨齿、滚齿和剃齿工艺加工的齿轮。在磨齿中,相当于用 Δf_{pb} 代替 Δf_{pt}。在滚齿、剃齿中,Δf_f 反映齿轮的齿形误差,Δf_{pb} 反映齿形角误差,两者都是反映 $\Delta f'_i$ 的主要因素。

Δf_{pt} 和 Δf_{pb} 检验组,适用于滚齿加工齿轮,由于 Δf_{pt} 不能充分反映短周期切向误差,故适用于较低精度的齿轮。

Δf_{pt} 或 Δf_{pb} 单独评定,仅用于 10~12 级精度的齿轮。

$\Delta f_{f\beta}$ 仅用于检验 6 级以上精度、高速、大功率,对平稳性要求特别高的斜齿轮或人字齿轮。

第 III 公差组的检验要求是保证齿面接触面积,其中影响全齿高接触的齿轮误差已在第 II 公差组中予以检验,故只需检验 ΔF_β 一项即可保证在齿宽上具有一定的接触斑点百分比。

除上述规定的检验组外,为满足齿轮副侧隙要求,还应选择侧隙的评定指标 ΔE_s 或 ΔE_{wm} 中的任一项来检验。其中 ΔE_{wm} 适用性较广,ΔE_s 仅适用于中等以下精度的齿轮。

9.4.3 齿轮副的侧隙

侧隙是齿轮副装配后自然形成的,它对于每一对非工作的齿廓是不相等的。为了保证齿轮啮合时正常贮油润滑和补偿由于工作温度升高等原因引起的各种变形,就要求预先将齿轮的齿厚减薄一些,使齿轮工作时留有一定的保证侧隙。而对于要求经常正反转的齿轮和仪器中的读数齿轮,为了避免齿轮反转时的过大冲击和空程误差,必须控制最大侧隙。

9.4.3.1 最小法向极限侧隙的计算

最小法向极限侧隙的计算主要考虑齿轮副工作时的温度变化,润滑方式以及齿轮的圆周速度,而不按齿轮的精度等级选定。

(1)补偿温升引起变形所需的最小法向侧隙 j_{n1}。

$$j_{n1} = a(\alpha_1\Delta t_1 - \alpha_2\Delta t_2) \cdot 2\sin\alpha_n(\text{mm}) \tag{9.19}$$

式中:a 为传动中心距;α_1,α_2 为齿轮和箱体材料的线膨胀系数;Δt_1,Δt_2 为齿轮和箱体的工作温度与标准温度之差,即 $\Delta t_1 = t_1 - 20℃$;$\Delta t_2 = t_2 - 20℃$;α_n 为法向压力角。

(2)保证正常润滑所需的最小法向侧隙 j_{n2}。

j_{n2} 取决于润滑方式和齿轮的圆周速度,可参考表 9.20 选择。

表 9.20　j_{n2} 的推荐值(mm)

润滑方式	圆周速度 v(m/s)			
	$\leqslant 10$	$>10\sim 25$	$>25\sim 60$	>60
喷油润滑	$0.01m_n$	$0.02m_n$	$0.03m_n$	$(0.03\sim 0.05)m_n$
油池润滑	$(0.005\sim 0.01)m_n$			

注:m_n 为法向模数(mm)。

因此,由计算得到的齿轮副的最小法向极限侧隙为

$$j_{nmin} = j_{n1} + j_{n2} \tag{9.20}$$

9.4.3.2　最大法向极限侧隙的计算

当最小法向极限侧隙和齿轮制造与安装精度确定后,最大极限侧隙自然形成,一般不需再计算。但是对精密读数机构或对回转角有严格要求的齿轮副,需校核最大极限侧隙时,可按下式计算:

$$j'_{nmax} = j_{nmin} + T_j \tag{9.21}$$

$$T_j = \sqrt{(T_{s1}\cos\alpha_n)^2 + (T_{s2}\cos\alpha_n)^2 + (2f_a\sin\alpha_n)^2} \tag{9.22}$$

式中:T_j 为侧隙公差;T_{s1},T_{s2} 为两齿轮的齿厚公差;f_a 为齿轮副中心距极限偏差的单向值。

计算的 j'_{nmax} 应不大于 j_{nmax}。

9.4.3.3　基准制

规定齿轮副的最小极限侧隙,就是在一定的配合制度下,规定一对齿轮的配合松紧。齿轮副的配合制度可以有基中心距制和基齿厚制。由于影响齿轮副侧隙的主要因素是中心距偏差和齿厚偏差,为获得所必需的侧隙,可把其中一个因素固定下来,改变另一个因素。如把齿轮副中心距视为"孔",两齿轮的齿厚视为"轴",那么齿轮副的侧隙就相当于孔和轴配合形成的间隙。按照这样的概念,又考虑到齿轮加工和齿轮箱体加工的特点,国标规定一般采用基中心距制。所谓基中心距制,即固定中心距的极限偏差,通过改变齿厚偏差来得到不同的最小极限侧隙,以满足各种使用要求。所谓基齿厚制,则是固定齿厚偏差而改变中心距,从而获得所需要的最小极限侧隙。由于在范成法加工中,可以方便地用原始齿廓的附加位移来获得不同的齿厚减薄量,因此通常采用基中心距制。

9.4.3.4　齿厚极限偏差的计算

由于齿轮副侧隙是采用减薄齿厚来获得,所以必须控制齿厚极限偏差。国标规定:侧隙代号由齿厚极限偏差代号组成。国标规定了 14 种齿厚极限偏差代号,分别用大写英文字母表示,其顺序为 C,D,E,F,G,H,J,K,L,M,N,P,R,S,如图 9.37 所示。其数值分别等于齿距极限偏差 f_{pt} 的相应倍数。选用其中两个字母组成侧隙代号,前一个字母表示齿厚上偏差,后一个字母表示齿厚下偏差。如齿厚上偏差取代号 F,$E_{ss} = -4f_{pt}$;下偏差取代号 L,$E_{si} = -16f_{pt}$。14 种齿厚极限偏差代号可以任意组合,以满足各种不同侧隙要求。标准还规定,当所选齿厚极限偏差超出图 9.37 所列代号时,允许自行另定,但要用具体数值表示。

(1)齿厚上偏差的确定。所选择的齿厚上偏差,不仅要保证齿轮副所需的最小法向极

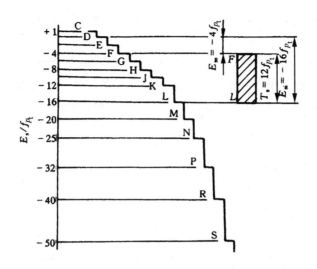

图 9.37   14 种齿厚极限偏差

限侧隙 $j_{n\min}$，同时还要补偿由于齿轮副加工和安装误差所引起的侧隙减小量 J_n。J_n 的值由下式计算：

$$J_n = \sqrt{f_{Pb_1}^2 + f_{Pb_2}^2 + 2(F_\beta \cos\alpha_n)^2 + (f_x \sin\alpha_n)^2 + (f_y \cos\alpha_n)^2} \tag{9.23}$$

式中：α_n 为法向压力角。

当 $\alpha_n = 20°$，$F_\beta = f_x = 2f_y$ 时，

化简得：

$$J_n = \sqrt{f_{Pb_1}^2 + f_{Pb_2}^2 + 2.104F_\beta^2} \tag{9.24}$$

由于 J_n 的存在，实际上应是 $j_{n\min}$ 加 J_n 后的数值再平均分配给两个相互啮合的齿轮，由图 9.38 的 $\triangle def$ 可看出，一个齿轮的法向侧隙为 $(j_{n\min} + J_n)/2$，换算成齿厚减薄量为 $\dfrac{j_{n\min} + J_n}{2\cos\alpha_n}$，同时，由 $\triangle abc$ 可看出，中心距极限偏差 f_a 也影响侧隙，换算成齿厚减薄量为 $f_a \tan\alpha_n$。一般两个齿轮的齿厚上偏差数值相同，因此每个齿轮的齿厚上偏差的计算式为

$$E_{ss} = -\left(f_a \tan\alpha_n + \frac{j_{n\min} + J_n}{2\cos\alpha_n}\right) \tag{9.25}$$

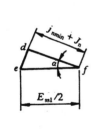
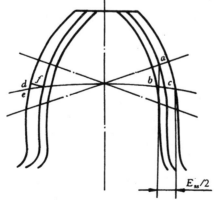
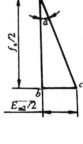

图 9.38   齿厚上偏差

由上式计算所得的 E_{ss} 应从标准规定的 14 种齿厚极限偏差代号中选取一个最接近计算值的标准值。

（2）齿厚公差。齿厚公差与齿厚上偏差无关，应根据各厂操作工人的技术水平或实践经验确定。一般切齿时齿厚偏差主要取决于齿圈径向跳动和切齿时进刀的调整误差。由于这两项误差都是独立随机误差，而且其计值方向都在轮齿的径向，要把径向换算成齿厚方向时要乘以 $2\tan\alpha_n$。因此，齿厚公差的计算式为

$$T_s = \sqrt{F_r^2 + b_r^2} \cdot 2\tan\alpha_n \tag{9.26}$$

式中：b_r 为切齿径向进刀公差，其值按第 I 公差组的精度等级查表 9.21。

表 9.21　b_r 值

第 I 公差组的精度等级	4	5	6	7	8	9
b_r	1.26IT7	IT8	1.26IT8	IT9	1.26IT9	IT10

注：表中 IT 值按齿轮分度圆直径查表 2.3 确定。

（3）齿厚下偏差。齿厚下偏差 E_{si} 由齿厚上偏差 E_{ss} 与齿厚公差 T_s 求得，即

$$E_{si} = E_{ss} - T_s \tag{9.27}$$

根据 E_{si} 的计算值，从规定的 14 个代号中选定某一代号，并确定其对应的标准齿厚下偏差 E_{si} 值。

9.4.4　齿坯公差

齿轮在加工、检验和装配时，通常以齿坯的内孔、外圆和端面作为基准，其精度对齿轮的制造质量和安装精度有很大的影响，所以必须规定其公差。齿坯公差包括轴或孔的尺寸公差、形状公差以及基准面的跳动公差，各项公差值参照表 9.22 选用。

表 9.22　齿坯公差

齿轮精度等级[①]		6	7	8	9
孔	尺寸公差、形状公差	IT6	IT7		IT8
轴	尺寸公差、形状公差	IT5	IT6		IT7
顶圆直径[②]		IT8			IT9
分度圆直径(mm)		齿坯基准面径向和端面圆跳动(μm)			
大于	到	精度等级			
		6	7	8	9
—	125	11	18	18	28
125	400	14	22	22	36
400	800	20	32	32	50

注：① 当三个公差组的精度等级不同时，按最高的精度等级确定公差值。

② 当顶圆不作测量齿厚基准时，尺寸公差按 IT11 给定，但不大于 $0.1m_n$；当以顶圆作基准时，齿坯基准面径向跳动就指顶圆的径向跳动。

齿轮各主要表面粗糙度也将影响加工方法、使用性能和经济性。各主要表面粗糙度值参照表 9.23 选用。

表 9.23 齿轮各面的表面粗糙度推荐值 (μm)

精度等级 粗糙度 [a]	6	7		8	9	
齿面	0.63～1.25	1.25	2.5	5(2.5)	5	10
齿面加工方法	磨或珩齿	剃或珩齿	精滚或精插	滚或插	滚	铣
基准孔	1.25	1.25～2.5			5	
基准轴颈	0.63	1.25		2.5		
基准端面	2.5～5			5		
顶圆	5					

注:当三个公差组的精度等级不同时,按最高的精度等级确定 R_a 值。

9.4.5 箱体公差

箱体公差是指箱体上孔心距的极限偏差 f'_a 和两孔轴线间的平行度公差 f'_x、f'_y。它们分别是齿轮副的中心距公差和轴线平行度公差的组成部分。影响齿轮副中心距偏差和齿轮副轴线的平行度误差的,除箱体外,还有其他零件,如滚动轴承等。因此,箱体上孔心距的极限偏差 f'_a 和轴线的平行度公差 f'_x、f'_y,应分别比齿轮副的中心距极限偏差 f_a 和齿轮副的轴线平行度公差 f_x、f_y 小,通常前者取后者的 80%。同时应注意,齿轮副轴线的平行度公差是指轮齿宽 b 范围内,而箱体孔轴线的平行度公差则是指箱体的支承间距 L 上的(左右壁轴承孔中间平面之间的距离),如图 9.39 所示。因此,f'_a 和 f'_x、f'_y 可按下式计算:

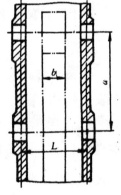

图 9.39 箱体的支承间距

$$\left. \begin{array}{l} f'_a = 0.8f_a \\ f'_x = 0.8f_x \cdot \dfrac{L}{b} \\ f'_y = 0.8f_y \cdot \dfrac{L}{b} \end{array} \right\}$$

(9.28)

9.4.6 图样标注

在齿轮零件图上应标注齿轮的精度等级标注示例如下:

例 9.1 7(F_p)6($F_\alpha F_\beta$)GB/T10095.1—2008 表示 F_p 为 7 级精度,F_α、F_β 均为 6 级精度

例 9.2 7 GB/T10095.1—2008 表示齿轮的检测项目均为 7 级精度

9.4.7 应用举例

例 9.3 某通用减速器中有一对直齿圆柱齿轮副,模数 $m=3$mm,齿形角 $\alpha=20°$,小齿轮齿数 $Z_1=32$,大齿轮齿数 $Z_2=96$,大小齿轮齿宽 $b_1=b_2=20$mm,两齿轮材料为 45 钢,箱体材料为 HT200,其线膨胀系数分别为:$\alpha_1=11.5\times10^{-6}/℃K^{-1}$,$\alpha_2=10.5\times10^{-6}/℃K^{-1}$,齿轮和箱体的工作温度分别为:$t_1=75℃$,$t_2=50℃$,齿轮采用喷油润滑,传递最大功率为 5kW,转速 $h=1280$r/min,生产条件为小批生产。试确定小齿轮的精度等级,齿厚极限偏差的字母代号,

检验项目及其公差,定出齿坯公差,齿轮各表面粗糙度并画出齿轮工作图。

解:(1) 确定齿轮精度等级。对于中等速度、中等载荷的一般齿轮通常是先按其圆周速度确定第Ⅱ公差组的精度等级,圆周速度 v 为

$$v = \frac{\pi d_1 n}{1000 \times 60} = \frac{\pi m Z_1 n}{1000 \times 60} = \frac{3.14 \times 3 \times 32 \times 1280}{1000 \times 60} = 6.43(\text{m/s})$$

查表 9.4,选第Ⅱ公差组精度为 8 级。

一般减速器齿轮对传递运动准确性的要求不高,故第Ⅰ公差组可比第Ⅱ公差组低一级,选为 9 级,而动力齿轮对齿面载荷分布均匀性有一定要求,故第Ⅲ公差组与第Ⅱ公差组同级,即 8 级。

(2) 确定齿厚偏差代号。

① 计算最小法向极限侧隙 $j_{n\min}$

$$j_{n1} = a(\alpha_1 \Delta t_1 - \alpha_2 \Delta t_2) \times 2\sin\alpha_n$$

$$= \frac{3(32+96)}{2} \times [11.5 \times 10^{-6} \times (75-20) - 10.5 \times 10^{-6} \times (50-20)] \times 2\sin20°$$

$$= 41.70(\mu m)$$

对于喷油润滑,低速传动($v < 10\text{m/s}$),

$$j_{n2} = 10 \times m_n = 10 \times 3 = 30(\mu m)$$

$$j_{n\min} = j_{n1} + j_{n2} = 41.70 + 30 \approx 72(\mu m)$$

② 确定齿厚上、下偏差代号。设大、小齿轮齿厚上偏差相同,即 $E_{ss1} = E_{ss2} = E_{ss}$

查表 9.12 得 $f_{P_{b1}} = 18\mu m$, $f_{P_{b2}} = 20\mu m$

查表 9.14 得 $F_\beta = 18\mu m$

查表 9.15 得 $f_a = \frac{1}{2}\text{IT8}$, $a = 192\text{mm}$, $f_a = \pm 36\mu m$

按式(9.24)计算 J_n

$$J_n = \sqrt{f_{P_{b_1}}^2 + f_{P_{b_2}}^2 + 2.104 F_\beta^2} = \sqrt{18^2 + 20^2 + 2.104 \times 18^2} = 37.49(\mu m)$$

按式(9.25)计算 E_{ss}:

$$E_{ss} = -\left(f_a \tan\alpha_n + \frac{j_{n\min} + J_n}{2\cos\alpha_n}\right) = -\left(36\tan20° + \frac{72 + 37.49}{2\cos20°}\right) = -71.36(\mu m)$$

查表 9.11 得 $f_{P_{t_1}} = 20\mu m$

$$\frac{E_{ss}}{f_{P_{t_1}}} = \frac{-71.36}{20} = -3.57$$

查表 9.16,E_{ss} 选 F,$F = -4f_{P_t}$,则 $E_{ss} = -4f_{P_t} = -80(\mu m)$

按第Ⅰ公差组精度等级 9 级,查表 9.21,小齿轮 $b_r = \text{IT10} = 140\mu m$;查表 9.7 得:$F_r = 71\mu m$,则按式(9.26)得

$$T_s = \sqrt{F_r^2 + b_r^2} \times 2\tan\alpha_n = \sqrt{71^2 + 140^2} \times 2\tan20° = 114.27(\mu m)$$

由式(9.27)得

$$E_{si} = E_{ss} - T_s = -71.36 - 114.27 = -185.63(\mu m)$$

$$\frac{E_{si}}{f_{P_t}} = \frac{-185.63}{20} = -9.28$$

查表 9.16,E_{si} 选 J,$J = -10f_{P_t}$,则 $E_{si} = -10f_{P_t} = -200(\mu m)$。

故小齿轮的精度等级及侧隙为:9-8-8-GB/T10095-2008。

(3) 选择检验项目并查出其公差值。该齿轮为中等精度,生产批量不大,根据表9.19确定检验组项目如下:

第 I 公差组:ΔF_r 和 ΔF_w,查表9.7和表9.9得,$F_r=71\mu m$,$F_w=56\mu m$。

第 II 公差组:Δf_f 和 Δf_{p_b},查表9.10和表9.12得:$f_f=14\mu m$,$\pm f_{p_b}=\pm 18\mu m$。

第 III 公差组:ΔF_β,查表9.14得:$F_\beta=18\mu m$。

该齿轮为中等模数,控制侧隙宜用公法线平均长度上、下偏差,按式(9.14)计算如下:

$$E_{wms}=E_{ss}\cos\alpha-0.72F_r\sin\alpha$$
$$=-80\times\cos20°-0.72\times71\times\sin20°\approx-93(\mu m)$$
$$E_{wmi}=E_{si}\cos\alpha+0.72F_r\sin\alpha$$
$$=-200\times\cos20°+0.72\times71\times\sin20°\approx-170(\mu m)$$

公法线长度公称值 W 及跨齿数 k 计算:

$$k=Z/9+0.5=32/9+0.5\approx4$$
$$W=m[1.476(2k-1)+0.014\cdot Z]=32.34(mm)$$

故公法线 $W=32.34^{-0.093}_{-0.170}mm$。

(4) 选定齿坯公差。齿轮内孔作为加工、测量及安装的定位基准,根据齿轮最高精度查表9.22得孔公差为IT7,孔径定为 $\phi40mm$,偏差按基准孔 H 选取,即 $\phi40H7=\phi40^{+0.025}_{0}mm$。

齿轮顶圆在此不作加工和测量基准,顶圆直径公差选为IT11,偏差按基轴制选取,即 $\phi102h11=\phi102^{0}_{-0.220}mm$,端面跳动公差为 $18\mu m$。

齿轮各部分的表面粗糙度参照表9.23选取:

齿面 R_a 为 $2.5\mu m$;齿顶圆 R_a 为 $5\mu m$;齿轮基准孔 R_a 为 $2.5\mu m$;齿轮基准端面 R_a 为 $5\mu m$。

(5) 画齿轮工作图。将精度等级、齿厚极限偏差的字母代号,检验项目及公差,齿坯公差等标注在齿轮工作图上,如图9.40所示。

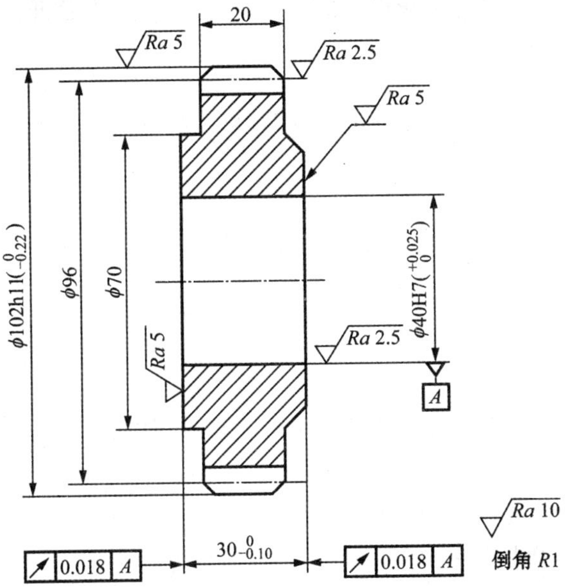

齿数 z	32
模数 m	3
齿形角 α	20°
齿顶高系数 h	1
精度等级(GB/T10095.1-2008)	9-8-8
齿圈径向跳动公差 F_r	0.071
公法线长度变动公差 F_w	0.056
齿形公差 f_t	0.014
基节极限偏差 f_{pb}	±0.018
齿向公差 F_β	0.018
公法线长度 W	$32.34^{-0.093}_{-0.170}$
跨齿数 n	4

图9.40 齿轮工作图

小结

　　齿轮传动有四个方面的使用要求,即传递运动的准确性、传动的平稳性、载荷分布的均匀性和合理的齿轮副侧隙。这不仅是齿轮设计、制造和使用的出发点,也是制订齿轮公差标准的出发点。

　　齿轮精度的评定指标(项目)很多,看起来比简单零件的公差要复杂些。但只要搞清楚每项评定指标的代号、定义、作用及检测方法,并正确运用比较法学习,搞清楚各项不同指标的实质及异同,这样条理清楚,也就不难了。而在齿轮公差的选用方面,由于规律性强,表格资料具体,甚至比光滑圆柱公差更为容易。

　　评定指标首先按单个齿轮和齿轮副划分为两类,并分别按四个使用要求规定一个或几个指标。每一使用要求(第Ⅰ、Ⅱ、Ⅲ公差组)又推荐了几个检验组,根据齿轮的生产批量、检验量仪等具体条件进行选择。

　　齿轮精度共分12级,对三个公差组可选用相同的,也可选用不同的精度等级。这是由于从使用来说,不同用途的齿轮对几方面使用要求的侧重点不同,有的强调传动比准确,有的强调传动平稳,有的强调承载能力等;从制造来说,三个公差组和不同的加工误差有关,例如传递运动的准确性和机床的关系较大,而传动平稳性则和刀具的关系更密切些等等。这样在实际上,也有可能制造出在同一齿轮上,具有不同精度等级的组合。

　　齿轮的最小侧隙 $j_{n\,min}$ 与传动的圆周速度、工作温度等有关,而与精度无关。但落实到单个齿轮上,则要控制齿厚的上、下偏差,从公式来看又是与齿轮精度有关的。齿厚偏差需经复杂的计算,看来还不够成熟,有待进一步研究、发展。目前只有通过实例来掌握。

　　应用实例系统地总结了齿轮公差标准的应用。根据齿轮的大小、材料、转速、功率及使用场合,首先确定三个公差组的精度等级,并选定检验方案(检验项目),查用公差表格;其次是确定最小侧隙和齿厚极限偏差,以及齿坯公差和有关表面的粗糙度要求,最后反映在一张齿轮工作图上。

习题与思考题

1. 对齿轮传动有哪些使用要求?
2. 第Ⅰ、Ⅱ、Ⅲ公差组与齿轮传动各有什么关系? 各包括哪些评定指标? 为何有的项目可单独作为一个检验组? 有的项目需和其他项目组合起来才成为一个检验组?
3. 齿轮传动中的侧隙有什么作用? 用什么评定指标来控制侧隙?
4. 齿轮副精度的评定指标有哪些?
5. 试分析比较切向综合误差与齿距累积误差;齿圈径向跳动与径向综合误差;切向综合误差与径向综合误差各有何异同?
6. 齿形误差、基节偏差与齿距偏差各如何影响齿轮传动的平稳性? 各有何差别与联系?
7. 公法线平均长度偏差与公法线长度变动有何区别与联系?
8. 齿坯要求检验哪些精度项目,为什么?
9. 解释下列各代号的含义:

(1) 6(F_α)、7(F_p、F_β) GB/T10095.1—2008；

(2) 8 GB/T10095.1—2008。

10. 有一个7级精度的渐开线直齿圆柱齿轮，其模数 $m=3mm$，齿数 $Z=32$，齿形角 $\alpha=20°$。该齿轮加工后经测量的结果为：$\Delta F_r=25\mu m$，$\Delta F_w=32\mu m$，$\Delta F_p=42\mu m$。试判断这三个指标是否都合格？该齿轮第 I 公差组精度是否合格？为什么？

11. 某直齿圆柱齿轮图样上标注了 7—6—6 GB/T10095.1—2008，模数 $m=3mm$，齿数 $Z=32$，齿形角 $\alpha=20°$，齿宽 $b=30mm$。该齿轮加工后经测量的结果为：$\Delta F_r=0.035mm$，$\Delta F_w=0.025mm$，$\Delta f_f=0.008mm$，$\Delta f_{p_b}=+0.008mm$，$\Delta F_\beta=0.007mm$，$\Delta E_s=-0.167mm$。试判断该齿轮的精度指标和侧隙指标的合格性。

12. 某直齿圆柱齿轮的模数 $m=4mm$，齿数 $Z=24$，压力角 $\alpha=20°$，变位系数为零，精度等级和齿厚极限偏差的字母代号为 8—7—7 GB/T10095.1—2008。该齿轮大批生产。试确定该齿轮三个公差组和侧隙要求的公差或极限偏差项目及它们的数值。

13. 某齿轮的公法线长度变动公差 $F_w=28\mu m$，公法线长度公称值和极限偏差 $W^{E_{wms}}_{E_{wmi}}=32.258^{-0.114}_{-0.202}mm$。该齿轮加工后在其圆周均布 6 个位置上测得实际公法线长度为：32.130，32.124，32.095，32.133，32.106，32.120mm。试确定公法线长度变动 ΔF_w 和公法线平均长度偏差 ΔF_{wm} 的数值，写出它们的合格条件，并判断它们合格与否？

14. 某单级圆柱齿轮减速器中一齿轮，$m=3mm$，$Z=50$，$\alpha=20°$，齿宽 $b=25mm$，齿轮基准孔直径 $d=45mm$，中心距 $a=120mm$，传递功率 7.5kW，转速 $n=750r/min$。传动中齿轮温度为 $t_1=75℃$，箱体温度 $t_2=50℃$，齿轮材料为 45 号钢，箱体材料为铸铁，设钢和铸铁的线膨胀系数分别为 $\alpha_1=11.5\times10^{-6}/℃K^{-1}$，$\alpha_2=10.5\times10^{-6}/℃K^{-1}$。采用喷油润滑。若该齿轮的生产类型为小批生产。试确定该齿轮的精度等级和齿厚极限偏差代号，选择检验项目并查出这些项目的公差或极限偏差值，确定齿坯公差和齿轮各部分表面粗糙度允许值，并画出该齿轮工作图。

10 尺寸链基础

10.1 概述

在设计机器、仪器或其他构件时,除了需要进行运动、强度和刚度等计算外,通常还需要进行几何精度的分析计算。本书前面已对零件的几何精度设计作了讨论。为了保证机器或仪器能顺利进行装配,并能满足预定功能要求,还应从总体装配考虑,经济合理地确定构成机器、仪器的有关零件、部件的几何精度。有关这方面的问题,可以用尺寸链理论来解决。

10.1.1 尺寸链的定义及特点

(1) 尺寸链:在机器装配或零件加工过程中,由相互连接的尺寸形成封闭的尺寸组称为尺寸链(见图 10.1、图 10.2)。尺寸链有如下特征:

① 封闭性。尺寸链必须由一系列相互连接的尺寸排列成封闭的形式。

② 制约性。尺寸链中某一尺寸的变化,将影响其他尺寸的变化,彼此相互联系和影响。

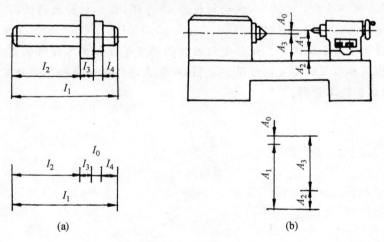

图 10.1 尺寸链

(a) 零件尺寸链;(b) 装配尺寸链

(2) 环:指尺寸链中的每一个尺寸。如图 10.1(a)中 $I_1,I_2,I_3\cdots$,(b)中 $A_1,A_2,A_3\cdots$。图 10.2 中 A_0,A_1,A_2。

(3) 封闭环:指尺寸链中在装配过程或加工过程中最后形成的一环。如图 10.1 中的 I_0 或 A_0。

(4) 组成环:指尺寸链中对封闭环有影响的全部环。这些环中任一环的变动必然引起封闭环的变动。如图 10.1 中的 I_1,I_2,I_3,I_4 或 A_1,A_2,A_3,图 10.2 中的 A_1,A_2。

(5) 增环:指尺寸链中的组成环。该环的变动会引起封闭环同向变动。同向变动指该环增大时封闭环也增大,该环减小时封闭环也减小。如图 10.1(a)中的 I_1,图 10.1(b)中的 A_1,

A_2,图 10.2 中的 A_1。

(6) 减环：指尺寸链中的组成环。该环的变动会引起封闭环反向变动。反向变动指该环增大时封闭环减小，该环减小时封闭环增大。如图 10.1(a) 中的 I_2，I_3，I_4，图 10.1(b) 中的 A_3，图 10.2 中的 A_2。

(7) 补偿环：指尺寸链中预先选定的某一组成环。可以通过改变其大小或位置，使封闭环达到规定的要求。如图 10.3 中的 L_2。

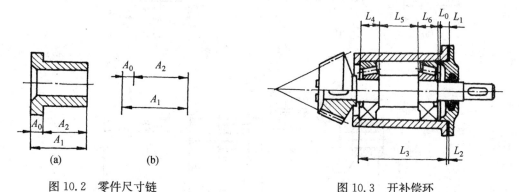

图 10.2　零件尺寸链　　　　　　　　　图 10.3　开补偿环

(8) 传递系数：表示各组成环对封闭环影响大小的系数。尺寸链中封闭环与组成环的关系可表示为 $L_0 = f(L_1, L_2, \cdots, L_m)$，设第 i 个组成环的传递系数为 G_i，则 $G_i = \dfrac{\partial f}{\partial L_i}$。对于增环，$G_i$ 为正值；对于减环，G_i 为负值。如图，10.2 所示的尺寸链，$A_0 = A_1 - A_2$，则 $G_1 = +1$，$G_2 = -1$。

为了简化尺寸链的分析计算，一般不画出零部件的具体结构，只需将组成尺寸链的各环尺寸按相互连接关系单独表示出来，绘成尺寸链图，如图 10.1(a)、(b)，图 10.2(b) 所示。

10.1.2　尺寸链的分类

(1) 按应用场合分：

① 装配尺寸链：指全部组成环为不同零件设计尺寸所形成的尺寸链，如图 10.1(b) 所示。

② 零件尺寸链：指全部组成环为同一零件设计尺寸所形成的尺寸链，如图 10.1(a)、10.2 所示。

③ 工艺尺寸链：指全部组成环为同一零件工艺尺寸所形成的尺寸链，如图 10.4 所示。

(2) 按各环所在空间位置分：

① 直线尺寸链：指全部组成环都平行于封闭环的尺寸链，如图 10.1、图 10.2、图 10.3、图 10.4 所示。

② 平面尺寸链：指全部组成环位于一个或几个平行平面内，但某些组成环不平行于封闭环的尺寸链，如图 10.5 所示。

③ 空间尺寸链：指组成环位于几个不平行平面内的尺寸链。

空间尺寸链和平面尺寸链可用投影法分解为直线尺寸链，然后按直线尺寸链分析计算。

(3) 按几何特征分：

① 长度尺寸链：指全部环为长度尺寸的尺寸链，如图 10.1～图 10.5 所示。

② 角度尺寸链:指全部环为角度尺寸的尺寸链,如图 10.6 所示。

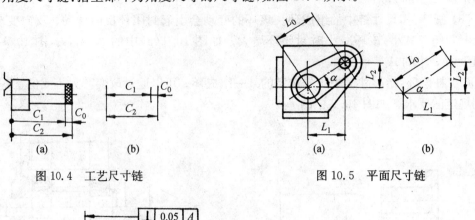

图 10.4 工艺尺寸链   图 10.5 平面尺寸链

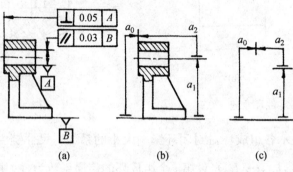

图 10.6 角度尺寸链

(4)按组成环性质分:

① 标量尺寸链:指全部组成环为标量尺寸所形成的尺寸链,如图 10.1～图 10.6 所示。

② 矢量尺寸链:指全部组成环为矢量尺寸所形成的尺寸链,如图 10.7 所示。

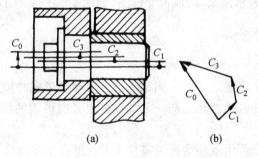

图 10.7 矢量尺寸链

(5)按组合形式分:

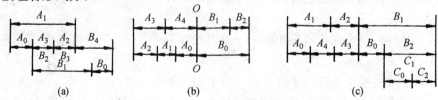

图 10.8 尺寸链的组合形式

(a)并联;(b)串连;(c)混联

① 并联尺寸链:指两个尺寸链具有一个或几个公共环,如图 10.8(a)所示。

② 串联尺寸链:指两个尺寸链之间有一个共同基面,如图 10.8(b)所示,尺寸链 A 和尺寸链 B 之间有一个共同基面 $O-O$。

③ 混合尺寸链由并联尺寸链和串联尺寸链混合组成的尺寸链,如图 10.8(c)所示。

10.1.3 尺寸链的作用

(1) 分析结构设计的合理性。在机械设计中,通过对各种方案装配尺寸链的分析比较,可确定最佳化的结构。

(2) 合理地分配公差。按封闭环的公差与极限偏差,合理地分配各组成环的公差与极限偏差。

(3) 检校图样。可按尺寸链分析计算,检查、校核零件图上尺寸、公差与极限偏差是否正确合理。

(4) 工序尺寸计算。根据零件封闭环和部分组成环的基本尺寸及极限偏差,确定某一组成环的基本尺寸及极限偏差。当按零件图样标注不便加工和测量时,可按尺寸链进行基面换算。

10.1.4 尺寸链计算的类型和方法

尺寸链的计算是为了正确合理地确定尺寸链中各环的尺寸公差和极限偏差。根据不同要求,尺寸链计算有三种类型:

(1) 正计算。已知各组成环的基本尺寸和极限偏差,求封闭环的基本尺寸和极限偏差。正计算常用于验证设计的正确性。

(2) 反计算。已知封闭环的基本尺寸和极限偏差,及各组成环的基本尺寸,求各组成环的极限偏差。反计算常用于设计机器或零件时,合理地确定各部件或零件上各有关尺寸的极限偏差,即根据设计的精度要求,进行公差分配。

(3) 中间计算。已知封闭环和部分组成环的基本尺寸和极限偏差,求某一组成环的基本尺寸和极限偏差。中间计算常用于工艺设计,如基准的换算和工序尺寸的确定等。

尺寸链计算方法分为完全互换法和大数互换法两种,有时还采取一些工艺措施,如分组装配、调整补偿环或修配等。

10.2 完全互换法解尺寸链

完全互换法也称极值法,这种方法的应用范围是按极限尺寸计算尺寸链。

10.2.1 基本公式

(1) 基本尺寸的计算。封闭环基本尺寸(L_0)等于所有增环基本尺寸(L_z)之和减去所有减环基本尺寸(L_j)之和,即

$$L_0 = \sum_{j=1}^{n} L_z - \sum_{j=n+1}^{m} L_j \qquad (10.1)$$

式中:m 为组成环数;n 为增环数。

（2）极限尺寸的计算。封闭环的最大极限尺寸(L_{0max})等于增环最大极限尺寸(L_{zmax})之和减去减环最小极限尺寸(L_{jmin})之和；封闭环的最小极限尺寸(L_{0min})等于增环最小极限尺寸(L_{zmin})之和减去减环最大极限尺寸(L_{jmax})之和，即

$$L_{0max} = \sum_{i=1}^{n} L_{zmax} - \sum_{j=n+1}^{m} L_{jmin} \tag{10.2}$$

$$L_{0min} = \sum_{i=1}^{n} L_{zmin} - \sum_{j=n+1}^{m} L_{jmax} \tag{10.3}$$

（3）极限偏差的计算。封闭环的上偏差(ES_0)等于增环的上偏差(ES_z)之和减去减环的下偏差(EI_j)之和；封闭环的下偏差(EI_0)等于增环的下偏差(EI_z)之和减去减环的上偏差(ES_j)之和，即

$$ES_0 = \sum_{i=1}^{n} ES_z - \sum_{j=n+1}^{m} EI_j \tag{10.4}$$

$$EI_0 = \sum_{i=1}^{n} EI_z - \sum_{j=n+1}^{m} ES_j \tag{10.5}$$

（4）公差的计算。由式(10.2)减去式(10.3)或式(10.4)减去式(10.5)，即得封闭环公差计算式：封闭环公差(T_0)等于各组成环公差(T_i)之和，即

$$T_0 = \sum_{i=1}^{m} T_i \tag{10.6}$$

由式(10.6)可知，要提高尺寸链封闭环的精度，即缩小封闭环公差，可通过两个途径：一是缩小组成环的公差(T_i)；二是减少尺寸链环数(m)。前者将使制造成本提高。因此，设计中主要从后者采取措施，这就是结构设计中应遵守的"最短尺寸链"原则。

10.2.2 解尺寸链

（1）正计算。

例 10.1 如图 10.9 所示曲轴轴向装配尺寸链中，已知各组成环基本尺寸及极限偏差（单位 mm）为

$$L_1 = 43.5E9\begin{pmatrix} +0.112 \\ +0.050 \end{pmatrix}, L_2 = 2.5h10\begin{pmatrix} 0 \\ -0.04 \end{pmatrix}$$

$$L_3 = 38.5h9\begin{pmatrix} 0 \\ -0.052 \end{pmatrix}, L_4 = 2.5h10\begin{pmatrix} 0 \\ -0.04 \end{pmatrix}$$

试验算轴向间隙(L_0)是否在要求的 0.05～0.25mm 范围内。

解：①画尺寸链图，确定增、减环。尺寸链图如图 10.9(b)所示，其中 L_1 为增环；L_2，L_3，L_4 为减环，属直线尺寸链。

② 求封闭环基本尺寸。由式(10.1)得

$$L_0 = L_1 - (L_2 + L_3 + L_4) = 43.5 - (2.5 + 38.5 + 2.5) = 0$$

③ 求封闭环极限偏差。由式(10.4)和式(10.5)得

$ES_0 = ES_1 - (EI_2 + EI_3 + EI_4) = +0.112 - (-0.04 - 0.052 - 0.04) = +0.244(mm)$

$EI_0 = EI_1 - (ES_2 + ES_3 + ES_4) = +0.05 - (0 + 0 + 0) = +0.05(mm)$

于是得 $L_0 = 0^{+0.244}_{+0.050}$mm。根据计算，轴向间隙在 0.05～0.25mm 间，故满足要求范围。

④ 验算。由式(10.6)有

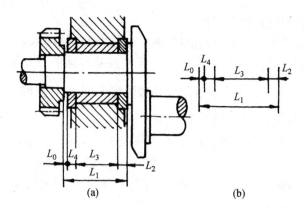

图 10.9 曲轴轴向装配尺寸链

$$T_0 = \sum_{i=1}^{m} T_1 = T_1 + T_2 + T_3 + T_4 = 0.062 + 0.04 + 0.052 + 0.04 = 0.194 (\text{mm})$$

另一方面,由封闭环上、下偏差求得

$$T_0 = |\text{ES}_0 - \text{EI}_0| = |0.244 - 0.05| = 0.194 (\text{mm})$$

计算结果一致。

(2) 反计算。根据设计的精度要求(封闭环公差)进行(组成环)公差分配。反计算有等公差法和相同公差等级法两种解法。

① 等公差法。假定各组成环公差相等,则可按式(10.7)计算:

$$T_i = \frac{T_0}{m} \tag{10.7}$$

组成环公差按式(10.7)分配后,再根据各环的尺寸大小,加工难易程度和功能要求等因素适当调整,但应满足下式:

$$\sum_{i=1}^{m} T_i \leqslant T_0 \tag{10.8}$$

② 相同公差等级法。假定各组成环的公差等级系数相等(即公差等级相同),由式(10.6)有

$$T_0 = ai_1 + ai_2 + ai_3 + \cdots + ai_m$$

$$a = \frac{T_0}{\sum_{j=1}^{m} i_j} \tag{10.9}$$

式中:i 为公差因子,根据第 2 章第 2.3 节,当基本尺寸 $\leqslant 500\text{mm}$ 时,$i = 0.45\sqrt[3]{D} + 0.001D(\mu\text{m})$。$D$ 为组成环基本尺寸所在尺寸段的几何平均值。i 值可由表 10.1 查得。

表 10.1 公差因子数值

分段尺寸 (mm)	$\leqslant 3$	<3 ~ 6	>6 ~ 10	>10 ~ 18	>18 ~ 30	>30 ~ 50	>50 ~ 80	>80 ~ 120	>120 ~ 180	>180 ~ 250	>250 ~ 315	>315 ~ 400	>400 ~ 500
$i(\mu\text{m})$	0.54	0.73	0.90	1.08	1.31	1.56	1.86	2.17	2.52	2.90	3.2	3.54	3.86

由式(10.9)计算 a,再按国家标准"极限与配合"的标准公差计算表查取与之接近的公差等级系数(a'),再由 a' 对应的公差等级,查表 2.3 确定各组成环公差。最后,根据各组成环加

工难易程度和功能要求等因素适当调整。

用以上两种方法确定各组成环公差值以后,一般按"单向体内原则"确定各组成环极限偏差。即:对内尺寸按基准孔的公差带,即 L^{+T}_{0};外尺寸按基准轴的公差带,即 L^{0}_{-T};长度尺寸按对称方式布置公差带,即 $L\pm\dfrac{T}{2}$。为使各组成环极限偏差协调,计算时,应留一组成环待定,用式(10.4)和式(10.5)核算确定其极限偏差。

例 10.2 如图 10.10(a)所示的齿轮部件,轴是固定的,齿轮在轴上回转,齿轮端面与挡环的间隙要求为 $+0.1\sim+0.35$mm,已知 $L_1=30$mm,$L_2=L_5=5$mm,$L_3=43$mm,弹簧卡宽度(标准件)$L_4=3^{\ 0}_{-0.05}$mm,试用完全互换法设计各组成环的公差及极限偏差。

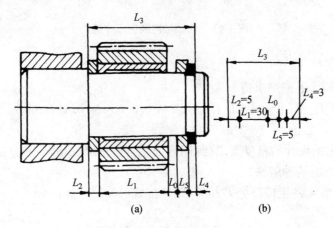

图 10.10 齿轮装配尺寸链

解:① 画尺寸链图,如图 10.10(b)所示。

② 查找封闭环、增环和减环。

在尺寸链中,L_0 为封闭环,已知 $\mathrm{ES}_0=+0.35$mm,$\mathrm{EI}_0=+0.10$mm,$T_0=+0.25$mm,$G_0=+0.225$mm;L_3 为增环,其传递系数?=+1;L_1,L_2,L_4,L_5 为减环,其传递系数 $G=-1$;由式(10.1)得封闭环的基本尺寸为

$$L_0=43-(30+5+3+5)=0$$

③ 计算各组成环的公差与极限偏差。

ⓐ 用等公差法。由式(10.7)得

$$T_i=\frac{0.25-0.05}{4}=0.05(\mathrm{mm})$$

根据各组成环基本尺寸大小和加工难易,以平均数值为基础,调整各组成环公差为

$$T_1=T_3=0.060\mathrm{mm},\ T_2=T_5=0.04\mathrm{mm},\ T_4=0.05\mathrm{mm}$$

根据单向体内原则,各组成环的极限偏差可定为 $L_1=30^{\ 0}_{-0.06}$mm,$L_2=5^{\ 0}_{-0.04}$mm,$L_4=3^{\ 0}_{-0.05}$,$L_5=5^{\ 0}_{-0.04}$mm,L_3 由式(10.4)及式(10.5)待定。

$$\mathrm{ES}_3=\mathrm{ES}_0+(\mathrm{EI}_1+\mathrm{EI}_2+\mathrm{EI}_4+\mathrm{EI}_5)=0.35+(-0.06-0.04-0.05-0.04)$$
$$=+0.16(\mathrm{mm})$$

$$\mathrm{EI}_3=\mathrm{EI}_0+(\mathrm{ES}_1+\mathrm{ES}_2+\mathrm{ES}_4+\mathrm{ES}_5)=0.01+0=+0.1(\mathrm{mm})$$

$$L_3=43^{+0.16}_{+0.10}\mathrm{mm}$$

按式(10.6)校核:

$$T_0 = \sum_{i=1}^{m} T_i = 0.06 + 0.04 + 0.06 + 0.05 + 0.04 = 0.25(\text{mm})$$

满足使用要求,计算正确。

从上述可以看出,用等公差法解尺寸链,在调整各组成环公差时,很大程度上取决于设计者的实践经验与主观上对加工难易程度的看法。

ⓑ 用相同公差等级法。由式(10.9)得

$$a = \frac{(0.25 - 0.05) \times 1000}{1.31 + 0.73 + 1.56 + 0.73} \approx 46$$

查标准公差计算表,各组成环的公差等级可定为IT9,查表(2.3)可得各组成环公差为

$$T_1 = 0.052\text{mm}, \quad T_2 = T_5 = 0.030\text{mm}, \quad T_3 = 0.062\text{mm}, \quad T_4 = 0.05\text{mm}$$

由于 $\sum T_i = 0.052 + 0.030 + 0.062 + 0.05 + 0.030 = 0.224 < 0.25 = T_0$ 满足使用要求。

根据单向体内原则,各组成环的极限偏差可定为

$$L_1 = 30_{-0.052}^{\ \ 0}\text{mm}, \quad L_2 = 5_{-0.030}^{\ \ 0}\text{mm}, \quad L_4 = 3_{-0.050}^{\ \ 0}\text{mm}, \quad L_5 = 5_{-0.030}^{\ \ 0}\text{mm}$$

由式(10.4)及(10.5)可知

$$\text{ES}_0 = \text{ES}_3 - (\text{EI}_1 + \text{EI}_2 + \text{EI}_4 + \text{EI}_5)$$

$$\text{ES}_3 = \text{ES}_0 + (\text{EI}_1 + \text{EI}_2 + \text{EI}_4 + \text{EI}_5) = 0.35 + (-0.052 - 0.030 - 0.050 - 0.030)$$

$$= +0.0188(\text{mm})$$

$$\text{EI}_0 = \text{EI}_3 - (\text{ES}_1 + \text{ES}_2 + \text{ES}_4 + \text{ES}_5)$$

$$\text{EI}_3 = \text{EI}_0 + (\text{ES}_1 + \text{ES}_2 + \text{ES}_4 + \text{ES}_5) = +0.10 + (0) = +0.10(\text{mm})$$

所以 $L_3 = 43_{+0.10}^{+0.188}\text{mm}$,满足使用要求,计算正确。

(3) 中间计算。中间计算是反计算的一种特例。它一般用在基准换算和工序尺寸计算等工艺设计中,零件加工过程中,往往所选定位基准或测量基准与设计基准不重合,则应根据工艺要求改变零件图的标注,此时需进行基准换算,求出加工时所需工序尺寸。

例 10.3 图 10.11 为齿轮孔的剖面图。其加工顺序为:①粗镗及精镗孔至 $L_1 = F84.6_{\ 0}^{+0.087}$;②插件槽得尺寸 L_2;③热处理;④磨孔至 $L_3 = F85_{\ 0}^{+0.035}$ 要求磨削后保证尺寸 $L_0 = F90.4_{\ 0}^{+0.22}$。试计算工序尺寸 L_2 的基本尺寸及极限偏差。

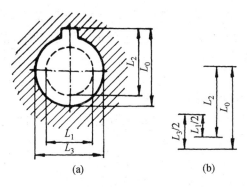

图 10.11 中间计算

解:① 画尺寸链图[见图 10.11(b)],确定增、减环和封闭环。

为便于计算,直径尺寸 L_1 和 L_3 由孔中心画起,封闭环 $L_0 = 90.4_{\ 0}^{+0.22}$;$\dfrac{L_3}{2}$、L_2 为增环,$\dfrac{L_1}{2}$

为减环。

② 确定 L_2 的基本尺寸。由式(10.1)得

$$L_2 = L_0 - \frac{L_3}{2} + \frac{L_1}{2} = 90.4 - 42.5 + 42.3 = 90.2\text{mm}$$

③ 确定 L_2 的极限偏差。由式(10.4)和式(10.5)得

$$\text{ES}_2 = \text{ES}_0 - \text{ES}\frac{L_3}{2} + \text{EI}\frac{L_1}{2} = 0.22 - 0.0175 + 0 = +0.2025\text{(mm)}$$

$$\text{EI}_2 = \text{EI}_0 - \text{EI}\frac{L_3}{2} + \text{ES}\frac{L_1}{2} = 0 - 0 + 0.0435 = +0.0435 = +0.044\text{(mm)}$$

于是得 $L_2 = 90.2^{+0.203}_{+0.044}\text{mm}$

④ 验算。由式(10.6)得

$$T_0 = T_2 + T\frac{L_3}{2} + T\frac{L_1}{2} = 0.159 + 0.0175 + 0.0435 = 0.22\text{mm}$$

满足要求,计算正确。

通过上述各例可以看出,用完全互换法计算尺寸链简便、可靠。但在封闭环公差较小而组成环数又较多时,根据 $T_0 = \sum_{i=1}^{m} T_i$ 的关系式分配给各组成环的公差很小,将使加工困难,增加制造成本,故完全互换法通常用于组成环数少、封闭环公差较大的尺寸链计算中。

10.3　大数互换法解尺寸链

完全互换法是按尺寸链中各环的极限尺寸来计算公差和极限偏差的。在大批生产中,零件的实际尺寸大多数分布于公差带中间区域,靠近极限尺寸的是极少数。在一批产品装配中,尺寸链各组成环恰为两极限尺寸相结合的情况更少出现。在这种情况下,按完全互换法计算零件尺寸公差,显然是不合理的。而按大数互换法计算,在相同的封闭环公差条件下,可使各组成环公差扩大,从而获得良好的技术经济效果,也比较科学、合理。

10.3.1　基本公式

大数互换法解尺寸链,基本尺寸的计算与极值法相同,不同的是公差和极限偏差的计算。

(1) 对直线尺寸链的计算。

① 公差的计算。根据概率论原理,将尺寸链各组成环看成独立的随机变量。如各组成环实际尺寸均按正态分布,则封闭环尺寸也按正态分布。各环取相同的置信概率 $P_c = 99.73\%$,则封闭环和各组成环的公差分别为

$$T_0 = 6S_0, \quad T_i = 6S_i$$

式中:S_0 和 S_i 分别为封闭环和组成环的标准偏差。

根据正态分布规律,封闭环公差等于各组成环公差平方和的平方根,即

$$T_0 = \sqrt{\sum_{i=1}^{m} T_i^2} \tag{10.10}$$

如果各组成环尺寸为非正态分布(如三角分布、均匀分布、瑞利分布和偏态分布等),随着组成环数的增加(如环数$\geqslant 5$),而 T_i 又相差不大时,封闭环仍趋向于正态分布。

② 中间偏差的计算。上偏差与下偏差的平均值称为中间偏差,用 Δ 表示,即

$$\Delta = \frac{1}{2}(\text{ES} + \text{EI})$$

当各组成环为对称分布（如正态分布）时，封闭环中间偏差等于增环中间偏差之和减去减环中间偏差之和，即

$$\Delta_0 = \sum_{i=1}^{n} \Delta_z - \sum_{i=n+1}^{n} \Delta_j \tag{10.11}$$

③ 极限偏差的计算。各环上偏差等于其中间偏差加 $\frac{1}{2}$ 该环公差；各环下偏差等于其中间偏差减 $\frac{1}{2}$ 该环公差，即

$$\mathrm{ES}_0 = \Delta_0 + \frac{1}{2}T_0, \quad \mathrm{EI}_0 = \Delta_0 - \frac{1}{2}T_0$$

$$\mathrm{ES}_i = \Delta_i + \frac{1}{2}T_i, \quad \mathrm{EI}_i = \Delta_i - \frac{1}{2}T_i \tag{10.12}$$

（2）对平面尺寸链的计算。考虑到传递系数 ξ_i，按正态分布，封闭环的公差为

$$T_0 = \sqrt{\sum_{i=1}^{m} \xi_i^2 T_i^2} \tag{10.13}$$

封闭环的中间偏差为

$$\Delta_0 = \sum_{i=1}^{m} \xi_i \Delta_i \tag{10.14}$$

10.3.2 解尺寸链

如各组成环的概率为非正态分布，计算时可参阅国家标准《尺寸链计算方法》(GB/T5847—1986)。大数互换法解尺寸链，根据不同要求，也有正计算、反计算和中间计算三种类型，现以例 10.2 的尺寸链为例，说明用大数互换法求解反计算的方法。

例 10.4 对例 10.2 的尺寸链改用大数互换法计算。

解：（1）画尺寸链图，如图 10.10(b) 所示。

（2）查找封闭环、增环和减环，与例 10.2 相同。

（3）采用相同公差等级法计算各组成环公差，a 值可由式 (10.9) 求得。

$$a = \frac{T_0}{\sqrt{\sum_{i=1}^{m} T_i^2}} = \frac{(0.25 - 0.05) \times 1000}{\sqrt{1.31^2 + 0.73^2 + 1.56^2 + 0.73^2}} \approx 88$$

公差等级系数 a 接近于 $a' = 64$(IT10)，故可大致定为 IT10，从表 2.3 得各组成环公差为

$$T_1 = 0.084\mathrm{mm}, \quad T_2 = T_5 = 0.048\mathrm{mm}, \quad T_3 = 0.100\mathrm{mm}, \quad T_4 = 0.05\mathrm{mm}$$

然后以同级的公差值为基础，根据各组成环的加工难易和功能要求适当调整。由式 (10.10) 可得

$$\sqrt{\sum_{i=1}^{m} T_i^2} = \sqrt{0.084^2 + 0.048^2 + 0.100^2 + 0.05^2 + 0.048^2} = 0.155 < T_0 = 0.250(\mathrm{mm})$$

为了充分利用公差，可将加工较困难的尺寸 L_3 的公差放大到

$$T_3 = \sqrt{T_0^2 - (T_1^2 + T_2^2 + T_4^2 + T_5^2)} = \sqrt{0.25^2 - (0.084^2 + 0.048^2 + 0.05^2 + 0.048^2)}$$

$$= 0.22(\mathrm{mm})$$

取 IT11＝0.160mm

（4）确定各组成环极限偏差，根据单向体内原则并从国家标准"极限与配合"中选取，各组成环偏差定为

$$L_1 = 30h10\binom{0}{-0.084}mm, \quad L_2 = L_5 = 5h10\binom{0}{-0.048}mm, \quad L_4 = 3\binom{0}{-0.05}mm$$

则　　　　　$\Delta_1 = -0.042mm, \quad \Delta_2 = \Delta_5 = -0.024mm, \quad \Delta_4 = -0.025mm$

L_3 待定，为协调环。

$$\Delta_3 = \Delta_0 + (\Delta_1 + \Delta_2 + \Delta_4 + \Delta_5) = +0.225 + (-0.042 - 0.024 - 0.025 - 0.024)$$
$$= +0.110(mm)$$

$$ES_3 = \Delta_3 + \frac{1}{2}T_3 = 0.11 + \frac{1}{2} \times 0.160 = +0.190(mm)$$

$$EI_3 = \Delta_3 - \frac{1}{2}T_3 = 0.11 - \frac{1}{2} \times 0.160 = +0.03(mm)$$

于是得

$$L_3 = 43^{+0.190}_{+0.030}mm$$

（5）验算。由式（10.10）得

$$T_0 = \sqrt{0.084^2 + 0.048^2 + 0.160^2 + 0.05^2 + 0.048^2} = 0.199 < 0.250(mm)$$

满足功能要求，计算正确。

通过本例两种解尺寸链方法可看出，用大数互换法解尺寸链较完全互换法求解，其组成环公差可放大，各环平均放大 60% 以上，即各环公差等级可扩大一级，实际上出现不合格件的可能性不大于 0.27%，而合格的概率即可达 99.73%，可以获得相当明显的经济效益。

小结

在零件装配时，由于零件与零件之间在部件中的有关尺寸是密切联系、相互依赖的。在加工机器零件过程中当改变零件的某一尺寸大小，会引起其他有关尺寸的变化，为了保证机器或仪器能顺利进行装配，保证零件的几何精度，可以用尺寸链理论来解决。

尺寸链的特点有两点：

（1）封闭性：尺寸链必须由一系列相互连接的尺寸排列成封闭的形式。

（2）制约性：尺寸链中某一尺寸的变化将影响其他尺寸的变化，彼此相互联系和影响。根据这两个特点可以把尺寸链建立起来。

尺寸链的定义中有封闭环和组成环。组成环又分为增环和减环，必须掌握它们的含义才能利用计算公式把需要计算的尺寸计算出来。

尺寸链的计算方法有两种：完全互换法解尺寸链和大数互换法解尺寸链。两种计算法中用得较多的是完全互换法。用完全互换法计算尺寸链简便、可靠。用时掌握计算的基本公式。

习题与思考题

1. 什么是尺寸链？如何确定封闭环、增环和减环？

2. 组成尺寸链的特点是什么？解尺寸链的目的是什么？

3. 解尺寸链的方法有哪几种? 分别适用于什么场合?

4. 为什么封闭环的公差比任何一个组成环的公差都大? 设计时应注意什么原则?

5. 什么叫补偿环? 在选择补偿环时,应注意什么问题?

6. 图 10.12 所示为链轮部件及其支架,要求装配后轴向间隙 $A_0 = 0.2 \sim 0.5\text{mm}$,试按完全互换法决定各零件有关尺寸的公差与极限偏差。

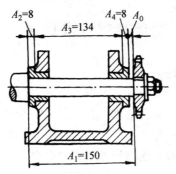

图 10.12　链轮部件及其支架

附 录

常用基础标准目录

32. GB/T307.2—1984 滚动轴承 公差的测量方法

33. GB/T307.3—1984 滚动轴承 一般技术要求

34. GB/T275—1984 滚动轴承与轴和外壳孔的配合

35. GB/T1182—1996 形状和位置公差通则、定义、符号和图样表示法

36. GB/1183—1980 形状和位置公差 术语及定义

37. GB/T1184—1996 形状和位置公差 未注公差值

38. GB/T1958—1980 形状和位置公差 检测规定

39. GB/T4249—1996 公差原则

40. GB/T16671—1996 形状和位置公差 最大实体要求、最小实体要求和可逆要求

41. GB/T4380—1984 确定圆度误差的方法 两点、三点法

42. GB/T7234—1987 圆度测量 术语、定义及参数

43. GB/T7235—1987 评定圆度误差的方法 半径变化量测量

44. GB/T11336—1989 直线度误差检测

45. GB/T11337—1989 平面度误差检测

46. GB/T13319—1991 形状和位置公差 位置度公差

47. GB/T8069—1987 位置量规

48. GB/T131—1993 机械制图 表面粗糙度代号及其注法

49. GB/T1301—1983 表面粗糙度 参数及其数值

50. GB/T3505—1983 表面粗糙度 术语、表面及其参数

51. GB/T7220—1987 表面粗糙度 术语 参数测量

52. GB/T12726—1991 粉末冶金制品 表面粗糙度多数及其数值

53. GB/T192—1981 普通螺纹 基本牙型

54. GB/T193—1981 普通螺纹 直径与螺距系列(直径 1～600mm)

55. GB/T196—1981 普通螺纹 基本尺寸(直径 1～600mm)

56. GB/T197—1981 普通螺纹 公差与配合(直径 1～355mm)

57. GB/T2515—1981 普通螺纹 术语

58. GB/T2516—1981 普通螺纹 偏差表(直径 1～355mm)

59. GB/T1415—1978 米制锥螺纹

60. GB/T5796.1—1986 梯形螺纹 牙型

61. GI～796.2—1986 梯形螺纹 直径与螺距系列

62. GB/T5796.3—1986 梯形螺纹 基本尺寸

63. GB/T5796.4—1986 梯形螺纹 公差

64. JB2886—1981 机床梯形螺纹 丝杠和螺母的精度

65. GB/T12359—1990 梯形螺纹极限尺寸

66. JB3162.1—1982 滚珠丝杠副 术语及定义

67. JB3162.2—1982 滚珠丝杠副 精度

68. JB3162.3—1982 滚珠丝杠副 参数和代号

69. GB/T3934—1983 普通螺纹量规

70. GB/T10920—1989 普通螺纹量规 型式和尺寸

参 考 文 献

[1] 李柱.互换性与测量技术基础(上、下册)[M].北京:中国计量出版社,1984,1985.

[2] 花国樑.互换性与测量技术基础[M].北京:北京理工大学出版社,1990.

[3] 过馨葆.互换性与测量技术[M].北京:高等教育出版社,1993.

[4] 甘永立.几何量公差与检测[M].上海:上海科学技术出版社,1993.

[5] 廖念钊.互换性与技术测量[M].北京:中国计量出版社,1991.

[6] 刘巽尔.互换性与技术测量[M].北京:中国广播电视大学出版社,1991.

[7] 忻良昌.公差配合与测量技术[M].北京:机械工业出版社,1995.

[8] 薛彦成.公差配合与技术测量[M].北京:机械工业出版社,1996.

[9] 潘宝俊.互换性与测量技术基础[M].北京:中国标准出版社,1997.

[10] 刘庚寅.公差测量基础与应用[M].北京:机械工业出版社,1996.

[11] 俞立钧.机械精度设计基础与质量保证[M].上海:上海科学技术文献出版社,1999.

[12] 唐启昌,孙庆华.齿轮测量[M].北京:中国计量出版社,1998.